新工科物联网工程专业
新形态精品系列

新一代通信技术
新兴领域"十四五"
高等教育教材

U0734038

物联网导论

微课版

隆克平 皇甫伟 霍佳皓 / 编著

Introduction
to Internet
of Things

人民邮电出版社

北 京

图书在版编目（CIP）数据

物联网导论：微课版 / 隆克平，皇甫伟，霍佳皓编著. -- 北京：人民邮电出版社，2024. --（新工科物联网工程专业新形态精品系列）. -- ISBN 978-7-115-65294-2

Ⅰ. TP393.4；TP18

中国国家版本馆 CIP 数据核字第 2024XA8893 号

内 容 提 要

物联网是融合物质世界与信息世界的复杂系统，物联网技术是数字经济与新质生产力的重要使能技术。为了适应数智时代的新形势和培养高素质物联网技术人才，编者以物联网功能域为线索，以物联网概念、模型与关键技术为主体，以强化复合型人才综合素质为目标，辅以典型案例和应用实例，编成本书。

本书共 10 章，系统介绍了物联网的形成与发展脉络，物联网的参考模型与技术体系，物联网主要功能域（感知、标识、定位与授时、网络、计算、大数据与人工智能、安全与隐私保护）的关键技术，以及物联网的应用等内容。本书在编写中强调"新""融""思"特色，即引入物联网中大量最新技术与应用实例，融通物联网、大数据、人工智能理论方法与工程实践，培养读者的系统思维、工程思维、辩证思维与创新思维。

本书可作为物联网工程、计算机科学与技术、通信工程、网络空间安全等专业"物联网导论"课程的教材，也可供相关领域的科技人员参考使用。

◆ 编　著　隆克平　皇甫伟　霍佳皓

责任编辑　王　宣

责任印制　陈　犇

◆ 人民邮电出版社出版发行　北京市丰台区成寿寺路 11 号

邮编　100164　电子邮件　315@ptpress.com.cn

网址　https://www.ptpress.com.cn

三河市兴达印务有限公司印刷

◆ 开本：787×1092　1/16

印张：12.25　　　　　　2024 年 11 月第 1 版

字数：316 千字　　　　　2025 年 5 月河北第 2 次印刷

定价：52.00 元

读者服务热线：**(010)81055256** 印装质量热线：**(010)81055316**
反盗版热线：**(010)81055315**

序

伴随着社会需求的不断提高和技术的飞速发展，通信技术实现了跨越式发展，为信息通信网络基础设施的建设提供了有力支撑。同时，目前通信技术已经接近香农信息论所预言的理论极限，面对可持续发展的巨大挑战，我国对未来通信人才的培养提出了更高要求。

坚持以习近平新时代中国特色社会主义思想为指导，立足于"新一代通信技术"这一战略性新兴领域对人才的需求，结合国际进展和中国特色，发挥我国在前沿通信技术领域的引领性作用，打造启智增慧的"新一代通信技术"高质量教材体系，是通信人的使命和责任。为此，北京邮电大学张平院士组织了来自七所知名高校和四大领先企业的学者和专家，组建了编写团队，共同编写了"新一代通信技术新兴领域'十四五'高等教育教材"系列教材。编写团队入选了教育部"战略性新兴领域'十四五'高等教育教材体系建设团队"。

"新一代通信技术新兴领域'十四五'高等教育教材"系列教材共20本，该系列教材注重守正创新，致力于推动思教融合、科教融合和产教融合，其主要特色如下。

（1）"分层递进、纵向贯通"的教材体系。根据通信技术的知识结构和特点，结合学生的认知规律，构建了以"基础电路、综合信号、前沿通信、智能网络"四个层次逐级递进、以"校内实验－校外实践"纵向贯通的教材体系。首先在以《电子电路基础》为代表的电路教材基础上，设计编写包含各类信号处理的教材；然后以《通信原理》教材为基础，打造移动通信、光通信、微波通信和空间通信等核心专业教材；最后编著以《智能无线网络》为代表的多种新兴网络技术教材；同时，《通信与网络综合实验教程》教材以综合性、挑战性实验的形式实现四个层次教材的纵向贯通。这些教材充分体现出这一教材体系的完备性、系统性和科学性。

（2）"四位一体、协同融合"的专业内容。从通信技术的基础理论出发，结合我国在该领域的科技前沿成果和产业创新实践，打造出以"坚实基础理论、前沿通信技术、智能组网应用、唯真唯实实践"四位一体为特色的新一代通信技术专业内容；同时，注重基础内容和前沿技术的协同融合，理论知识和工程实践的融会贯通。教材内容的科学性、启发性和先进性突出，有助于培养学生的创新精神和实践能力。

（3）"数智赋能、多态并举"的建设方法。面向教育数字化和人工智能应用加速的未来趋势，该系列教材的建设依托教育部的虚拟教研室信息平台展开，构建了"新一代通信技术"核心专业全域知识图谱，建设了慕课、微课、智慧学习和在线实训等一系列数字资源，打造了多本具有富媒体呈现和智能化互动等特征的新形态教材，为推动人工智能赋能高等教育创造了良好条件，有助于激发学生的学习兴趣和创新潜力。

尺寸教材，国之大者。教材是立德树人的重要载体，希望以"新一代通信技术新兴领域'十四五'高等教育教材"系列教材以及相关核心课程和实践项目的建设为着力点，推动"新工科"本科教学和人才培养的质效提升，为增强我国在新一代通信技术领域的竞争力提供高素质人才支撑。

费爱国

中国工程院院士

2024 年 6 月

前 言

技术背景

千万年来，人类努力观察和改造着身边的世界，从尚未出生的胎儿，到初睁双目的婴孩，到仰望星空的思考者，再到脚踏实地的践行者，人类用自己的感官和所创造的工具感知周遭万物，经过深邃的思考，再用自己的双手和工具耕田放牧、筑巢建屋、修船造车。人类在感知、思考和行动的过程中，不断创造着光辉灿烂又绚丽多彩的文明。

物联网是"感知"—"思考"—"行动"这一过程在信息时代的具象化产物，它是传感技术、通信技术、计算机技术、控制技术与人工智能技术等交叉相融的产物，以"感"赋能，敷"网"交通，因"算"筹划，施"物"为功，借此人们觉察到城市里每栋楼房每个房间不同电器每时每刻的耗电情况并调整用电计划，觉察到农田中每块土壤的湿度并适时灌溉，觉察到每个车间生产线的工况并优化执行步骤，觉察到每条道路上川流不息车辆的行踪并导引出行。物联网极大地拓展了人类观察世界、认识世界和改造世界的广度，它将是点燃或照亮未来大量新兴产业和事物的最初火花。

写作初衷

然而，物联网到底是什么？物联网能被用来解决什么问题？学好物联网需要掌握哪些知识和技能？作为交叉学科，物联网技术的知识点多、脉络复杂，应该讲哪些知识，如何构建物联网知识体系框架，都是我们应该思考的问题。物联网是技术的创新，更是服务的创新。如何培养学生在物联网领域的系统思维能力、辩证思维能力、工程思维能力和创新思维能力，在很大程度上影响着学生的阅读兴趣与学习收获。

2011年，教育部批复建设第一批物联网工程专业，编者从那时起就开始了"物联网导论"课程的教学实践。根据多年的教学经验总结与学生建议反馈，编者提出了"榕树型"的《物联网导论（微课版）》教材编写思路，如图0-1所示，具体包含框架设计、内容拣择与思维训练等方面。

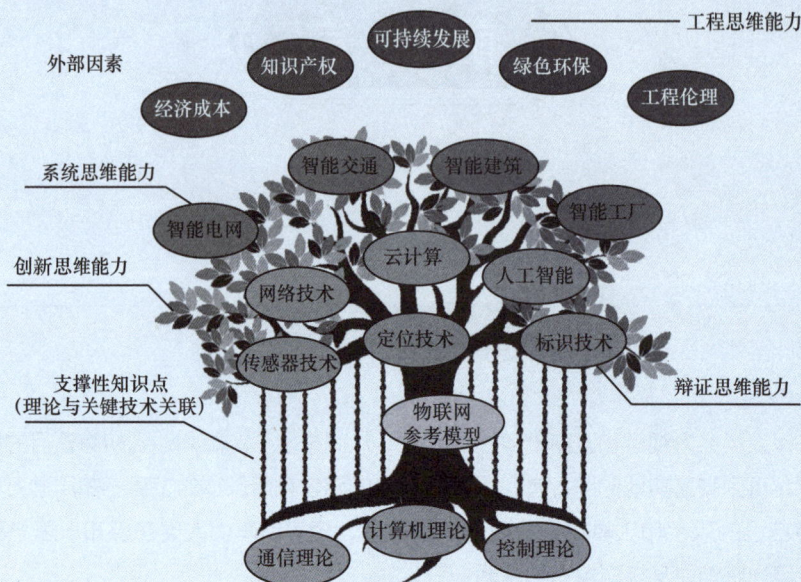

图 0-1　《物联网导论（微课版）》教材编写思路

本书特色

1 遵循物联网参考模型的国际标准，构筑知识体系框架

编者以物联网参考模型为基石，紧密围绕"信息获取""信息传输""信息处理"线索，讲解物联网的核心技术内容（类比于榕树的主干），使学生能抓住物联网主线并明晰知识点间的关联，提升学习兴趣，明晰学习目标。

2 突出各功能域关键技术与理论联系，建立知识点的网状关联

编者对物联网各功能域的关键技术进行详细阐释，深入挖掘背后的基础理论，梳理具有相同理论支撑的不同关键技术，建立和强化知识点的网状关联（类比于榕树的须状"气生根"，这些根扎入土壤后能汲取营养），使学生知其然亦知其所以然，为后续深入学习相关课程夯实基础。

3 拓宽数智时代新技术视野，强化四大思维能力培养

编者对大数据和人工智能等领域最新技术进行了增广讲解（类比于榕树的新芽），包括但不限于边缘计算、深度学习、人机协同、同态加密、安全多方计算等，旨在拓宽学生的技术视野。在思维训练方面，编者深入讨论物联网系统内部诸多要素的组成与连接关系对系统总体能力的影响，辩证地讨论关键技术的应用与创新，同时适当地考虑经济成本、绿色环保等非技术因素，以提升学生的工程思维能力（类比于榕树的横向枝蔓）。

4 重视价值塑造，在正文与拓展阅读部分融入德育元素

在价值塑造上，编者在每章设置了拓展阅读部分，将航天人"默默奉献"的精神、通信人从"跟跑""并跑"到"领跑"过程中的独立自强、拼搏奉献精神等内容引入教材中，循序渐进，由浅入深，从具体到抽象，从现象到本质，引导学生逐步树立正确的世界观、人生观和价值观。

5 教辅资源配套齐全，从 PPT 课件到微课视频提供完整支持

在教辅资源方面，编者提供了十余年教学过程中积累并更新后的 PPT 课件、教学大纲、习题答案等，并针对重难知识点录制了微课视频，建立了完整的知识图谱，便于教师教、学生学。

致　谢

感谢北京邮电大学张平院士、尹长川教授、郭彩丽教授在本书撰写过程中给予的指导与帮助，感谢教育部电子信息类专业虚拟教研室提供教学研讨与知识图谱平台。

感谢北京科技大学王志良教授，他多年来在物联网工程专业三尺讲台上的默默耕耘和教学实践为编者带来了很多启发。感谢北京市教学名师、北京科技大学姚琳教授，他数十年来对待教学执着、热情、严谨求实，在成书过程中为编者提供了很多关于教学与教材的宝贵建议。

本书在撰写过程中得到了编者所在教学团队青年教师和研究生的协助，刘娅汐和徐欣怡两位青年教师分别在第 7 章和第 8 章的撰写修订中做了大量工作；博士研究生李旭龙和贺博鑫，硕士研究生高子慧、谷萌、刘春龙、杨可新等参与了本书文献整理、图表绘制与内容校对等工作，编者在此一并表示感谢。

本书的编写与出版得到了北京科技大学教材建设项目（编号 JC2023YB027）、教育教学改革重大项目（编号 JG2023ZD01）与课程思政特色示范课程建设项目（编号 KC2022SZ11）的资助及北京科技大学教务处的全程支持。

感谢我们的家人，他们的理解与支持为我们完成本书的编写提供了坚强的后盾和栖息的港湾。

编　者

2024 年秋于北京科技大学

目 录

第8章 大数据与人工智能

第9章 安全与隐私保护

第10章 物联网的应用

第 **1** 章

绪论

物联网（Internet of Things，IoT）是信息技术（Information Technology，IT）发展与行业数字化转型共同作用的必然结果，它的形成与发展有多条线索可以追溯，并以涓涓之流汇聚成时代之势，世界多国都将物联网上升为国家战略。

本章将概述物联网的形成与发展的历史脉络，阐述物联网的概念与特征，介绍物联网的经济价值与社会价值等内容。

1.1 物联网产生的背景

近数十年，信息技术得到了迅猛发展，为物联网的产生提供了技术方面的可能性。同时，传统领域各行业，如工业制造、农林牧渔、医学健康、交通物流和城市管理等逐步面临着数字化转型的压力，数字经济成为重组全球重要资源、重塑全球经济结构、改变全球竞争格局的关键力量。技术驱动与产业需求共同描绘了物联网产生的背景。

1.1.1 信息技术发展的驱动因素

信息技术是涵盖信息采集、加工、流转与存储等诸多技术的泛称。集成电路（Integrated Circuit，IC）是现代信息产业的基石，计算技术与通信技术则是现代信息产业的两大支柱。近年来以集成电路、计算技术与通信技术高速发展为代表的信息技术为物联网的诞生提供了技术基础。

1. 集成电路的发展

集成电路是基于特定工艺将电路中所需的大量晶体管、电阻、电容等元件及其互连线路制作在半导体晶片或介质基片上的微型化系统。集成电路的发展使电子设备体积更小、功耗更低、易于携带。具体而言，半导体晶片单位面积上集成的电路功能更为强大，从而推动了计算技术与通信技术等信息技术的快速发展。目前，集成电路已经深刻地融入人类的生产、生活之中，从高端计算机、工业控制设备到遥控玩具、电子贺卡等都离不开集成电路。

1965年，英特尔（Intel）公司创始人之一戈登·摩尔（Gordon Moore，1929—2023）根据他对半导体行业的观察指出，单位面积集成电路上可以容纳的晶体管数量大约每经过18个月便会增加1倍，这被业界称为摩尔定律（Moore's Law）。摩尔定律较好地预测了半导体行业相关技术进步的速度，截至2024年7月，世界上集成电路中具有最多晶体管数量的是AMD公司的MI300X芯片，其内部单位面积包含1 530亿个晶体管。

基于微米/纳米（μm/nm）技术，集成电路可进一步与机械构件、光学系统、驱动部件、电控系统集成为一个微型系统，称为微电子机械系统（Micro Electro Mechanical System，MEMS），其整体尺寸为数毫米，甚至更小。微电子机械系统在可穿戴设备、微型手术器械等领域具有广泛的应用前景。

集成电路与微电子机械系统的发展推动了信息设备的微型化。微型化的信息设备易于隐形地与物质世界的实物贴合部署在一起，形成千姿百态的物联网终端设备。

2．计算技术的发展

摩尔定律不仅预测了单位面积集成电路中可容纳的晶体管数量增长趋势，也指出大约每18个月处理器（Processor）的性能也会提升1倍，同时相同计算能力的集成电路价格也会下降一半。

通常认为世界上第一台通用电子计算机是1946年在美国宾夕法尼亚大学诞生的电子数值积分计算机（Electronic Numerical Integrator and Computer，ENIAC），这台电子计算机有大约18 000个电子管，重达30t，耗电功率约为150kW，每秒可进行5 000次运算。截至2023年年底，世界上运行速度最快的超级计算机被称为"前沿"（Frontier），它运行在美国橡树岭国家实验室，共有8 699 904个核，峰值计算能力为1 679.82PFlop/s[①]，功率为22 703kW。在不足一个世纪的时间内，计算机的性能提升了数百万亿倍。

在高性能计算机发展的同时，单位计算性能的设备成本和体积不断下降，具有计算能力的设备数量已经难以统计。从成本上，市场上具有32位总线、工作频率可达24MHz的微控制单元（Micro Controller Unit，MCU）的成本不足1元。从数量上，仅以智能手机中的计算芯片为例，根据德思达（STATISTA）公司的统计数据，目前全球每天智能手机增长数量达367万部，是每天全球新生儿数量（约40万人）的9倍以上。

因此，一方面具有极高计算能力的计算机群为海量复杂的数据处理提供了可能，另一方面极低成本的计算设备广泛应用在诸多领域，计算能力遍布人们的生产生活环境中，两者均为物联网的产生提供了基础条件。

3．通信技术的发展

通信技术为人类社会的信息流转提供支撑，它在人类社会的发展过程中不断发展并呈现出新的面貌。现代社会以电信号或光信号为信息主要载体的通信技术则可以追溯至迈克尔·法拉第（Michael Faraday，1791—1867）、詹姆斯·克拉克·麦克斯韦（James Clerk Maxwell，1831—1879）等科学家对电磁理论的探索，从此人类对电磁波的使用从自发走向自觉，而克劳德·艾尔伍德·香农（Claude Elwood Shannon，1916—2001）提出的信息熵的概念则为信息论和数字通信提供了核心理论指导。

通信系统的基本任务是将发送者（Sender）产生的消息（Message）准确、及时地传输给接收者（Receiver）。传输消息的媒介称为信道（Channel）。典型的信道包括无线信道（Wireless

---

① Flop/s 为每秒所执行的浮点运算次数，1PFlop/s 表示每秒进行 10^{15} 次浮点计算。

Channel）与有线信道（Wireline Channel），对应的通信方式分别称为无线通信与有线通信。无线通信是利用电磁波信号可以在自由空间中传播（或声信号在水中传播）的特性进行信息交换的通信方式。有线通信则是借助铜线、光纤等有形的媒介进行信息交换的通信方式。在无线通信中，无须事先部署线缆，通信设备能够在一定范围内自由移动，具有很好的灵活性；反之，有线通信需要依托线缆，灵活性不足，但通信信号的能量被线缆约束，能量利用率高。无线通信与有线通信各有所长，二者相辅相成。

马丁·L.库帕（Martin Lawrence Cooper）在1973年率先研发出世界上第一部移动电话。他通过对历史数据的观察指出，在过去的100年中，无线通信系统吞吐量每30个月实现翻倍，大约50年可以实现100万倍的提升。近十年间，移动通信从第一代移动通信系统（the First Generation Mobile Communication System，1G）逐步发展到目前的第五代移动通信系统（the Fifth Generation Mobile Communication System，5G），从最初的语音通话发展到当前的高清视频通信，从用户的视角也能感受到通信技术日新月异的变化。

光纤是有线通信的主要载体之一。得益于光纤的低成本、低损耗、大容量性质，自1966年高锟（1933—2018）从理论上证明光纤能作为有效的传输媒介以来，光纤的传输容量在飞速发展。2024年，单根光纤已经达到22.9Pbit/s[①]的传输速率[1]，可以同时承载150亿路语音通话[②]。

通信技术在物联网的产生和发展中扮演着至关重要的角色，是实现设备间互联互通的基础，没有通信技术，就无法实现设备的连接和数据的传输。通信技术还有助于打通不同行业之间或应用之间的壁垒，在全社会范围内推动信息流通并创造价值。

1.1.2　传统行业数字化转型与数字经济发展的机遇

数字化转型是指传统行业借助信息技术对其业务模式、组织结构、客户体验等方面的根本变革，其目标是提高企业效率、降低成本、增强竞争力并创造新的价值。

传统行业数字化转型的主要原因是市场竞争与消费者需求的变化。随着科技的发展，新兴的数字化企业给传统行业带来了巨大的竞争压力。为了保持竞争力，传统行业需要通过数字化转型来提升自身的业务模式和运营效率。同时，现代消费者日益倾向于使用数字渠道获取商品和服务，传统行业必须适应这种变化，以满足消费者的新需求。

传统行业数字化转型的主要内容是基于信息技术，重新设计业务流程，全面感知和了解流程各环节状况，并自动做出智能决策，提升响应速度和生产效率，降低成本或提升服务水平。

数字化转型的目标是数字经济。我国《"十四五"数字经济发展规划》指出："数字经济是继农业经济、工业经济之后的主要经济形态，是以数据资源为关键要素，以现代信息网络为主要载体，以信息通信技术融合应用、全要素数字化转型为重要推动力，促进公平与效率更加统一的新经济形态。数字经济发展速度之快、辐射范围之广、影响程度之深前所未有，正推动生产方式、生活方式和治理方式深刻变革，成为重组全球要素资源、重塑全球经济结构、改变全球竞争格局的关键力量。"

数字经济是全球经济发展的重大机遇，数字经济的贡献份额正在不断攀升，预计到2025年

---

① 1Pbit/s=10^{15}bit/s。
② 按照每路语音 64kbit/s 计算。

大约55%的经济增长将会来自数字经济的驱动。我国在2023年发布《数字中国建设整体布局规划》，同期世界范围内已有170多个国家和地区制定了各自的数字化战略。联合国开发计划署（the United Nations Development Programme，UNDP）也发布了《2022—2025年数字战略》愿景。物联网技术是数字经济的重要使能技术（Enabling Technology），数字经济则是物联网技术发展的重要需求牵引力。

1.2 物联网形成与发展的主要线索

在技术驱动与产业转型的共同作用下，物联网的形成具有一定的必然性。然而，人类对物联网的认知理解并不是一蹴而就的，其中还存在着偶然性。物联网的形成和发展是有多条线索的，这些线索并不孤立，它们相互交织，共同推动和形成了对物联网的共识，如图1-1所示。物联网的"实"在不同线索中陆续出现，最终人们根据不同线索的共同内涵确立了物联网的"名"。

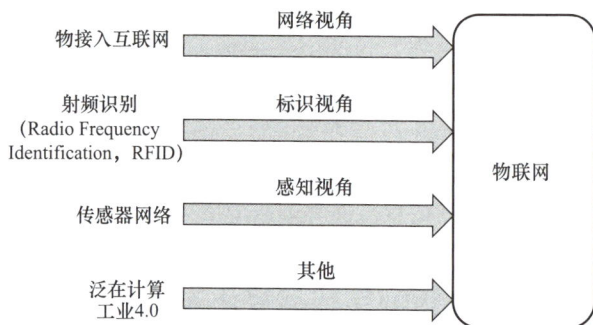

图 1-1　物联网形成与发展的多条线索

1.2.1　网络视角的物联网形成与发展线索

得益于计算技术与通信技术的进步，以互联网（Internet）与移动通信网络为代表的网络技术在近数十年间蓬勃发展，二者均是物联网概念孵化与成长的重要环境。

互联网是全球性的计算机网络，已经成为现代社会重要的基础信息设施之一。互联网并不是单一网络，而是由大量计算机网络之间基于一组标准化的通信协议相互连接而形成的逻辑上统一的、覆盖全球的巨大网络结构，即"网络的网络"（Network of Networks）。

互联网的历史可以追溯到1969年美国的阿帕网（Advanced Research Projects Agency Network，ARPANET），这是第一个实现远程计算机网络通信的系统，标志着现代互联网的诞生。随后，网络协议得到快速发展和不断完善，网络规模也得到逐步扩展。1977年，罗伯特·卡恩（Robert E. Kahn）和文顿·瑟夫（Vinton G.Cerf）共同提出了传输控制协议/互联网协议（Transmission Control Protocol/Internet Protocol，TCP/IP），该协议成为互联网的支撑协议。1986年，美国自然科学基金会创建了大学之间互连的骨干网络——美国国家科学基金网络（National Science Foundation Network，NSFNET），并向社会开放，该网络成为互联网的前身之一。1969年的阿帕网仅有4个节点，支持极少数的科学家经过网络共享信息，而根据思科（Cisco）公司的互联网年度报告，2023年全球互联网用户数量达到53亿户，约占世界总人口（按80亿人）的66%；接入互联网的设备数量达到293亿台，达到世界总人口数量的3倍以上。从互联网用户数量与接入互联网的设备数量上看，互联网在50多年间呈现出近乎指数爆炸状的发展态势。

移动通信（Mobile Communication）是指通信双方至少有一方处于移动中的通信方式。由于移动者位置的不确定性，移动通信通常较固定通信更复杂。通常，移动通信网络由多个基站（Base Station）组成，每个基站能够与距其一定范围内的移动设备（Mobile Equipment）进行无线通信，此范围称为基站的覆盖区域。当移动设备从一个基站的覆盖区域移动到另一个基站的覆盖区域时，通信连接会自动切换到新的基站。

第一代移动通信系统诞生于20世纪80年代，主要支持模拟话音业务，最初可以视为公共交换电话网络（Public Switched Telephone Network，PSTN）。随后历经第二、三、四代移动通信技术，目前商用部署的已经是第五代移动通信系统。最初，由于终端价格极高，仅有少数人能使用移动通信服务，业务也仅限于低质量的话音通信。根据数据报告实验室（DataReportal）的数据，截至2023年1月，全世界范围内移动通信的连接数已达到84.6亿，已经超过全世界总人口的数量。

互联网与移动通信网络对人类社会产生了深刻的影响，然而在两者的发展过程中仍然存在两个关键性的局限。无论是互联网还是移动通信网络，其最初都设计为服务于"人"的网络，即"人"是互联网内容的来源与归宿，也是移动通信网络中话音或多媒体业务的发送者与接收者，人口的总数限制了网络的最大可能规模，人与人之间的信息交换限制了网络内容的类型与业务量。

回溯到1982年，此时TCP/IP刚提出5年左右，互联网仍处于发展初期。美国卡内基梅隆大学（Carnegie Mellon University）的几位学生想喝一杯清凉的可乐，但是可乐自动贩卖机位于校园里另一栋建筑的三层，当他们辛苦地爬上楼之后，有时候发现可乐自动贩卖机中的可乐已经卖完了，有时候刚装入可乐自动贩卖机的可乐还没有完全制冷，这无疑让那些辛苦爬上楼而不能获得冰爽可乐的学生感到非常沮丧。于是，他们尝试将可乐自动贩卖机的状态连接到互联网上，这样就可以随时通过互联网查询可乐自动贩卖机的当前状态，如图1-2所示。由于这台可乐自动贩卖机独具的与互联网连接的特征，他们将该机器命名为"唯一（Only）"。从那时起，不仅仅是这几位学生，互联网上的任何人都可以访问这台称为"Only"的可乐自动贩卖机的信息，这或许是有资料可查的第一台接入互联网的"物"。

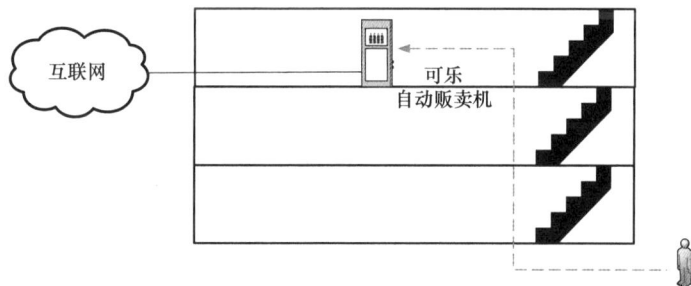

图 1-2　第一台接入互联网的"物"

将可乐自动贩卖机与互联网相连，这是互联网发展过程中一件极具偶然性的小插曲。然而，在偶然性中蕴含着必然性，即使在彼时彼处的学生没有对可乐自动贩卖机进行改造连入互联网，历史上也一定会有其他的"物"接入网络中，可能的例子包括人们想在办公室通过互联网了解家中的水阀是否关上，或者当教室中光线不足时能自动开启照明灯具等。

与"物"接入互联网相关的是"机器到机器"（Machine to Machine，M2M）。这一概念最早可以追溯到1968年，西奥多·帕拉斯克维科斯（Theodore Paraskevakos）实现的呼叫者身份识别系统，它实现了机器到机器的数据通信。随后，西门子（Siemens）公司提出基于第二代移动通信系统实现机器之间的工业应用，机器之间可以通过移动通信网络实现远程监控和追踪等。到了20世纪90年代末，诺基亚（Nokia）公司最早使用了"M2M"这一缩写词，到了2002年，Nokia提出了"机器应当与机器对话"（Machine shall talk unto machine）[2]，推动工业、农业、交通、能源各行业的机器都通过M2M技术互联互通。时至今日，M2M的概念逐步泛化，可以不再专指机器到机器，还泛指机器到机器、机器到人（Machine to Man）、人到机器（Man to Machine）等各种通信类型，具有广阔的应用前景。

无论是"物"接入互联网，还是移动通信网络从人到人的业务发展出的机器到机器业务，两者均实现了任意对象（人或机器）的信息连通。作为通信网络的愿景，这样的信息连通将不受时间与空间的限制，无论是人、计算机、工业设备、家用电器或路上行驶的车辆，白天或晚上、室内或室外、地面、天空或者隧道深处，即任何对象（Any thing）在任何时间（Any time）和任何地点（Any place）均能形成通信连接，如图1-3所示。

网络技术的发展是物联网概念形成的主要线索之一。"物"的类型是如此丰富，数量如此之多，与"人"与"人"之间基于话音、文本或视频的通信业务类型与数量相比，不同的"物"之间存在无限可能的连接类型与海量的连接规模，"物"与"物"的通信需求将是"人"和"人"的数十倍。将"物"接入网络中，这将极大地改变网络的面貌，打通信息内容的产生、共享与利用的壁垒，推动了人类社会生产生活的发展。

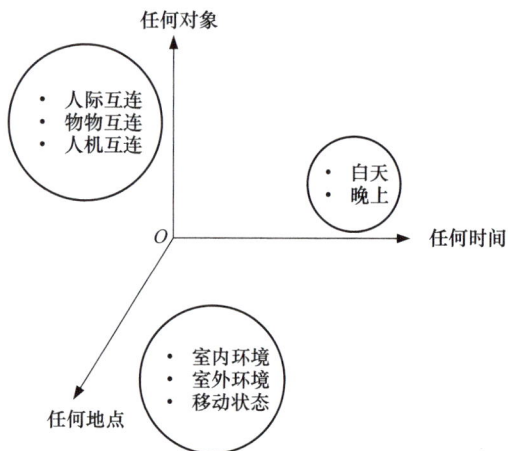

图 1-3　任何时间、任何地点、任何对象的互连愿景

2005年，国际电信联盟①（International Telecommunication Union，ITU）在信息社会世界峰会上发布了《ITU互联网报告2005：物联网》，该报告指出无所不在的物联网通信时代即将来临，世界上所有的物体，从轮胎到牙刷、从房屋到纸巾都可以通过互联网主动进行信息交换。

1.2.2　标识视角的物联网形成与发展线索

射频识别（Radio Frequency Identification，RFID），也称为电子标签（E-Tag），是一种利用无线信号进行对象识别的技术，它允许在没有直接视线或物理接触的情况下进行识别和跟踪。射频识别系统通常由标签（Tag）、阅读器（Reader）和应用系统组成。标签可以附着在物品上，存储着能够标识该物品的信息。阅读器能够发送和接收射频信号，与邻近的标签进行通信，获取标签中存储的信息。应用系统主要进行数据的存储、检索和管理等。

射频识别技术始于20世纪中叶，在第二次世界大战中曾用于敌我双方飞机的识别。随后，射频识别技术在物流、交通、食品溯源等诸多领域有了长足的发展。物流管理中，在集装箱、

① 国际电信联盟是联合国主管信息通信技术事务的专门机构，负责分配和管理全球无线电频谱与卫星轨道资源，制定全球电信标准，向发展中国家提供电信援助，促进全球电信发展。

运输车辆，甚至货物上附着标签，同时在运输起点、终点和各中途转运站等各节点上配置阅读器并连接到后台应用系统，这样，管理者和用户可以及时获取运输途中所有物资的位置、数量变动、货物损坏及补充变动等信息。在公路收费中，装载标签的车辆可以无须停车手工缴费而直接通过，由部署在出入口的阅读器对标签进行识别，并自动从预先绑定的银行账户扣除相应的费用。在食品溯源过程中，可以在植物种植或畜牧养殖过程中利用射频识别，对农牧产品的生产、加工、存储和销售全过程进行跟踪，从而实现食品行业源头追踪，以及对食品供应链的全程信息把握。

基于射频识别对"物"进行标识，人们就可以对物流、交通等行业中的"物"进行全程的信息追踪和管理调度。1999年，美国麻省理工学院（Massachusetts Institute of Technology，MIT）自动识别中心（Auto-ID）研究中心的凯文·阿什顿（Kevin Ashton）首次提出了"物联网"的概念，这是人类从标识的视角对物联网这一概念的认识与探索。

1.2.3　感知视角的物联网形成与发展线索

传感器（Transducer/Sensor）是连通物质世界（Physical World）与信息世界（Cyber World）的桥梁，它能感受物理、化学、生物等参量，并将这些参量按一定规律变换成为电、光或其他所需形式的信号输出。传感器的类型有很多种，例如，温度传感器与湿度传感器分别可以感受到环境中的温度与湿度，光敏传感器可以测量日照或灯光强度，脉搏传感器可以监测心跳等。

传感器技术是信息技术的三大支柱之一。近数十年来，伴随着信息技术中计算技术、通信技术，以及材料、化工、机械等交叉学科的技术发展，传感器技术也呈现出日新月异的局面。早期，传感器需要人类参与测量过程，再根据测量的结果控制其他装置，如在工厂中根据压力仪表的显示人为调整阀门的通断。这种方案存在不少弊端：一是需要大量的人力成本，自动化程度很低；二是受限于人类自身感官与大脑的能力，人类能够同时观察到的信息有限，对这些信息的加工处理能力也有限；三是很多环境是人类难以抵达甚至是不适合生存的，如火山、沙漠或者战场。

自20世纪60年代开始，美国开始尝试在待测区域大量部署传感器，传感器与后端中心通过无线通信连接，在无须人类参与的情况下实现对待测区域的自动监测，这就是传感器网络（Sensor Network）的雏形。传感器网络在农业、林业、工业、交通、城市管理、环境保护等领域都有巨大的潜力。例如，在精准农业中，可以在农田部署测量光照、温度、湿度、土地酸碱度与氮、磷、钾离子浓度的传感器，从而全面、准确、精细地了解各区域土壤是否适合作物生长，为因地制宜地灌溉、施肥或除草提供数据支持。1999年，美国《商业周刊》将传感器网络列为21世纪最具影响的21项技术之一。2003年，美国《技术评论》杂志评出对人类未来生活产生深远影响的十大新兴技术，传感器网络被列为第一。

传感器网络极大地扩展了人类感官的类型、准确度、时空范围、采集频率，以及自动化和智能化程度。这些传感器装置，以"物"的形式部署在地球的各个角落，它们不仅具有传感能力，还具有一定的通信与计算能力，相互协作，为人类提供对物质世界的全面和自动的信息获取能力，使人类仿佛有了"千里眼"和"顺风耳"。如果辅之以机器人等形态的执行器（Actuator），共同构成传感器和执行器网络（Sensor and Actuator Network，SAN），甚至可以实现从事件感知到决策实施的完整自动闭环。这就是从感知视角对物联网这一概念的认识与探索。

1.2.4 物联网形成与发展的其他线索

1991年，美国施乐（Xerox）公司的帕洛阿尔托研究中心（Palo Alto Research Center, PARC）首席科学家马克·魏瑟（Mark Weiser，1952—1999）在论文《21世纪的计算机》"The computer for the 21st century"[3]首次提出了泛在计算（Ubiquitous Computing）的概念。1998年，人们提出了"环境智能"（Ambient Intelligence）的概念[4]，到了1999年，国际商业机器公司（International Business Machines Corporation，IBM）进一步提出了普适计算（Pervasive Computing）的概念。这些概念的主要思想都是把计算机融入环境中，把人们关注的重点从如何操作计算机这一工具转移到执行任务本身上来，使人们可以在任意时间、使用任意设备、通过任意网络来获得所需的服务。从本质上来说，这是一种深度的嵌入计算，计算能力将无处不在，它们被嵌入到墙壁、椅子、衣服、电灯开关、汽车等一切"物"中。

在计算技术的发展过程中，超级计算机、大型计算机、服务器、台式计算机、笔记本计算机、个人数字助理（Personal Digital Assistant，PDA）、智能手机等层出不穷，人们身边的这些计算设备的"存在感"极为明显，人们也通常需要去学习并适应这些计算设备的使用方式。然而，关于计算技术发展的另一种理想反而是使之成为"不可见的"，它们深埋在我们周围的物质世界环境中，以一种合适的、自然的方式为人们提供智能服务，以至于我们在使用时不需要考虑它们的存在。泛在计算之于使用者仿佛水之于鱼，既无处不在也无须察觉。

泛在计算尝试将信息整合到真实的物质世界中。既然计算无处不在，计算设备与计算设备又可以通过网络互连，人们当然可以在办公室中发出计算指令查询家中的煤气阀门是否关闭，或者在旅途中的车辆上控制农田中的土壤灌溉。泛在计算就是从计算视角，严格来说是从计算所能提供的服务的视角，对物联网这一概念的认识与探索。

工业4.0是另一个与物联网关系密切的概念，最早在《德国2020高技术战略》中被提出。在工业史上，工业1.0是指蒸汽机时代，即第一次工业革命，蒸汽机的问世大幅度减少了工业生产对畜力和人力的依赖。工业2.0是指电力的广泛应用，显著地推动了流水线和大规模生产工艺。工业3.0是指计算机登上历史舞台，工厂自动化和机器人技术取得长足发展，人们运用计算机管理商业系统和分析数据。工业4.0则是指人们利用工业网络、人工智能、大数据、机器人和自动化等一系列技术尝试实现智能制造，建立智能工厂，从而提高生产力、生产效率和灵活性，同时在制造和供应链运营中制定更智能的决策。工业发展的上述4次变革如图1-4所示。

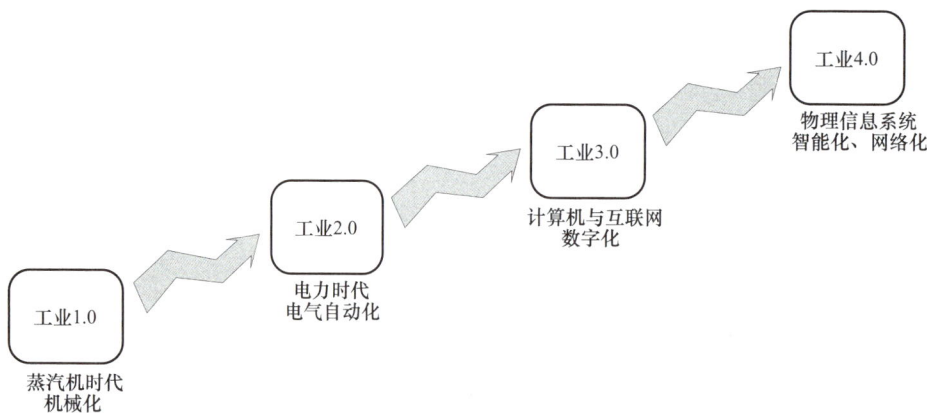

图 1-4 工业 1.0 至工业 4.0 的发展与代表技术

工业4.0计划的基础是物理信息系统（Cyber-Physical System，CPS），即通过计算、网络和物理环境的一体化设计，通过人机交互接口与物理进程进行交互，远程操控物理实体，从而实现大型工程系统的实时感知、动态控制和信息服务。工业4.0需要对制造和供应链中的"物"进行全程精密追踪与智能决策控制，这是人们从应用视角对物联网这一概念的认识与探索。

此外，还有一系列与物联网相关的概念，如可执行互联网（X-Internet）、万维物联网（Web of Things）、数字孪生（Digital Twin）等。

总体而言，物联网的产生与发展并不是偶然的，它是人类社会发展到一定生产力水平后的必然结果。不同的线索从不同角度勾勒出物联网的特征面貌，涓涓细流汇成大河，近年来，物联网已经成为学术界与工业界的热点领域。

1.3 物联网的概念与特征

物联网的概念并不是静态的、确定的，而是随着其形成与发展不断演变，呈现出动态性和不断拓展的态势。

"物联网"这一术语最早可能源自于AutoID研究中心提出的"Internet of Things"。从字面意思上看，"Internet"是计算机间通过标准协议连接而形成的全球网络；"Things"是指物质世界的一切实体；"Internet of Things"就是由可唯一标识的物理实体通过标准协议形成的全球网络。随后，国际电信联盟将物联网定义为基于现有或者未来的信息通信与互操作技术将物质世界与信息世界互连，从而提供先进服务的信息社会全球基础设施[5]。根据2010年我国《政府工作报告》，"物联网"被定义为通过信息传感设备，按照约定的协议，把任何物品与互联网连接起来，进行信息交换和通信，以实现智能化识别、定位、跟踪、监控和管理的一种网络。它是在互联网基础上延伸和扩展的网络。物联网从强调标识、到强调互连，再到更大范围上综合识别、定位、跟踪、监控和管理的智能服务，物联网的概念与内涵与时俱进。

尽管物联网的概念随时间而演进发展，但通常具有物源、泛在、智能、高阶与服务五方面的特征。

"物源"是指物联网的组成基石是"物"，物联网主要行为的发起端和作用端，即"因"与"果"，都是物质世界中的"物"。同时，物联网中的"物"并非仅是物质世界中的"物"，它同时也是信息世界的装置，兼具物质世界属性与信息世界属性，是连接两个世界的桥梁。作为鲜明对比，互联网的信息装置的末端主要是"人"，其中的内容也来自"人"，服务的对象也主要是"人"。虚拟现实（Virtual Reality，VR）①则是一种对现实世界的模拟，已经逐步与物质世界脱离，而元宇宙（Meta-Universe，Metaverse）则构建平行时空沉浸式的庞大在线世界，其中的法则与现实世界已经大相径庭。

"泛在"是指接入物联网的"物"不是零星和孤立的，在全球范围内，或至少在特定的行业、应用或地域范围内，相关的"物"被普遍地接入物联网中。物联网能够提供不限时间、不限空间和不限对象的通信能力，使得这些接入物联网中的"物"能够普遍地进行信息共享与任务自治协作，"物"与"物"之间即使在空间上不相邻，仍能够通过在信息空间中的数据交换实现远距离和普遍的相互作用。

---

① 钱学森先生将 Virtual Reality 翻译为灵境。

"智能"是指物联网能在降低人类参与程度甚至避免人类参与的前提下，自主和优化地提供服务。物联网的智能源于系统中庞大的计算能力及收集的大量历史数据。在运行过程中，物联网中的计算设备能够根据对物质世界的深入、全面、准确和实时的观测，参考从历史数据中挖掘的规则，以更佳的运行性能、更低的资源消耗、更个性化的精准目标完成服务过程。与传统的基于控制理论或简单规则的反馈（Feedback）或前馈（Feedforward）系统相比，物联网通常能够对过程与环境有更深入的认知，可以结合用户需求和上下文提供更为复杂精细的控制决策。

"高阶"是从组织架构而言，物联网作为整体，构成了一个有机的系统。物联网这一系统通常不是由最基本的单元直接堆砌得到的，而往往呈现出系统的系统（System of Systems）面貌。物联网中会直接引入大量已经成型的系统作为其中的功能子系统，例如，北斗卫星导航系统本身就是一套巨型系统，包含大量的卫星、地面站和接收终端设备，但考虑定位功能时，北斗卫星导航系统在物联网中可视为提供"物"的位置信息的子系统。高阶性是物联网发展过程中面向服务目标充分复用已有的信息基础设施的自然结果，能够更好地达成整体系统的经济性、灵活性和可扩展性。

"服务"是物联网的根本归宿。物联网是人造系统，它的目标是满足人类生产生活的特定需求，"以人为本"是物联网的最终目的。物联网是应用技术与服务模式的双重创新。一方面，物联网运用了大量已有的技术成果与信息设施，同时物联网自身也发展出一系列新的技术方法。另一方面，物联网也是一种服务模式，其真正的价值不在于网络本身，而在于它所支撑的各种服务和应用，并且这种服务与现实的物质世界息息相关。物联网在交通、环保、安全、智能家居、消防、环境监测等领域都有重要的应用，能够提供如交通导引、照明控制、火警检测、碳汇评估等各类有价值的应用与服务。新的应用技术与新的服务模式都最终以提升人类的生存和生活质量，实现人与自然和谐共生的关系为目标。

1.4 国内外关于物联网的战略计划

随着物联网的形成与发展，其中蕴含的巨大商业价值与社会意义得到了世界范围的广泛关注，美国、欧盟、日韩和我国都制定了相应的物联网战略计划。

1.4.1 美国：从"未来之路"到"智慧地球"

1995年，美国微软公司首席执行官比尔·盖茨（Bill Gates）撰写了《未来之路》（*The Road Ahead*），畅想了未来物物互连的一系列场景，其中不少场景目前已经成为现实。遗失的照相机将自动发回信息，告诉用户其所处的具体位置；用户驾车驶过机场门口时，计算机中电子钱包将会与机场购票系统自动连接，检验该用户是否购买了机票。比尔·盖茨认为未来的孩子将比他们的父辈更加熟悉信息工具的运用，孩子熟悉移动电话就如其父辈熟悉圆珠笔一般。未来的若干个十年，我们的工作生活方式将发生重大变化，信息技术将提供更大的灵活性和更高的效率。

2008年，IBM前总裁兼首席执行官路易斯·郭士纳（Louis Gerstner）提出了"智慧地球"（Smart Planet）。郭士纳认为计算模式每隔15年会变革一次，例如，1965年发生了以大型机为标志的变革，1980年发生了以个人计算机为标志的变革，1995年互联网得到长足发展。每次技术变革都引起了企业间、产业间，甚至国家间竞争格局的动荡与重大变化。基于他总结的"十五年周期律"，自1995年之后的15年，即2010年发生什么变化了呢？彼时，IBM对未来社会信息技术的发展有三个结论，即世界将仪表化[1]（The world is becoming instrumented），世界将互联化（The world is becoming interconnected）与万物将智能化（All things are becoming intelligent）。据此，郭士纳认为新一轮的变革就是物联网，而IBM给出的方案就是"智慧地球"。

2009年，时任美国总统贝拉克·侯赛因·奥巴马（Barack Hussein Obama）与工商领袖举行"圆桌会议"，在该会议上IBM首席执行官彭明盛介绍了"智慧地球"计划，建议政府投资新一代智慧型基础设施，并阐明了其短期和长期效益。奥巴马对此非常赞赏并给予了积极的回应："毫无疑问，这就是美国在21世纪保持和夺回竞争优势的方式。"

"智慧地球"有三层含义。第一层是"更透彻地感知"（More Instrumented），是指利用任何可以随时随地感知、测量、捕获和传递信息的设备、系统或流程。第二层是"更全面的互联互通"（More interconnected），即先进的系统可按新的方式协同工作。第三层是"更深入的智能化"（More intelligent），即利用先进技术获取更智能的洞察并付诸实践，进而创造新的价值。为此，IBM公司的"智慧地球"计划包括以下内容。

（1）把传感器嵌入和装备到全球的医院、电网、铁路、桥梁、隧道、公路、建筑、大坝、供水系统、油气管道等各种物体和基础设施中。

（2）通过现有的互联网等信息通信设施实现信息的广泛互联和整合。

（3）在这个整合的网络中，存在能力超级强大的中心计算机群，能够对网络内的人员、机器、设备和基础设施实施精确的管理和控制。

（4）人类的生产和生活将达到"智慧"状态，资源利用率和生产力水平将会提高，人与自然间的关系将会改善。

IBM公司还提出了21个支撑"智慧地球"概念的主题，即能源、交通、食品、基础设施、零售、医疗保健、城市、水、公共安全、建筑、教育等，基本覆盖了现代社会人类生产生活的主要方面。如果能在这些主题范围内实现"智慧地球"，那人类就可以减少能源浪费，规划与修筑适当的交通道路并实现智能交通管控，有效避免交通拥堵，可以获得新鲜和安全的各类食品，享受远程医疗并及时获得健康指导等。

1.4.2　欧盟：物联网行动计划

欧盟委员会（欧盟执委会）于2009年发表了"欧盟物联网行动计划"（Internet of Things-An Action Plan for Europe），提出了包括隐私保护、信任和安全、标准化、研究开发、开放和创新、制度意识、国际对话、污染监测管理及未来发展等14项行动内容。该计划描绘了欧盟物联网技术的应用前景，提出了改善政府对物联网的管理，以及推动欧盟物联网产业发展的政策建议。

2009年9月，欧盟发布了《物联网战略研究路线图》（*Internet of Things Strategic Research Road Map*）研究报告，对欧盟未来若干个五年期的物联网研究路线提出了建议。

2015年，欧盟推动建立"物联网创新联盟"（Alliance for Internet of Things innovation，AIOTI），随后在2016年推动欧洲产业数字化，提出了对物联网的三大愿景，即蓬勃发展的物联网生态系统、深化以人为中心的物联网、构建物联网的单一市场。

---

[1] 根据 IBM 提出的计划，此处的仪表化（Instrumented）更倾向于测量仪表，即传感器。

1.4.3　日韩："U社会"计划

2004年，日本、韩国等将泛在计算的概念进一步拓展，提出了U社会，即泛在社会（Ubiquitous Society）的理念，在U社会中，要实现"四A通信"，即实现任何人（Anyone）、任何物（Anything）、任何时间（Anytime）和任何地点（Anywhere）的通信。相比基于互联网的E社会（Electronic Society），在U社会计划中，社会中的所有"物"都将是通信的对象，这些物需要首先被标识，它们的位置与状态都能够被人们所跟踪。U社会是日、韩等国在物联网发展中的代表性计划。

1.4.4　中国："感知中国"与物联网战略

2009年8月7日，时任国务院总理温家宝同志视察了中国科学院无锡高新微纳传感网工程技术研发中心（现名为无锡物联网产业研究院），科研人员向温总理汇报了我国传感器网络的发展现状，并提出了发展传感器网络和"感知中国"的战略建议。温总理敏锐地察觉到该技术的巨大潜力，随即指出"要在激烈的国际竞争中，迅速建立中国的传感信息中心或'感知中国'中心"。科研人员所展示的传感器网络由传感器采集模块、能量管理模块、组网模块、处理模块和执行模块的微系统单元构成，早期曾称为"微系统信息网"，可以视为感知视角下的"物联网"雏形。

2010年3月5日，在第十一届全国人民代表大会第三次会议上，物联网被首次写入《政府工作报告》，我国物联网产业发展迎来前所未有的机遇。根据国际数据公司（International Data Corporation，IDC）的预测，我国物联网连接数量将稳步增长，预计在2026年达到102.5亿个，年复合增长率约为18%，如图1-5所示。

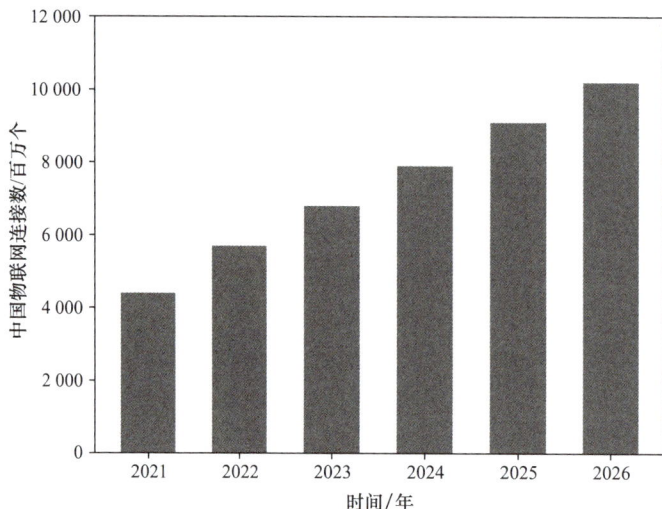

图1-5　中国物联网连接规模预测

1.5　物联网的经济价值与社会价值

物联网具有巨大的经济价值与社会价值，这一点主要体现在传统行业的深度应用、数字经济新赛道、绿色生产力与人类健康和生活品质提升等方面。

物联网是信息技术在传统行业中的深度应用，能够实时监测物质世界的"物"进行智能决策并作用于物质世界，对农业和林业而言能够提升作物产量，对工业而言能够提高生产效率，对服务业而言能够优化流程，因此物联网是现有产业的数字化转型引擎。我国是农业大国、制造业大国和第三产业大国，目前传统行业的数字化程度有限，因而物联网对我国的传统行业转型具有更为重要的意义。

物联网更是一项颠覆性的技术和前沿技术，正在催生新产业、新模式、新动能，成为发展新质生产力的重要推动力量。物联网连通万物，物联网能够提供的服务具有极为丰富的想象空间，新的应用模式如雨后春笋般不断涌现。作为未来数字经济的重要使能技术，物联网将是产业新赛道的孵化者，是国际竞争的焦点领域。

物联网推动的新质生产力是绿色生产力。物联网能够更好地管理和控制能源与物资消耗，如智能家居系统可以根据用户习惯自动调整家电的能耗从而节省能源，又如精准农业中物联网能够通过监测土壤湿/温度等参数优化灌溉，减少水资源浪费。物联网还能够用于监测碳排放，充分利用绿色能源。物联网是实现"双碳"（碳达峰、碳中和）战略、建设"美丽中国"、推动可持续发展的重要抓手之一。

物联网还有助于提高人类的健康与生活品质。物联网可以为人们提供更加便捷、舒适的生活体验，如智能家居系统可以提供对家中的空调、照明、音响等电器的个性化控制，提升人们的舒适度；再如，智能健康或医疗监控设备可以实时监测人们的健康状况，给出合理化的建议，提升人们的健康水平。

📝 拓展阅读：物联网的中国烙印

在物联网的形成与发展过程中，深深地植入了中国烙印。

早在 1999 年，中国科学院上海冶金所（现为中国科学院上海微系统与信息技术研究所，简称上海微系统所）的刘海涛研究员与一群年轻人就在思考：如果把具有传感器采集模块、能量管理模块、组网模块、处理模块和执行模块的微系统单元，通过一种特殊的体系把它们协同起来，能做什么。他们把这样的东西命名为"微系统信息网"，这是可追溯的我国科学家所提出的物联网原型之一。2000 年，他们研制成功了第一套演示系统，留下了中国物联网的早期印记。

十年的光阴过去，刘海涛与他的团队一直深耕在物联网的研究中。2009 年 8 月 7 日，时任国务院总理温家宝同志视察中国科学院无锡高新微纳传感网工程技术研发中心时，敏锐地捕捉到物联网带来的万亿级的产业梦想，他高度肯定了"感知中国"的战略建议，并决定将"感知中国"的中心定在无锡。这一天也成为中国物联网发展史上极为重要的日子。

2013 年 2 月，国务院专门出台《国务院关于推进物联网有序健康发展的指导意见》。2018 年，中央经济工作会议提出：我国发展现阶段投资需求潜力仍然巨大，要发挥投资关键作用，加大制造业技术改造和设备更新力度，加快 5G 商用步伐，加强人工智能、工业互联网、物联网等新型基础设施建设。物联网的发展在中国得到了高度重视和政策扶持，我国物联网产业发展迎来前所未有的机遇，星星之火终成燎原之势。

标准是世界各国技术竞争的焦点。在激烈标准竞争的背后，是各国政府统筹推进抢占物联网时代制高点的角力。美、欧、日、韩等发达国家政府都积极推动物联网的国际标准。我国也提出了物联网参考架构国际标准项目，这是在全球新兴热门技术领域首次由中国牵头主导顶层架构的标准，这是物联网发展过程中的中国"创新"烙印。

2010 年，教育部发布了《教育部关于公布 2010 年度高等学校专业设置备案或审批结果的通知》，物联网工程专业首次出现在高等学校本科专业名单中，我国成为全球主要经济体中首个设置物联网工程本科专业的国家。2011年第一批物联网工程专业开始招生，至今全国已经有超过700所院校开设了物联网工程专业，培养了数以万计的物联网工程专业人才。这是物联网发展过程中的中国"教育"烙印。

截至2024年6月，我国三家基础电信企业（中国电信、中国移动、中国联通）发展蜂窝物联网终端用户达25.29亿户，超过移动电话用户数，建成了全球最大移动物联网络。这标志着我国成为全球主要经济体中率先实现"物超人"的国家。这是物联网发展过程中的中国"实干"烙印。

本章小结

物联网的产生源于技术推动与业务需求的共同作用。一方面，信息技术快速发展，在集成电路、计算、通信等领域均呈现出蓬勃生机；另一方面传统行业在发展过程中竞争逐步加剧，亟须数字化转型或者在新的数字经济赛道上占据有利地位。两者的契合点是信息技术与操控物质世界中的"物"为主的传统行业融合，这是物联网概念形成的广袤土壤。

近数十年间，人们从不同的侧面、基于不同的线索提出了与物联网相关的理念，多个线索的交织互促使得物联网的概念逐步明晰。国内外对物联网产业给予了高度重视，其中较为典型的行动计划包括美国的"智慧地球"和中国的"感知中国"等。

物联网的概念与内涵仍在不断演进发展。物联网的基石是"物"，物质世界的"物"通过信息通道泛在互连，组成高阶的系统为人类提供智能的服务。

物联网的构建"以物为基"，实现物质世界与信息世界的桥接，进而基于信息的流动创造价值。物联网的服务"以人为本"，为人类社会提供巨大的经济价值与社会价值，是传统行业转型与数字经济的使能者，有助于促进创新与发展，提高社会生产效率、节约资源和改善人类生活质量。正如物联网概念的提出者凯文·阿什顿所指出的那样，物联网具有改变世界的潜力，甚至比互联网给世界带来的改变更为深远。

习题

1. 为什么物联网是产业需求与技术驱动的共同结果？
2. 物联网与新质生产力有什么联系？
3. 为什么物联网是数字经济的使能者？
4. 简述美国所提出的"智慧地球"计划的主要内容。
5. 我国提出的"感知中国"与美国的"智慧地球"在视角上有何不同？
6. 根据你对物联网的理解，简述物联网有哪些特征。
7. 物联网如何服务"双碳"战略，如何为建设"美丽中国"贡献力量？
8. 为什么物联网更需要重视"以人为本"？
9. 畅想物联网的一个应用场景，你会将哪些"物"接入网络，为你提供什么样的服务？
10. 为什么物联网不是一个静态的概念？
11. 简述物联网从网络、标识、感知等视角形成与发展的过程。
12. 人工智能正逐步与物联网技术深度融合，请讨论两者融合的必要性和重要价值。

第 **2** 章

物联网的参考模型与技术体系

物联网是跨越物质世界与信息世界的复杂系统，不同应用的物联网系统差异很大，因而需要参考模型来指导物联网的工程实践。

本章将从具体的、多样的、复杂的物联网系统入手，介绍国际电信联盟（ITU-T）与物联网全球论坛（IoT World Forum，IWF）提出的两类参考模型，并从功能域的角度梳理物联网的技术体系。

2.1 物联网系统的组成

物联网是跨行业的复杂巨系统。一方面，物联网应用在很多领域，如精准农业、智能交通、智慧家居等，在不同的应用领域中，作为基石的"物"也不同，不同应用领域的物联网存在显著的差异；另一方面，物联网包含大量具有标识、感知和执行等功能的多种信息设备，它们连接到通信网络，动态地实现对物质世界的信息采集、传输、处理、发布、决策和控制等，这些组成元素的数量巨大、类型多样、连接关系复杂。

物联网系统的组成

尽管物联网系统形态多样，组成复杂，但它们仍具有典型的共性结构，如图2-1所示。值得注意的是，由于应用领域与目标的差异，物联网的组成形态并不是唯一的，可以根据应用需要适当调整。

物联网中有大量的"物"，例如，能够感知烟雾的传感器、能够控制水流通断的阀门等，这些传感器、执行器等装置虽然属于信息设备，但同时与物理实体相联系，既具有信息属性，也具有物理属性。由于它们位于物质世界与信息世界的连接处，因此我们称之为边缘设备（Edge Device）或边缘节点（Edge Node）。

通常，物联网的边缘设备会以不同的形式接入网络中，典型的网络包括：在企业、住宅、温室等室内环境下可以采用有线形式的局域网；在户外，尤其是在"物"具有高速移动性的条件下，可以采用移动通信网络；在人迹罕至的沙漠、火山以及战场可以利用无线自组织网络。网络之间还将相互连接，构成一个庞大

的、全球性的整体网络，这就是互联网。核心网（Core Network）是互联网的骨干部分，由分布在世界各地的高性能网络设备通过大带宽的光缆连接而成。各式各样的网络最终汇入核心网，实现信息的互联互通。由于物联网的边缘设备差异很大，它们具有不同的通信接口和数据格式，因此通常需要网关（Gateway）进行协议转换，使任意的边缘设备都能够接入网络中。

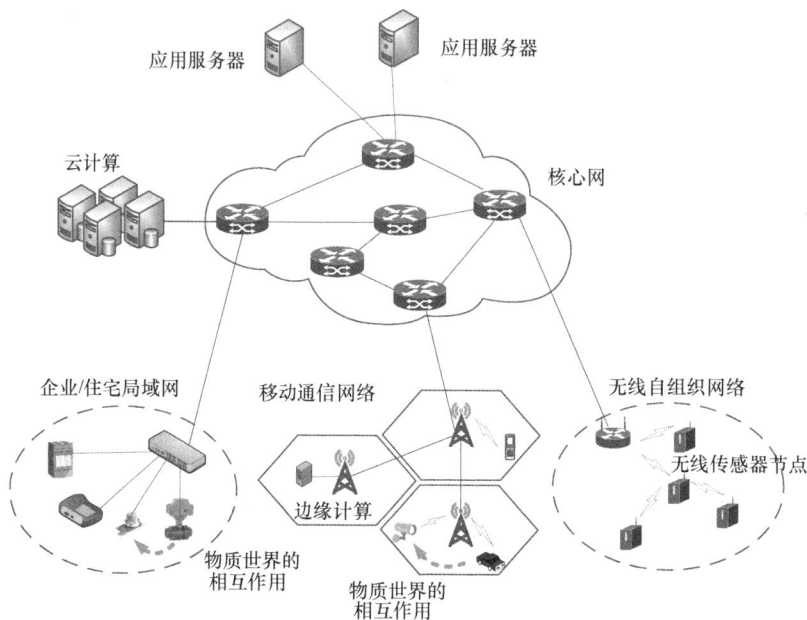

图 2-1 典型的物联网系统组成

网络中还存在具有高性能计算和存储功能的大规模计算机集群或存储介质，以云计算（Cloud Computing）、数据湖（Data Lake）等形式提供物联网海量信息的加工与存储。

针对不同的应用目标，物联网中通常部署着特定的应用服务器，例如，家居火警监控应用、道路车辆检测与引导应用、火山灾害预警应用等都可以部署对应的应用服务器。这些应用服务器负责收集它们所关注的"物"的信息，调用数据中心提供的算力资源进行分析决策，并将决策结果信息通过通信网络下发到边缘设备，最终作用于物质世界的"物"。

因此，物联网中的设备既包括边缘设备，也包括网络设备、计算设备和存储设备等，这些设备的连接关系有多种形式。按照标准ITU-T Y.2060—2012《物联网的概述（第13研究组）》，如果两台设备存在直达链路，并且收发的数据格式是一致的，那么它们就可以直接通信，如图2-2中的a类情况。如果设备间具有一致的数据接口，但是没有直达链路，那么它们可以通过网络进行通信，如图2-2中的b类情况。如果设备间的接口不一致，那么就需要通过网关进行协议转换以相互通信，如图2-2中的c类情况。

物联网内的边缘设备与物质世界的"物"相耦合，该设备能够传感、识别、定位或驱动所关联的物理实体。边缘设备收集的各种信息可以经由通信网络进行加工处理，这些由边缘设备所感知的信息描述着物理实体的状态，因此可以等价地认为在信息世界中存在着该"实体物"的镜像，称为"虚拟物"。在相反的方向，边缘设备也可以从通信网络接收信息，并根据收取的信息执行控制操作，改变对应的物质世界中"物"的状态，因而可以等价地将其视为对信息世界"虚拟物"的操作映射到了对物质世界中的对等实体物的操作。

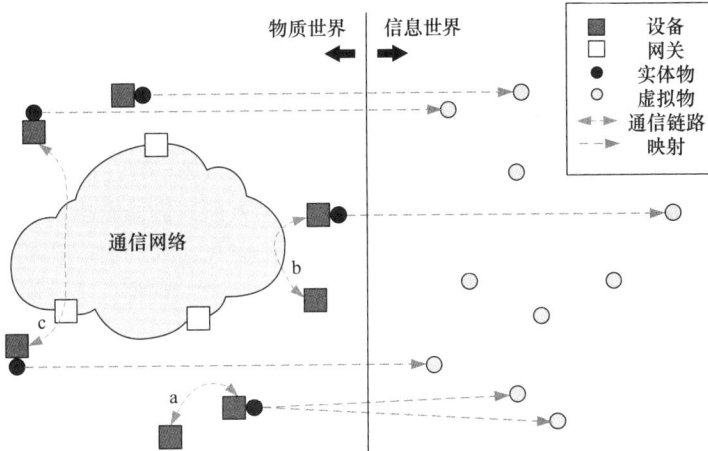

图 2-2 物联网系统中的设备连接与"物"的映射

　　一个物质世界的"实体物"可以映射为一个或多个信息世界中的"虚拟物"。此外，我们还可以在信息世界中设置一些特殊的"虚拟物"，它们在物质世界并没有任何对应的实体物。例如，在共享单车应用中，可以在信息世界设置虚拟的"栅栏"，要求车辆必须停放在虚拟栅栏之内，这些栅栏在物质世界中并不存在。"虚拟物"的概念在物联网中非常重要，高层应用对物质世界的感知与控制都是通过对虚拟物的操作实现的。

　　"实体物"和与之孪生的"虚拟物"共同描绘了物联网系统的"双世界"融合视图，如图 2-3 所示。

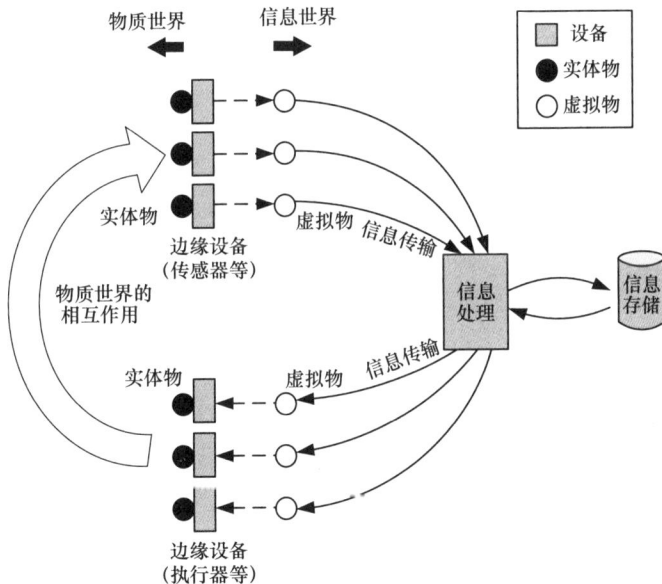

图 2-3 物联网系统的"双世界"融合视图

　　如图 2-3 所示，物联网是跨越物质世界与信息世界的系统。一方面，物联网的基石仍然是物质世界中的"物"，物与物的作用遵循物质世界的物理、化学等自然规律；另一方面，物联网中的"物"是信息的源头，"物"（含环境）的状态通过传感器等边缘设备形成信息，这些信息经过传输、处理、存储等流转环节进行加工，最终的信息再馈入执行器等边缘设备，作用在物质世界的"物"。物质世界的"物"与"物"之间存在相互作用，执行器等边缘设备对物质世界中"物"（含环境）的调控将可能改变另一些"物"（含环境），进一步引起传感器等边缘设备的后续行为，形成跨越物质世界与信息世界的物理过程与信息过程的往复循环。

"双世界"融合视图不仅表明物联网是物理过程与信息过程的深度、泛在、智能整合，还为物联网带来了崭新的设计理念。人们按照传统思路建设基础设施的理念是将物质基础设施和信息基础设施分离，两者独立设计、独立建构、独立运行，一方面我们修筑机场、公路、建筑物，另一方面我们建设数据中心、通信网络等。然而，在物联网时代，人们更应该从系统的眼光统筹建设物质基础设施与信息基础设施，例如，在桥梁的施工过程中，在关键部位部署预置传感器和通信网络，在桥梁服役期间就能够随时监测桥梁的震动、变形和腐蚀情况，这样的桥梁是钢筋混凝土与信息技术整合为一的新型基础设施。

2.2 物联网的参考模型

物联网是一个高度复杂的系统。为了研究、分析和设计物联网系统，人们对其进行了抽象，按照环节、功能或关系将物联网系统中的元素提炼为不同的抽象部分，并说明这些抽象部分之间的分工和协作关系，这就是物联网的参考模型（Reference Model），它从理论上对物联网的结构和功能进行了描述，为物联网的分析和设计提供了指导思想与架构规范。

在物联网的发展过程中，学术界与工业界提出了不同的物联网参考模型，其中影响最大的是标准ITU-T Y.2060—2012提出的参考模型与IWF提出的参考模型。物联网作为信息系统与物理系统的融合体，不同的视角与抽象分类方法会产生不同的参考模型，ITU-T提出的参考模型更注重设备与网关的组织，而IWF提出的参考模型更注重物联网的信息流转与行为逻辑。

从工程实践的视角来看，分析和解决问题的方法并不是唯一的。ITU-T、IWF提出的参考模型以及其他参考模型都是人为的划分，都具有一定的合理性，对物联网系统的设计与分析都有很好的指导价值。

2.2.1 ITU-T 的物联网参考模型

ITU-T的物联网
参考模型

在标准ITU-T Y.2060中，将物联网抽象为四层两面模型，即呈现四个水平方向的层次，并将与各层均有关联的功能抽象为垂直方向的管理面与安全面，如图2-4所示，其中的"层"和"面"分别是从水平方向和垂直方向的抽象切分。

1．设备层

设备层（Device Layer）处于参考模型的最底层。在物联网系统中，既包括用于计算、存储和通信的通用设备，也包括与物质世界的实体物紧密耦合具有感知、执行、数据捕获的边缘设备，例如，传感器、执行器、标签等，这些与物质世界紧密耦合的设备是物联网有别于其他系统的显著特征。

2．网络层

网络层（Network Layer）实现组网与传输两项基本功能。组网功能是将设备组织为网络，网络之间通过网关等网络设备相互连接。由于物联网的设备类型复杂，不同设备所采取的通信方

式与传输的数据格式差异很大，因此网关在物联网系统中非常重要，它通过合适的协议转换以解决连通性问题。传输功能是指物联网内相应的应用、控制、管理信息的传输。在网络层，可能采用的通信网络包括移动网络、互联网、卫星网络和自组织网络（简称自组网）等。

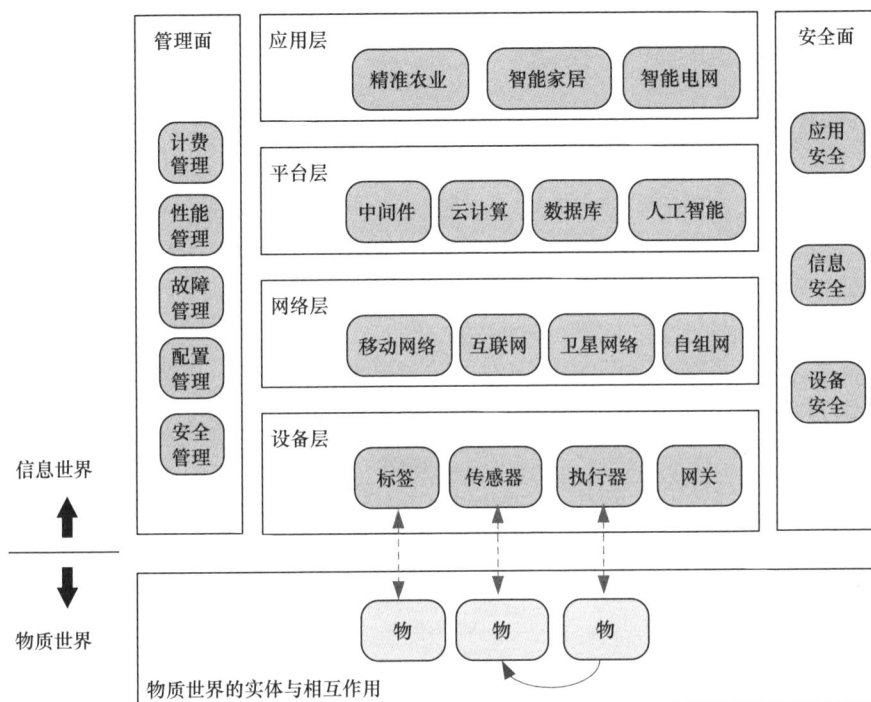

图 2-4　ITU-T 的物联网参考模型

3．平台层[①]

平台层（Platform Layer）提供面向服务或应用的功能。本层既包括通用平台功能，如数据库、云计算等，也包括专用平台功能，如地理信息系统（Geographic Information System，GIS），该功能仅针对智能交通等特定物联网应用子集提供。

4．应用层

应用层（Application Layer）是指具体的物联网应用，例如，智能家居通过住宅内家电的互连协同提升生活品质，精准农业基于农田中传感器的测量结果进行合理的灌溉、施肥，以提升农作物的产量等。

5．管理面

管理面（Management Plane）是指物联网内的一系列管理功能的抽象，它是跨层的（Cross Layer），包括通用的管理功能与特定应用的管理功能。通用的管理功能包括故障管理、配置管理、性能管理、计费管理等。例如，自动进行设备的发现、设备的激活、网络拓扑的设置属于配置管理；对设备进行诊断，监测网络是否出现非正常的运行状态属于故障管理；对设备性能和网络性能进行测量与调节，确保传输延时、丢包率等指标属于性能管理等。特定应用的管理功能与具体应用场景有关，如在智能家居中对属于某一家庭的家用电器间进行配对管理。

---

① 在标准中称为服务支持与应用支持层（Service Support And Application Support Layer），是指面向服务或应用提供的共性功能模块，即支撑平台，故译为平台层。

6．安全面[①]

安全面（Security Plane）是指物联网内通用的安全功能与特定应用的安全功能，它也是跨层的。通用的安全功能主要包括应用安全、信息安全与设备安全，如提供物联网数据的机密性和完整性保护，用户的授权、鉴别、隐私保护，安全审计，病毒防护，设备可用性等。特定应用的安全功能如物联网内移动支付的金融安全等。

2.2.2　IWF 的物联网参考模型

由 IBM、英特尔、思科等工业界头部企业推动的物联网全球论坛（IWF）在 2014 年发布了物联网参考模型，以加速工业界的物联网部署。因为 ITU-T 提出的参考模型主要关注设备层，对平台层和应用层的描述相对简略，所以 IWF 提出的参考模型更关注应用、中间件和支持功能的开放。

根据思科公司的白皮书[6]，IWF 提出的参考模型呈现七层结构，如图 2-5 所示。该参考模型有助于理解复杂的物联网的应用处理逻辑。

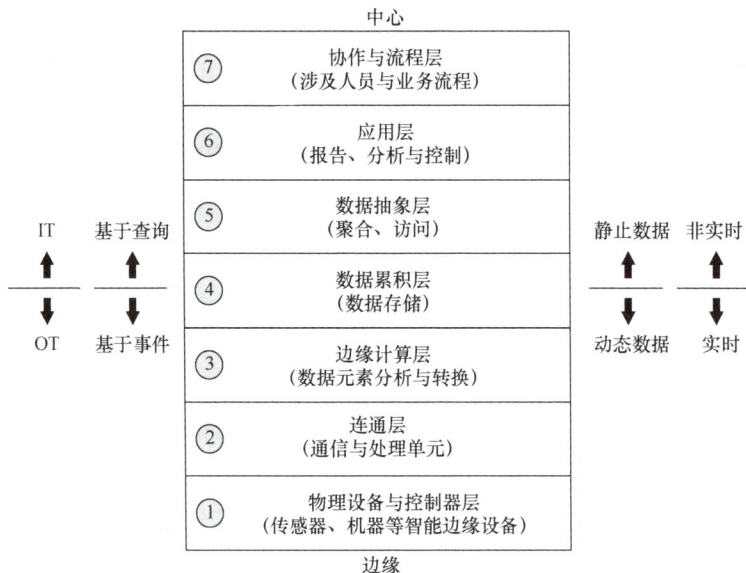

中心

⑦	协作与流程层（涉及人员与业务流程）
⑥	应用层（报告、分析与控制）
⑤	数据抽象层（聚合、访问）
④	数据累积层（数据存储）
③	边缘计算层（数据元素分析与转换）
②	连通层（通信与处理单元）
①	物理设备与控制器层（传感器、机器等智能边缘设备）

IT　基于查询　　　　　　　静止数据　非实时
OT　基于事件　　　　　　　动态数据　实时

边缘

图 2-5　IWF 的物联网参考模型

1．物理设备与控制器层

物理设备与控制器层（Physical Devices & Controllers）处于最底层，主要是指物联网中的"物"，例如，传感器、控制器、工厂车间中的机器等各种类型的智能边缘设备。IWF 参考模型的物理设备与控制器描述的并不是物质世界的"实体物"，而是与"实体物"交互的信息世界的设备抽象，通过对这些设备的查询能够了解"实体物"的状态，对这些设备的控制能够改变"实体物"的行为。该层大体上与 ITU-T 提出参考模型的设备层对应，但主要是指边缘设备。

---

① 中文的"安全"较英文"Security"更宽泛，还可以指"Safety"。通常，"Security"强调免受来自外部或内部的"蓄意或恶意"伤害，因而须采取措施防止这样的伤害发生。"Safety"强调的是系统正常运转的"稳定状态"，其风险主要来自意外事件，因而采取措施确保系统能正常运行。在物联网中，既可能存在恶意攻击，也可能存在意外失效，前者属于安全面的功能职责，后者属于管理面中故障管理模块的功能职责。

2．连通层

连通层（Connectivity Layer）主要实现设备间的通信和边缘计算所需的底层通信，本层包括路由器、交换机、网关、防火墙等一系列构建局域网、广域网或与互联网连通的网络设备。本层大体对应ITU-T提出的参考模型的网络层，但在ITU-T提出的参考模型中网关设备处于设备层，而本参考模型中网关处于连通层，就网关的逻辑功能而言，将其置于连通层更有助于对物联网系统的理解。

3．边缘计算层[①]

边缘计算层（Edge Computing Layer）在尽量贴近物联网中的"物"的前提下进行信息处理，从而极大地降低处理时延及后续数据处理规模。典型情况下，传感器会产生大量的数据，例如，工业车间视频监控摄像头每小时可以产生数吉字节（GB）的数据，这些数据通常需要得到及时的处理，以便检测到视频内出现的危险工况能立刻触发警报；同时，这些数据如果全部在网络中传输和存储，不仅会占用大量的带宽资源与存储资源，也会降低后续的传输数据量和存储数据量。边缘计算就是通过处于网络边缘的服务器对这些传感器数据进行处理加工，包括数据内容的检测、压缩、编码等。

4．数据累积层

数据累积层（Data Accumulation）主要是数据的存储，负责将来自于大量设备并由边缘计算层已预处理的数据放置在存储设备中，以提供高层查询使用。本层是动态数据（Data in Motion）与静止数据（Data in Rest）的分界点，它体现出物联网高层应用逻辑与底层信息处理逻辑的差异。

动态数据是由于物质世界中的"物"的运动变化产生的，数据的产生是时间驱动（Time-Driven）或事件驱动（Event-Driven）的。例如，在教室中部署了温度传感器，每隔10min测量一次环境温度，这些数据具有周期性的特点，可以用于控制教室中的制热制冷设备，这就是时间驱动产生数据的例子；如果在教室中部署了烟雾传感器，当火情发生时，这些传感器就发送数据指示可能出现了火灾，这就是事件驱动的例子。若数据中出现了亟须处理的紧急情况，边缘计算层应及时控制底层设备进行响应。

静态数据是存储在服务器的硬盘或其他存储介质上的数据。高层使用这些数据主要是以查询为主，仍以上述例子为主，高层应用可以查询给定日期中教室24h的温度变化，或者统计在某个月出现了多少次烟雾报警事件。高层应用通常应处理海量的、非短期的、多样类型的数据进行智能决策。

这一层也是信息技术与运营技术（Operational Technology，OT）的分界。通常，IT包括软件、硬件、通信技术与信息服务等，但一般不包含企业应用中产生数据的嵌入式技术。OT则是指对企业的物理设备、进程和事件进行直接检测、控制、触发、调整的技术。前者更通用，而后者更偏向于行业，并对实时性、可靠性等有极高的要求。

5．数据抽象层

数据抽象层（Data Abstraction Layer）主要是对源自底层类型多样、格式千差万别的数据进行统一抽象，以便高层应用能够更容易地使用数据。具体而言，这一层可以对数据进行必要的转换，为不同来源的数据提供一致的语义，或者对不同来源的数据进行组合，形成复合的数据形式等。

边缘计算层、数据累积层、数据抽象层大体对应着ITU-T提出的参考模型的平台层。

6．应用层

应用层（Application Layer）则使用底层提供的物质世界中"实体物"的信息，或者控制底层设

---

① 英文也称为 Fog Computing Layer，因此也可以称为"雾计算层"。

备对物质世界中的"实体物"进行调整控制，实现智慧服务。应用层可以与下层进行非实时交互，其处理速率与底层传感器或控制器的数据速率无关。在特殊情况下，应用层也可以跨越中间层次直接与底层交互，提供相对实时的调控能力。本层大体对应着ITU-T提出的参考模型的应用层。

7. 协作与流程层

协作与流程层（Collaboration & Processes Layer）支持多方协作的物联网服务，通常会涉及人的参与，或者存在横跨多个物联网应用的业务流程（见图2-6）。例如，智能工厂、智能交通、智能零售等都是独立的物联网应用，如果能够打通这些环节，有助于实现跨行业、跨区域、跨应用的"万物互联"，实现智慧和集约的服务。理想情况下，物联网应用的本身也不需要人为设计，而是能够根据人的需求、业务流程和上下文环境智能地、透明地生成。本层在ITU-T提出的参考模型中没有对应的层面。

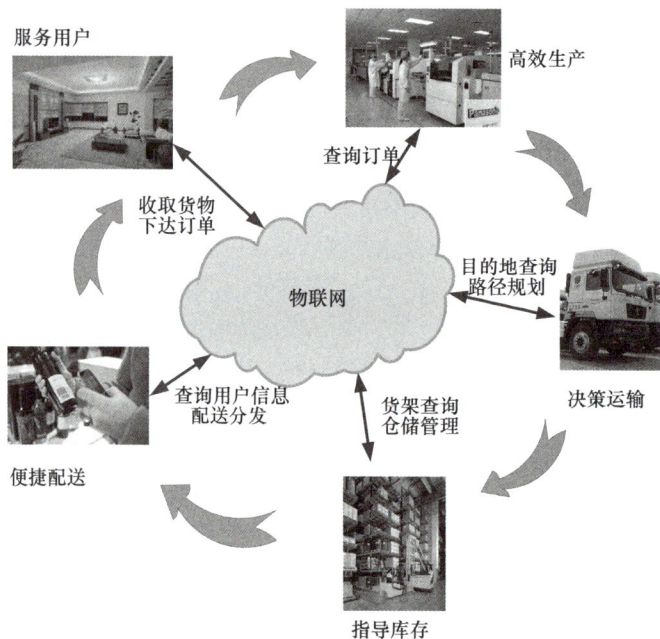

图 2-6 物联网应用间的协作

在IWF的物联网参考模型中，管理和安全功能仍然是必需的，它们与所有层面均有关系。以安全为例，需要确保每台设备的安全，也需要确保每层中所有数据处理流程的安全，还需要确保相邻层间南向接口（Southbound Interface）或北向接口（Northbound Interface）[①]通信的安全。

2.3 物联网的功能域与技术体系

物联网是跨学科的研究方向，涉及大量的具体技术，其中不少技术并不局限在参考模型中的某个层面，而具有跨层面的特点。因此，本节以ITU-T参考模型为例，将物联网工程实践中的具体技术根据功能域进行划分，如图2-7所示。

---

① 北向接口是指一个较低层次的接口连接更高层的层接口，南向接口则相反，南北方向与地图标注一致。

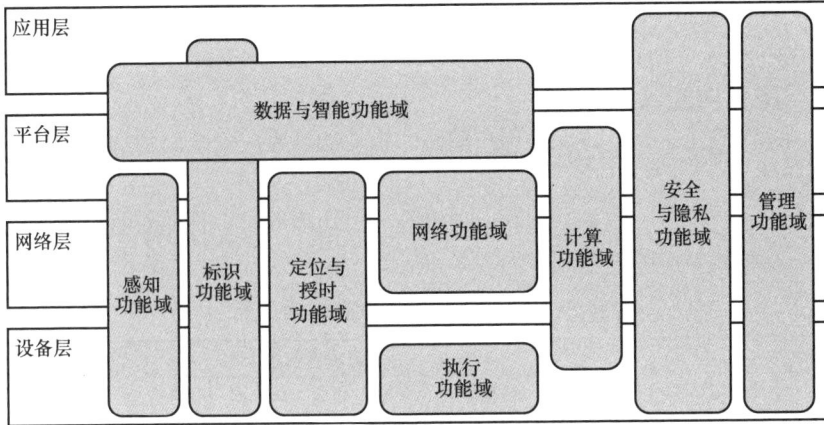

图 2-7　物联网系统的主要功能域

1．感知功能域

全面、准确、多样地获取物质世界的状态信息并对事物进行一定程度的理解，可以类比于人的眼睛、耳朵和鼻子等感官。"感"主要是指基于传感器的测量过程；"知"主要是指辨识与理解过程。由于需要大量的传感器协同来共同观测物质世界，并对传感器数据进行信息处理，因此感知功能域涉及设备层、网络层和平台层。

2．标识功能域

在一定的上下文语境中，对物联网中的"物"进行唯一标记并能识别该标记。标识是物联网中"物"的"身份证"，通过标识能够区分不同的"物"。标识与"物"有关，标识的识别和解析还可能借助网络和数据库，标识的设计与使用和具体的应用关系也很紧密，因而标识功能域涉及所有层次。

3．定位与授时功能域

确定"物"所在的位置或者得到事件发生的时刻。空间与时间信息通常紧密关联，两者需要协同考虑。在获取"物"和事件的位置或时刻的过程中，通常需要与其他设备交互，进行距离、角度或延时的测量，部分定位算法还需要进行数据库的查询，因此定位与授时功能域涉及设备层、网络层和平台层。

4．执行功能域

根据物联网应用的决策信息，对物质世界的"物"或环境进行调控，可能的执行器包括电控开关、阀门、机器人、无人机（Unmanned Aerial Vehicle，UAV）等。执行功能就像是物联网系统的"手"和"脚"。

5．网络功能域

通过有线和无线通信媒介，将物联网设备互连组网，并进一步实现网际互连，实现任意设备间的信息传输。网络功能域就像是遍布在身体内用于传递指令的神经。

6．计算功能域

通过利用设备自身的算力、近端或远端服务器（或人）的算力进行分级的信息加工，实现物联网内海量数据的处理。由于计算任务分布在不同的设备并且需协同完成，因此计算功能域需要设备层、网络层和平台层的支持。计算功能域就像是人类的大脑。

7．数据与智能功能域

对物联网中的海量数据进行挖掘，实现智能决策。本功能域类似于人类通过学习获得的知识与技能。近年来，大数据（Big Data）与人工智能（Artificial Intelligence，AI）技术取得了长足的进展，本功能域得到了更多关注。

8．安全与隐私功能域

确保物联网系统安全运行，并保证用户隐私。本功能域对应安全面的功能。

9．管理功能域

对物联网系统进行配置、测量、诊断、计费等。本功能域对应管理面的功能。

物联网中各功能域对应的技术内容如表2-1所示。

表2-1　物联网的功能域与技术体系

功能域	主要技术内容
感知功能域	传感器、无线传感器网络、数据融合、多模态数据、信号检测、参数估计、嵌入式系统
标识功能域	标识体系、RFID、条形码、二维码、生物特征识别
定位与授时功能域	卫星定位系统、蜂窝网络定位、测距、测角、时间同步、授时、指纹定位
执行功能域	控制器、机器人、无人机、无人车、无人艇等
网络功能域	有线通信、无线通信、组网技术、移动通信网络、自组织网络、车联网、互联网、业务服务质量保障
计算功能域	云计算、边缘计算、本地计算、云边端协同、关系型数据库、非关系型数据库、分布数据库
数据与智能功能域	大数据、数据挖掘、人工智能、监督学习、无监督学习、强化学习
安全与隐私功能域	口令和身份分配、匿名、认证和可信的模型、加密和数据保护、计算安全和可信、数据隐藏
管理功能域	设备发现，身份及关系管理、网络拓扑监测、流量监测、故障诊断、频谱管理、电源管理

本书将对物联网的感知功能域、标识功能域、定位与授时功能域、网络功能域、计算功能域、数据与智能功能域、安全与隐私功能域的知识与技术体系进行专题讨论。未进行专题讨论的功能域，以及物联网较为通用的硬件技术、软件技术、电源技术、人机接口技术等将结合具体的案例进行适当的介绍。

📝 拓展阅读：物联网的"共性平台"与"应用子集"

技术标准是标准化领域的术语，指对需要协调统一的技术事项所制定的标准。技术标准细分为国际标准、国家标准和行业标准。其中，国际标准是由国际标准化组织（ISO[①]）、国际电工委员会（International Electrotechnical Commission，IEC）、国际电信联盟等制定的全球性标准。标准作为全球经贸合作和技术交流的通用语言，影响着全球80%的贸易和投资，在推动科技创新、消除技术壁垒、增进国际合作等方面发挥着重要作用。

随着物联网成为世界各国关注的热点，国内外大量的组织机构、企业和专家学者积极参与，从不同的侧面起草、提交和发布了大量与之相关的协议标准。然而，物联网的技术构成复杂、应用广泛，这使得构建一套全面和灵活的技术规范体系非常困难。如果针对每一类应用制定标准，那就会有精准农业物联网标准、环境监测物联网标准等，这不仅工作量巨大、重复工作多，而且也不可能全面覆盖所有的物联网应用领域。如果不考虑应用，仅考虑具体技术，如制定传感器的标准、执行器的标准，则很难理解物联网的全貌。

我国早在2009年就着手推动物联网标准的制定，无锡物联网产业研究院、中国电子技术标准化研究院等研究单位充分考虑了物联网技术的应用特点，提出了"共性平台"与"应用子集"

---

① ISO 是国际标准化组织（International Organization for Standardization）的简称，但 ISO 并非是缩写，而是源自于希腊语 isos，意为平等。

标准框架，如图2-8所示，其中下部是共性平台标准，上部是应用子集标准。

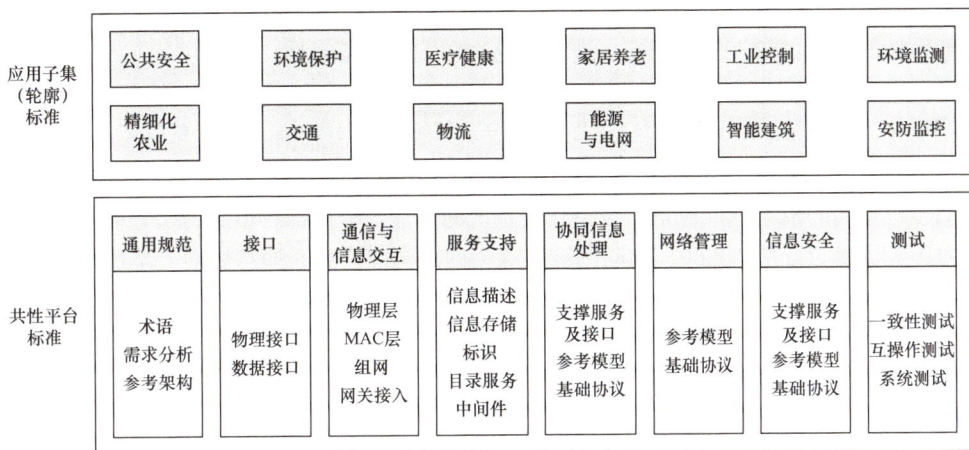

图 2-8 物联网"共性平台"+"应用子集"标准框架

共性平台标准是指通过对物联网各类应用的共性特征和技术要求进行分类、规范，形成若干标准化的功能模块组合。应用子集标准是指根据物联网应用的特点，描述特定应用要求，如网络规模、组网形式、服务质量（Quality of Service，QoS）要求、系统生存时间、覆盖范围、业务种类等。在上述"共性平台"加"应用子集"的基础上，可以根据具体应用需求，将共性平台标准和应用子集标准中的不同模块进行灵活组合。"共性平台"与"应用子集"的思想有力地推动了我国物联网标准的制定与实践，2016年，GB/T 33474—2016《物联网 参考体系结构》正式发布为国家标准。同期，我国还积极推动物联网国际标准的制定，2015年国际标准化组织（ISO）/国际电工委员会（International Electro Technical Commission，IEC）在比利时布鲁塞尔召开物联网标准化会议，新成立的WG10物联网标准工作组由我国专家担任体系架构项目组主编辑，推动物联网体系架构国际标准项目（ISO/IEC 30141：2018《物联网 参考体系结构》），这标志着我国在国际物联网标准上拥有了话语权。

国际标准已经成为世界主要经济体竞争的焦点领域。随着越来越多的中国标准走向国际，我国在国际标准化舞台上逐步实现了从"参与者和贡献者"到"推动者和引领者"的跃升。然而，在ISO和IEC制定的3万多个国际标准中，我国牵头的只有1 300多项，与我国产业规模和地位还不匹配，我国在国际标准化领域仍任重道远。

📝 本章小结

具体和抽象是思维的两种方法。具体是思维对事物多方面属性的综合，是从感性具体到理性具体的认识过程。抽象则是思维把事物整体中某一方面的本质抽取出来的认识方式。具体和抽象相互区别、相互联系，二者的辩证关系体现在具体反映了事物的整体形象，而抽象则是对事物某一方面本质的认识。

具体的物联网系统在技术选型、组成形态和应用目标上迥然相异，如果仅从具体的物联网出发，则容易陷入管中窥豹的困境，不利于我们理解物联网系统间的共性，不利于我们总结物联网的规律进而指导其分析与设计。反之，如果仅考虑抽象的物联网系统，那我们就容易失去凭附，缺少抓手，也不利于指导我们的工程实践。

纷繁多样的具体物联网系统具有相似的抽象结构。本章从典型的物联网系统组成入手，梳理物联网系统内的组成元素和连接关系，尤其关注物质世界的"物"在物联网中的特殊意义，描写了物联网系统的"双世界"融合视图，进而讨论物联网的参考模型。

物联网的参考模型是抽象思维的产物，它是将物联网系统按照环节、功能或关系进行共性提取的思维成果，为物联网的分析和设计提供了指导思想与架构规范。本章介绍了两类参考模型，ITU-T参考模型更注重设备与网关的组织，而IWF参考模型更注重物联网的信息流转与行为逻辑，它们源自不同的抽象思维视角，对物联网系统的设计与分析都有很好的指导价值。

按照国际标准ITU-T Y.2060，物联网被抽象为四层两面模型，即自底而上呈现四个层次，分别为设备层、网络层、平台层、应用层；从水平方向将与各层均有关联的功能抽象为管理面与安全面。按照IWF参考模型，物联网呈现七层结构，自底而上分别是物理设备与控制器层、连通层、边缘计算层、数据累积层、数据抽象层、应用层、协作与流程层。

物联网中不少技术并不局限在参考模型中的某个层面，具有一定的跨层面特点。因此本章进一步对物联网中的主要功能域进行了梳理，罗列出各功能域的主要技术内容。功能域及其技术内容是参考模型的进一步具象化，它是实现特定目标的若干功能单元及其相互联系。本书从功能域的视角渐次阐述物联网的关键技术。

习题

1．（单选）关于物联网与互联网的联系，下列陈述正确的是：_____。
A．物联网是互联网的一部分
B．互联网是物联网的一部分
C．所有的物联网设备都需要支持互联网协议
D．互联网可以作为物联网底层的通信网络之一

2．如何从系统视角理解物联网？它由哪些元素组成？它的输入和输出是什么？

3．物联网系统横跨信息世界与物质世界，信息世界中的数据流转如何帮助物质世界服务目标的达成？

4．物联网中网关的作用是什么？

5．简述ITU-T Y.2060国际标准给出的物联网参考模型。

6．简述IWF提出的物联网参考模型。

7．物联网参考模型与真实系统之间是什么关系？参考模型如何指导我们分析和设计物联网系统？

8．为什么物联网有多个参考模型？是否仅有一个参考模型是正确的？

9．千差万别的物联网系统存在哪些共性与差异？这些共性与差异能否指导我们的分析与设计？

10．根据IWF提出的物联网参考模型，分析人在物联网应用间协作的作用。

11．物联网的安全面与管理面为什么涉及多个层次？

12．"虚拟物"是物质世界"实体物"在信息世界中的镜像，"虚拟物"能帮助物联网应用实现什么功能？

13．什么是IT技术？什么是OT技术？它们各自有哪些特点？

14．简述IT和OT的融合对物联网的重要意义。

15．物联网信息世界中的某些"虚拟物"在物质世界没有对应关系，请举例说明。

第 **3** 章

感知

感知是将物质世界参量或事件转为信息世界数据的过程，如同人的眼睛和耳朵，为物联网后续信息处理与决策提供支持。感知是物联网的前提与基础。

本章将首先介绍物联网感知技术的概念与发展趋势，随后介绍作为感知基石的传感器技术，并在其基础上介绍无线传感器网络技术，最后通过案例分析掌握物联网中感知技术的应用。

3.1 感知技术概述

严格地说，"感"与"知"是不同层面的概念，然而，两者共同构成了物联网中从数据采集到信息理解的连续流程，紧密联系，难以割裂。

"感"（Sensing），即使用传感器检测或测量物质世界中变量的过程。传感器（Sensor）是"感"的核心，它是一种设备或系统，可以将物质世界的物理量、化学量或生物量转换为适宜的信号。例如，摄像头（图像传感器）可以捕获环境中的光线，产生图像数据，这些数据将在后续步骤被加工处理。

"知"（Perception），即从传感器产生的数据中提取有意义的信息的过程，通常涉及数据的解析、解释和理解，以获得对物质世界的高级认识。例如，在车辆驾驶过程中，通过分析摄像头产生的图像数据，可以识别车辆前方的道路标志、行人、车辆或其他障碍物。

近年来，传感技术、计算技术、通信技术与人工智能技术深度融合，集成电路与微机电系统工艺的发展推动了传感器、微处理器与通信单元的高度集成。物联网中的传感器逐渐从传统意义上的简单物理量转换发展为兼具传感、计算和通信能力的微型系统，使得"感"与"知"日益相互交融、难以割裂。因此，在没有歧义的情况下，我们将其统称为"感知"（Sensing and Perception）。

感知是物联网的前提和基础，是物联网有别于通用信息系统的本质特征。在智能家居应用中，通过感知技术能够获得室内的温度、湿度、光照、空气质量等信息，从而为后续开关空调、调节灯光、净化空气等提供依据。在车联网应用中，通过感知技术能够获取车内的胎压、剩余电（油）量、引擎转速信息和道路上行人与其他车辆的实时位置等，从而为后续车况优化、辅助驾驶，甚至自动驾驶提供依据。失去感知功能将从本质上切断物质世界与信息世界的联系，物联网系统也将不复存在。

3.2 感知技术的发展

人类自出生开始就在感知世界，对未知的探索是人类进步的原动力之一。早期的人类主要基于视觉、听觉、味觉、嗅觉、触觉等去探索世界，这是最原始和最直接的感知方式。随着科学技术的进步，以传感器为主的工具仪器拓展了人类感官可感知的类型与范围，成为人类认知世界方式的重要变革。近年来。感知技术快速发展，呈现出泛在互连、智能融合与无源绿色的趋势。

3.2.1 传感器技术

传感器技术与通信技术、计算机技术是现代信息技术的三大基础内容之一。形象地说，传感器技术在信息技术体系中扮演着"感官"的角色，它负责采集物质世界的参量，如温度、湿度、声音等数据，使我们能够感知物质世界中"物"的变化。通信技术则相当于"神经"，它负责实现任意对象间的信息传输，并确保信息的快速和准确传递。计算机技术就像是我们的"大脑"，它处理和分析收集到的数据，支持决策制定和问题解决。

国家标准GB/T 7665—2005《传感器通用术语》中将传感器定义为"能感受被测量并按照一定的规律转换成可用输出信号的器件或装置，通常由敏感元件和转换元件组成"。

传感器改变了人类和机器了解世界的方式，如图3-1所示，在某种意义上，这种改变甚至是变革性的，尤其突出体现在两方面，即感知信息的多样性与输出信号的一致性，前者提供了对物质世界的全面、精确和多属性的感知能力，后者实现了在数字世界对感知数据的统一处理能力。

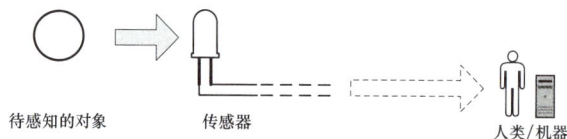

待感知的对象　　　传感器　　　　　　　　　人类/机器

图 3-1　传感器的应用方式示意

传感器为人类和机器提供了类型丰富的数据。在传感器诞生之前，人类也能够基于自己的感官或简单工具观察世界，但所能感知的内容类型非常有限。传感器则打破了人类感官的束缚，对物质世界中极多类型的物理量、化学量、生物量等进行测量，这使得处于传感器后端的人类或者机器能够更为全面地了解待感知的对象。

传感器还将待观测的各种类型的物理量、化学量和生物量都统一转换为电信号。电信号成为通用的中介桥梁，各种变量从此可以被统一地传输、处理和分析。同时，伴随着电子技术的发展，电信号的放大、调理、传输、处理和存储设备更易于设计及实现，传感器也逐渐实现微型化和集成化。

3.2.2 传感器的数字化

早期传感器的输出信号主要是模拟信号（Analog Signal），即连续变化的信号量，如图3-2所

示。模拟信号在传输过程中，一方面信号本身随着传输距离的增加而不断衰减；另一方面还存在着噪声（Noise）的影响，接收端收到的模拟信号与传感器侧输出的原信号存在差异。在传输距离较短及噪声水平比较低时，信号受到的影响并不明显，但是在传输距离较长或者噪声水平较高时，接收的模拟信号与原信号相比会存在明显的差异，进而导致我们对世界的感知"失真"并影响后续的决策。

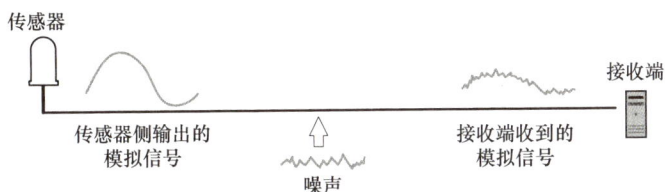

图 3-2　传感器的模拟信号传输

模拟信号是连续变化的，衰减所引起的信号变化也是连续变化的，噪声也是连续变化的，衰减的信号与噪声叠加在一起，两者无法区分。为了克服噪声与衰减的影响，我们需要对信号的取值有一定的先验假设。如果信号的幅值仅能取有限数量的值，这种在幅值上离散的信号就是数字信号（Digital Signal）。最常见的数字信号的幅值仅能取 2 个值，如图3-3所示。

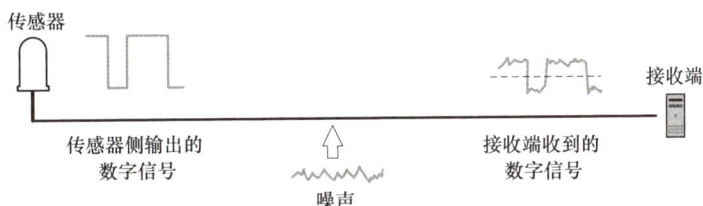

图 3-3　传感器的数字信号传输

数字信号仍然会受到衰减与噪声的影响，然而在一定的范围内，数字信号是可以再生的（Regenerative）。在图3-3中，接收端的数字信号显然受到了噪声的影响，但是通过选择合理的判决门限（如图3-3中的虚线所示），仍然可以将其有效地恢复为原信号。通过在传输路径上适时引入具有再生功能的中继（Relay）单元，结合一系列纠错检错技术，就可以实现长距离无误码传输。

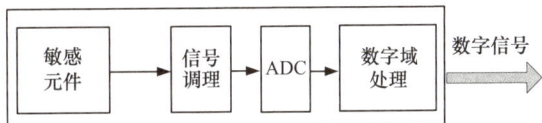

图 3-4　传感器的数字化

将模拟信号转换为数字信号的核心器件是模数转换器（Analog-to-Digital Converter，ADC）。在数字域中，信号还能够被进一步处理，实现传感器的线性度、零点、温度漂移等性能参数的综合补偿，这将保证传感器间的一致性。此外，还可以在输出的数字信号中插入传感器自身的标识，或者用特殊的编码表达传感器的异常状态，便于故障识别和诊断。

如图3-4所示，以数字信号代替模拟信号作为内部处理与接口信号的形式，这就是传感器的数字化（Digitization）。数字化的传感器真正架起了物质世界与信息世界间的桥梁。

3.2.3　感知技术的泛在互连趋势

通常，单个传感器只能观察物质世界的一个位置，只能监测一种参量。如果能够将分布在不同位置的、不同感知类型的大量传感器组网连通，就可以基于传感器之间的相互协作实现对被观测对象的多点多类型感知，这就是传感器的泛在互连。

传感器的泛在互连得益于20世纪中后期高速发展的网络技术，互连的传感器形成了网络结构，但传感器构成的网络与通常意义上的"网络"存在显著差异。通常意义的网络是以节点间的信息交换为目的，而传感器构成的网络则是以多点多类型感知为目的。在这个意义上，多个传感器以网络为纽带形成整体系统，本质上相当于一个更大规模的、网络化的传感器（Networked Sensor），如图3-5所示。为了实现传感器的泛在互连，需要在传感器上增加通信网络和计算模块，这种同时具有传感、通信与计算能力的设备称为传感器节点（Sensor Node）或简称为节点。

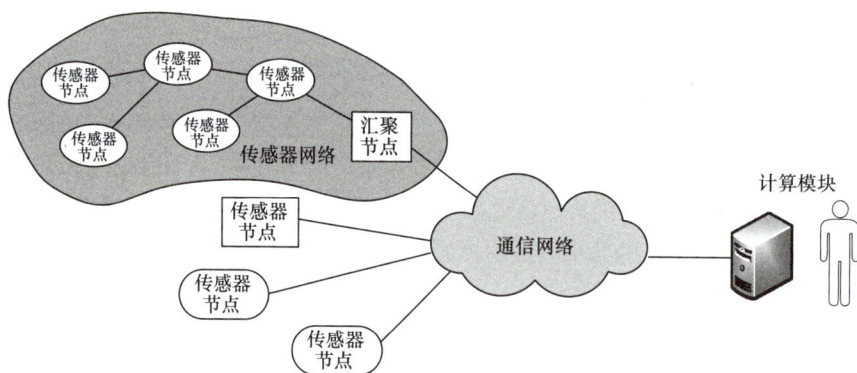

图 3-5　感知技术的泛在互连

传感器节点可以通过有线通信或无线通信方式与通信网络直接相连，也可以连接到其他传感器节点。后者意味着传感器节点不仅需要感知环境参量，还需要协助转发来自其他传感器节点的数据，这些相互协作的传感器节点共同构成了自组网（Ad-Hoc Network），通常称为传感器网络（Sensor Network）。在传感器网络中，数据经多次转发到达汇聚节点（Sink），汇聚节点具备网关功能，能够将传感器数据接入通信网络。

泛在互连使得传感器间实现了普遍而丰富的数据共享。例如，现代汽车内的电子系统由大量的传感器组成，它们通常基于总线型网络连接，全面而实时地监测车辆的状态信息，如电子燃油喷射装置、电动门窗、主动悬架、车载雷达等。车内传感器的互连能够使得驾驶员充分了解车辆各部位多样类型的信息，但仍有局限。进一步地，如果车辆与道路上部署的传感器节点、车辆与车辆之间还可以进一步泛在互连，就有可能在车辆之间共享视野，发现处于本车感知盲区中的异常情况，实现超视距感知（Over-the-Horizon Perception）。

3.2.4　感知技术的智能融合趋势

传感器的泛在互连极大地拓展了可感知的物质世界范围与参量类型，而由此产生的海量异构传感器数据的智能信息处理则进一步增强了物联网的"认知"能力。传感器节点自身具备一定的计算能力，也能与物联网中各类具有更强大的计算设备协同实现海量异构传感器源的数据融合（Data Fusion），实现对物质世界的智能感知，这就是感知技术的"智能融合"趋势。

早期的传感器不具备计算能力，近数十年间，计算技术与集成电路的迅速发展也推动着传感器的智能化，使得传感器与微控制器（Micro-Controller Unit，MCU）集成，从而具备一定的本地信息处理能力，如图3-6所示。

嵌入了微控制器的智能传感器（Smart Sensor）具有灵活的可编程能力，能够对信息进行初步处理，可以便捷地实现数据的补偿、校准、编码、压缩、存储，以及传感器的故障自诊断等功能，具有对复杂应用更佳的适应性。

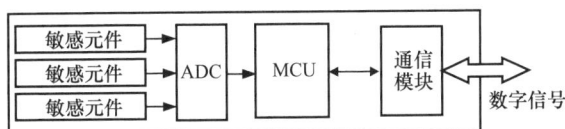

图 3-6 传感器的智能化

智能传感器还支持复合传感功能，即同时测量多种物理量和化学量，通过微控制器进行数据融合，更为全面地反映物质世界的状态，这是单个传感器节点内部的数据融合。数据融合还可以多个传感器节点或者在前级数据融合的输出上进行，如图3-7所示。

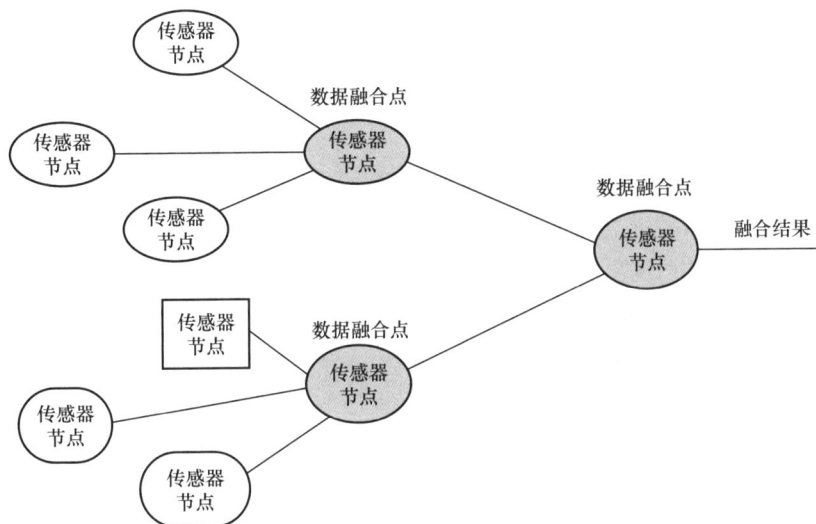

图 3-7 传感器的数据融合

上述分级的传感器节点在数据融合的过程中，来自多个传感器源的数据将被按照一定的规则进行自动分析和综合，该过程不仅是将数据简单地结合起来，而且是通过高级算法和数据处理技术，优化信息的质量和准确性，提高系统的整体性能，为高效的决策和操作提供感知支持。例如，在车辆自动驾驶系统中，通过融合摄像头和激光雷达的数据，可以更准确地进行物体识别和距离测量。在更高层次上，通过融合多个车辆的感知数据，可以对城市的交通信息进行全面分析与预测，进而利用人工智能技术进行响应策略的制定。

3.2.5 感知技术的无源绿色趋势

传感器节点执行传感、通信或计算任务时，都需要消耗能量。尽管单个传感器节点的能耗有限，但成千上万的传感器节点长期运行消耗的总能量是非常大的。无源绿色逐渐成为感知技术发展的重要主题之一。

无源（Passive）传感器能在不连接电源线及电池的情况下，从外部环境中捕获能量以维持工作，可能的能量采集源包括太阳能、热能、风能、电磁能等多种形式，如图3-8所示。与之相对应的是有源（Active）传感器，它需要额外的电源或电池供应，为此还需要部署专门的供电线缆或者安装电池。在沙漠、战场、森林等户外场景，供电线缆几乎无法敷设，而电池也只能维持有限的时间，在电池耗尽后还需要更换新的电池。因此，对传感器来说，无源技术极大地降低了部署和维护的成本，提升了部署和维护的灵活性，尤其适合在偏远或难以维护的环境中长期监测和采集数据时使用。

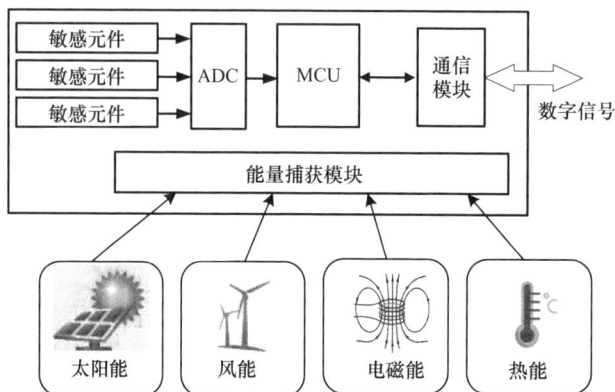

图 3-8　传感器的无源化

绿色发展（Green Growth）是与"无源"紧密联系的另一个主题。绿色物联网（Green Internet of Things，GIoT）代表物联网采用节能硬件和软件设计，以减少现有应用和服务中物联网设备的能量消耗和碳排放。无源技术并非不消耗能量，而是从环境中采集能量，环境中的光能、风能、电磁能等大多数都是优质的绿色能源，因而传感器的无源化是绿色物联网的重要内容。除了无源技术，在传感器节点的设计中还有一系列的"绿色"技术来降低节点的能量消耗。

在传感器节点中，典型的绿色措施包括：

（1）选择低功耗的硬件芯片，包括低功耗的微处理器、低功耗的通信模块等，这样降低运行期的能量消耗。

（2）采取绿色通信技术，即通过运用低功耗的先进通信方式降低数据传输的能量消耗。

（3）采用休眠策略，即节点间歇性地工作，在工作期间节点正常执行感知任务，在休眠期间节点进入节电状态，通常会关闭绝大部分功能单元。

（4）通过本地的智能信息处理，减少输出的数据量。若输出数据量的减少能够显著降低通信能量消耗，而由于本地计算任务增加引起的额外能量消耗与之相比可以忽略，就可以从单个节点角度上降低其总的能量消耗。

（5）从协同的视角，若利用少数节点的数据融合结果能够取代大量节点同时感知的效果，那就从整体角度上降低了感知子系统的总能量消耗。

在感知技术自身不断向绿色方向发展的同时，更有价值的是它也为各行业的绿色发展提供了决策依据。例如，感知技术能够监测室内温度，为空调的运行提供指导。感知技术还能监测工厂的二氧化碳排放数据，同时监测森林的碳汇数据（即森林吸收并储存二氧化碳的能力），为"碳达峰""碳中和"战略目标的实现提供数据支撑。

我国是应对全球气候变化，推动全球生态文明建设的重要参与者、贡献者和引领者。"绿色是生命的象征、大自然的底色，良好生态环境是美好生活的基础、人民共同的期盼。绿色发展是顺应自然、促进人与自然和谐共生的发展，是用最少资源环境代价取得最大经济社会效益的发展，是高质量、可持续的发展，已经成为各国共识。"（《新时代的中国绿色发展》白皮书，中华人民共和国国务院新闻办公室，2023年1月）感知技术的无源绿色发展是全球绿色发展中的重要一环。

3.3 传感器技术及应用

传感器是感知技术的核心，本节将详细讨论传感器的组成与工作原理，并介绍典型的传感器及其应用场景。

3.3.1 传感器的组成与工作原理

通常，传感器由核心元件与辅助功能单元共同组成，如图3-9所示。敏感元件和转换元件是传感器的核心元件，其中敏感元件负责感知物质世界参量的变化，而转换元件则将这些物理变化转换为电信号。辅助功能单元包括电源和信号调理模块等，主要用于保证传感器的正常运行和优化输出信号的质量。

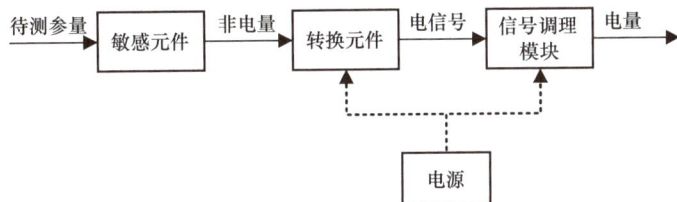

图 3-9　传感器的基本组成

传感器能够感知世界，本质上是敏感元件与物质世界存在相互作用引发了各类物理、化学或生物效应，从而能够量化地推测物质世界的待测参量，常见的效应包括弹性效应、电阻应变效应、压阻效应、压电效应、光电效应、磁电效应、磁致伸缩效应、压磁效应、热阻效应、热电效应、热释电效应等。物质世界中的不同物理、化学和生物效应各有其作用机制、性能特点与适用条件，因此针对不同类型、不同范围、不同场景的待测参量，可以依据不同的机制原理与适用条件选择合适的传感器敏感元件，有时候还可能存在多种类型的敏感元件可供选择。

敏感元件的输出不一定是电信号，但是电信号在测量、传输和处理方面具有显著的优势，因此对于非电量的敏感元件输出还要利用转换元件转为电信号。本质上，转换元件也是一种"敏感元件"，它是把前级敏感元件的输出量利用与电相关的物理效应转为易于测量和处理的电信号。因此，敏感元件与转换元件本质上并无差异，它们是根据在传感器中的功能不同而划分的不同环节。

3.3.2 典型的传感器及应用

如果按照待测参量划分，传感器可以分为温度传感器、湿度传感器、压力传感器、位移传感器、流量传感器、液位传感器、力传感器、加速度传感器、力矩传感器等，典型的传感器类型如表3-1所示。

表 3-1　典型的传感器类型

参量大类	参量小类	典型的传感器
物理量	力学类	压力传感器、力传感器、力矩传感器、速度传感器、加速度传感器、流量传感器、位移传感器、位置传感器、尺度传感器、密度传感器、黏度传感器、硬度传感器、微震传感器
	热学类	温度传感器、热流传感器、热导率传感器
	光学类	可见光传感器、红外光传感器、紫外光传感器、照度传感器、色度传感器、亮度传感器、光纤传感器
	电磁类	电流传感器、电压传感器、电场强度传感器、磁场强度传感器、磁通传感器
	声学类	声压传感器、噪声传感器、超声波传感器、声表面波传感器
	射线类	X射线传感器、辐射剂量传感器
化学量	浓度类	烟雾传感器、CO气体浓度传感器、CH_4气体浓度传感器等气敏传感器，离子浓度传感器，溶解氧传感器
	pH类	pH计
生理量	生物量	脉搏传感器、心音传感器、体温传感器、血流传感器、呼吸传感器、血氧传感器、心电图传感器
	生化量	微生物量传感器、血液电解质传感器

由于传感器的类型极为丰富，因此本节将重点介绍物联网中较为常见的几类传感器及其应用。

1. 温度传感器

温度传感器是一种能够感知温度的装置。根据敏感元件与被测介质的接触状况，温度传感器可以分为接触式温度传感器和非接触式温度传感器。

接触式温度传感器需要与被测物体直接接触，通过传导或对流使传感器敏感元件与待测物体间达到热平衡来测量温度，包括双金属温度计、玻璃液体温度计、压力式温度计、电阻温度计、热敏电阻温度计和温差电偶温度计等类型。非接触式温度传感器则无须敏感元件与待测物体间直接接触，通常利用辐射或光学原理进行温度测量，可细分为亮度法、辐射法和比色法等类型。两类温度传感器的外观如图3-10所示。

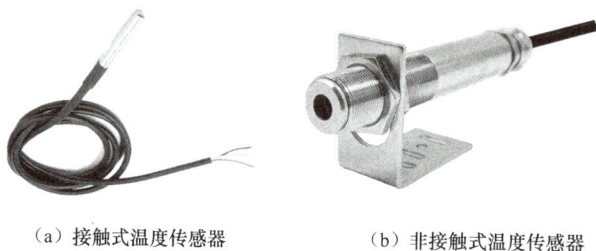

（a）接触式温度传感器　　　　　　（b）非接触式温度传感器

图 3-10　温度传感器示意

温度传感器在农业、工业、医学健康等领域都有广泛的应用。在精准农业中，温度传感器可以用于测量气体温度或水的温度等，为预测作物产量提供数据支持，也可以为农业生产提供科学指导。例如，在温室大棚等农业设施中，温度传感器可以帮助农民实现精确的温度控制，提高农业生产效益；在医学领域，温度传感器可以随时监测人的体温，辅助医生判断患者的病情或进行精准护理；在钢铁冶炼过程中，温度传感器能够监测冶炼炉的温度，进而通过调整温度提高生产效率和产品质量。

在不同的应用中，应选择适宜的温度传感器，例如，在钢铁冶炼的监测中应选择非接触式的传感器，在人体健康监测中则可以选择接触式传感器。

2．气敏传感器

气敏传感器是用于检测气体浓度与成分的传感器。在物联网中，常见的气敏传感器有烟雾传感器、CO气体浓度传感器和CH_4气体浓度传感器等，典型的气敏传感器外观如图3-11所示。

气敏传感器在家庭安全、工矿生产和医疗健康等领域具有重要作用。在家庭安全中，气敏传感器能够监测空气中的CO等有毒有害气体的浓度，在可燃气体泄漏等危险情况下发出警报信号，触发物联网后续应急保护措施；在工业生产、环境保护、矿井安全等领域，气敏传感

图 3-11 气敏传感器示意

器可以监测车间、井下或污染点位的气体浓度与成分，为环境治理提供依据，为工业生产或矿山开发安全提供数据支撑；在医疗健康领域，气敏传感器通过分析人体呼出的气体成分，为某些疾病的早期诊断提供了依据。

3．超声波传感器

超声波传感器是利用超声波的特性来检测和测量不同物体和介质的装置。超声波传感器能够发射超声波并接收反射的超声波信号，通过对接收的反射信号进行分析，可以获得关于物体的位置、大小、形状、质地、硬度、密度、弹性等信息，其工作原理与外观如图3-12所示。

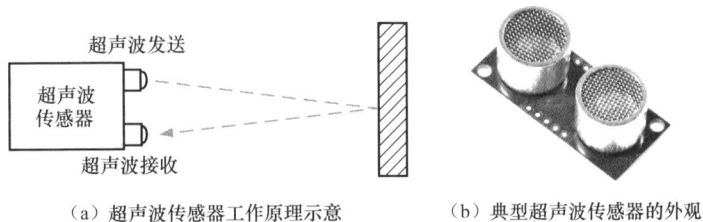

（a）超声波传感器工作原理示意　　　　（b）典型超声波传感器的外观

图 3-12 超声波传感器示意

超声波传感器广泛应用于工业、交通与医疗等领域。在工业应用中，超声波传感器常用于材料厚度的测量、液位测量和流量测量等，用途多样。尤其需要注意的是，超声波在介质中传播时，在不同介质界面上具有反射的特性，如遇到缺陷，若缺陷的尺寸等于或大于超声波波长时，则超声波会在缺陷上反射回来，通过分析反射波能够对工件内部的缺陷做到精准掌控，这就是超声波探伤原理。超声波探伤是在不损坏工件或原材料工作状态的前提下进行的检测，称为无损检测（Nondestructive Testing）。在交通应用中，超声波传感器常用于汽车的倒车系统中，用于检测车辆附近有无障碍物。在医学领域，超声波传感器能够支持医学成像（如体检中常用的超声波成像）和血流测量等。

4．图像传感器

图像传感器是一种将以可见光为主的光信号转换为图像信号的装置，广泛应用于摄像机和数码相机。常见的图像传感器类型包括电荷耦合器件（Charge-Coupled Device，CCD）传感器和互补金属氧化物半导体（Complementary Metal Oxide Semiconductor，CMOS）传感器两类，如图3-13所示。前者利用光电效应将光信号转换为电荷积累进而转为电压信号，能够提供更高的图像质量和更低的噪声水平，但成本较高；后者通过光电二极管和放大器捕获光子并产生电子信号，具有

低功耗、低成本、高集成度和快速响应等优点。

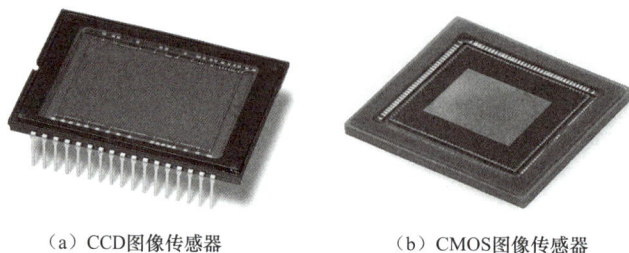

（a）CCD图像传感器　　　　　（b）CMOS图像传感器

图 3-13　图像传感器示意

在人类的各种感官中，视觉信息占据了人类获取信息的80%以上，图像传感器恰对应的是人类的视觉，因而在很多领域具有重要应用。在安防监控和交通管理领域，通过在区域内或道路上部署大量的摄像头，能够从图像中得到行人与车辆经过的状况，为发现异常行为提供基础数据。在汽车、机器人、无人机领域，图像传感器能够感知周围的物体、行人、车辆等，是自动驾驶、辅助驾驶、自主移动、自主飞行的主要决策依据。

5．光纤传感器

光纤是光导纤维（Optical Fiber）的简写，是一种由玻璃或塑料制成的纤维，可作为光信号的传导媒介。图3-14是典型的石英光纤结构示意，其中纤芯和包层都是由高纯度二氧化硅（SiO_2）（石英玻璃）和少量掺杂剂组成的，纤芯的折射率高于包层。防护层主要用于保护内部结构和提升光纤的机械强度。常见的单模光纤的纤芯直径为$8 \sim 10\mu m$，多模光纤的纤芯直径为$50\mu m$左右，包层半径均为$125\mu m$，如图3-14所示。

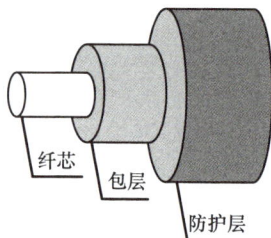

纤芯　包层　防护层

从几何光学来理解，当光线进入纤芯时，由于折射率的差异，光线沿着纤芯不断地反射行进。光纤具有很高的传输容量，很长的传输距离，其主要成分SiO_2在地球中的含量极为丰富，与传统的铜线相比，具有多方面的显著优势，因而光纤已经日益成为核心网络的主要载体。

图 3-14　光纤的结构示意

事物总是多面的。光纤不仅可以用于通信，也能作为传感器。在光纤通信过程中，若干外界因素如温度、压力、位移等作用下光纤中的信号将受到扰动，这一扰动当然是对通信不利的，然而在扰动中也蕴含着与物质世界的交互作用，从信号的变化中获取外部因素，这就是光纤传感器的原理。实用的光纤传感器会进行有针对性的设计，通过传感元件使外部因素转化为对光的强度、波长、频率、相位、偏振态等的影响，通过分析入射光与出射光的信号差异就能推测外部因素，如图3-15所示。

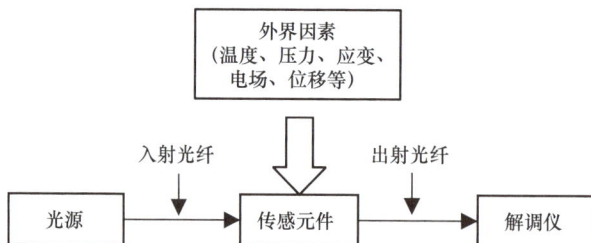

图 3-15　光纤传感器示意

光纤传感器具有灵敏度高、抗电磁干扰、耐腐蚀、耐高温等特点，应用领域非常广泛。光纤传感器是"线"型传感器，也就是说，它监测的是一条线，而不是类似于温度传感器测量的是一个"点"的参量。这使得光纤传感器非常适合围界监控和沿道路、桥梁、管道的连续监测。在围界安防领域，可以将光纤埋置于待监测区域的外围，当有行人与车辆经过时，地面将产生微小形变，这种形变可被光纤捕捉到并将其转化为信号变化，从而判定在何处产生了多大幅度的形变。在电力系统中，光纤能够感知发电机的温度和振动情况以及输电线路雷击、覆冰、舞动等工况，为电网安全提供数据依据。

3.4 无线传感器网络技术及应用

无线传感器网络（Wireless Sensor Network，WSN）是由大量微型低功耗的传感器节点所构成的无线多跳网络，可以实现对覆盖范围内物理参量的感知和信息收集。无线传感器网络的应用领域极为广阔，包括环境监测、精准农业、工业控制、交通物流、抢险救灾等，得到了学术界和工业界的广泛重视，被认为是将对 21 世纪产生重大影响的技术之一[7]，也是我国《国家中长期科学和技术发展规划纲要（2006—2020 年）》重点领域信息产业的七个主题之一。本节将介绍无线传感器网络的构成与特征，并就无线传感器网络极具特色的三类技术展开讨论，即组网与网内信息处理技术、覆盖技术、生命周期延长技术。本节最后简要讨论无线传感器网络的应用。

3.4.1 无线传感器网络的构成与特征

简言之，无线传感器网络就是指传感器间通过无线通信互连而形成的传感器网络，其组成结构如图 3-16 所示。

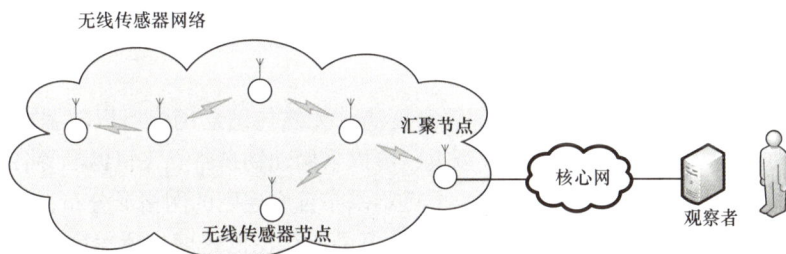

图 3-16 无线传感器网络示意

无线传感器网络的基本单元是具有无线通信功能的传感器节点，称为无线传感器节点（Wireless Sensor Node）。相近的节点间可以通过无线通信传递数据。无线传感器节点不仅是传感数据的采集者，也是网内数据的转发者，一方面，节点采集环境数据，并将数据发送到相近的另一个节点；另一方面，节点也接收来自其他节点的数据，并将数据再次转发至下一个节点，每次转发称为一跳（Hop）。因此，从源头节点开始，数据被逐跳（Hop by Hop）地转发到目的节点。在无线传感器网络中，数据传输的目的节点通常是汇聚节点（Sink），它具有网关功能，能将无线传感器网络的数据通过相应协议转换后接入核心网中，并被远程的观察者所访问。

无线传感器网络的节点形态多样，但是通常由若干基本功能模块和多个可选的扩展模块构成，基本功能模块包括传感器模块、处理器模块、无线通信模块、天线和能量模块，结构如图 3-17 所示。

在无线传感器网络节点中，传感器模块主要用于感知待测的物理量、化学量或生物量等，也可以用于监测用户感兴趣的事件，如火警事件或交通路口车辆通过事件。传感器模块的输出连接到处理器模块。

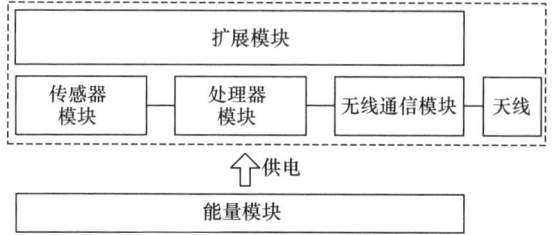

图 3-17　无线传感器节点功能模块

通常，处理器模块由微控制器构成，负责控制整个传感器节点各模块的运行，还负责存储和处理感知数据，并通过无线通信模块发送和接收无线数据分组。

无线通信模块由射频和基带处理部分构成，射频部分与天线连接。无线通信模块与天线共同负责发送和接收无线数据分组，实现与邻近节点的通信。

能量模块用于提供节点运行所需的电能，主要形式是化学电池，也有超级电容（Supercapacitor 或 Ultracapacitor）[1]、光电池或风力发电等辅助形式。

无线传感器节点可能还存在其他的辅助功能模块。例如，扩展通信模块可以提供节点和外部设备的通信接口，常见的如串口和以太网接口，实现节点和外部设备间的有线数据传输。移动传感器网络节点还可以安装电动机、传动齿轮、履带等运动装置。

在不同的应用场景中，无线传感器节点的外观差异很大，图3-18所示是典型的无线传感器节点，它们的体积通常都比较小，依靠电池供电，成本也非常低廉，从而能大规模地部署在待测区域中。

图 3-18　典型的无线传感器节点

尽管无线传感器网络应用场景多样，无线传感器节点差异巨大，但无线传感器网络仍具有下列典型的共性特征。

（1）无线传感器节点的数量巨大、部署密度高。无线传感器网络可以部署在恶劣的人迹罕至的环境中（如火山、沙漠、森林）或战场上，可以采用动物携带、飞机抛洒等各种方式灵活部署。受到无线传感器网络部署方式的影响，节点难以布置成规则的网格形分布，而通常是非确定和非均匀地分布在待监测区域。在待监测区域，很可能存在低密度的覆盖区域，甚至覆盖空洞（Coverage Hole）。然而，无线传感器网络的目标通常是实现对所覆盖区域的全面感知。为了达到全面感知的目标，减少低密度覆盖和覆盖空洞对感知效果的影响，就需要在部署区域中进行节点的密集覆盖，以节点的冗余度提升对覆盖区域的全面感知能力。

（2）无线传感器节点间通常以自组织（Self-Organization）[2]的方式形成网络。"自组织"是指

---

[1] 也称为电化学电容器（Electrochemical Capacitor）或法拉（Farad）电容，是通过极化电解质储能的一种电化学元件，介于传统电容与电池之间，储能过程并不发生化学反应，因而可反复充放电数十万次，具有功率密度高、充放电速度快、工作温度范围广等优点。

[2] 德国理论物理学家 H. Haken 认为，从组织的进化形式来看，可以分为两类：它组织和自组织。如果一个系统靠外部指令而形成组织，就是它组织；如果不存在外部指令，系统按照相互默契的某种规则，各尽其责而又协调地自动地形成有序结构，就是自组织。

节点所构成的整体系统在不存在外部指令的条件下，节点按照某些规则相互协调并自动形成有序结构的过程。在无线传感器网络中，新的节点可能随时增补到网络中，旧的节点可能由于故障、损坏或无线连接的中断暂时或永久性地离开网络，具有移动功能的节点在运动过程中也会改变网络的连接拓扑。如果上述事件发生时都依赖于系统的外部指令干预，不仅会增加后端的处理负荷，造成较大的处理延时，也难以适应大规模网络的动态拓扑变化。除了网络自身的动态性以外，环境参量变化或事件的检测也存在动态性，不同节点的运行状态存在异步性。上述因素均使得无线传感器网络呈现为一个极为动态的分布式系统，更适合采用自组织的节点间协作方式。在自组织的无线传感器网络中，每个节点作为一个智能体独立运行，自动发现邻近的节点并在局部范围内进行合作，协调地监测环境和事件状态。

（3）无线传感器节点的能量受限，节点的计算资源、通信资源和存储资源也受限。在城市环境、工厂、医院或办公室环境中的一些无线传感器网络应用中，可以采用线缆供电的方式，但此时节点需要和供电线缆连接，将失去灵活部署和节点可移动的优势。对大部分野外自然环境和战场环境中运行的无线传感器网络而言，线缆供电的方式是不可行的。在部分应用中，可以采用太阳能或风能作为传感器节点的能量来源，但明显受限于气象条件。因此，在大多数应用场景中，无线传感器节点主要依靠电池供电，而电池可携带的能量是有限的，一旦电池耗尽，节点将无法工作。能量受限是无线传感器网络较为重要的特征之一，它深刻地影响着无线传感器网络技术的各环节。由于体积、成本和功耗存在明显的约束，无线传感器节点所采用的微控制器的运算能力和存储能力通常很有限，无线通信模块的传输带宽也是如此。以 CrossBow 公司的 TelosB 型号节点为例，微控制器采用美国德州仪器（Texasinstruments，TI）公司的 MSP430 系列芯片，处理器主频仅为 8MHz，随机存取存储器（Random Access Memory，RAM）容量仅为 10KB，只读存储器（Read-Only Memory，ROM）容量仅为 48KB。通信模块采用了 TI 公司的 CC2420 芯片，其最大传输速率为 250kbit/s。

因此，在无线传感器网络的设计、部署与运行过程中，必须充分考虑其规模大、自主运行与资源受限的特征。

3.4.2　无线传感器网络的组网与网内信息处理技术

无线通信的引入使无线传感器网络呈现出极为鲜明的自身特色。由于无线通信无须借助预先敷设的线缆而实现较远距离的通信，使传感器节点的部署及可移动性方面具有独特的优势。在恶劣的野外环境中，可以采用飞机抛洒部署，还可以根据需要随时增补传感器。假如基于有线通信，这样的部署方式是无法实现的。

通常，无线传感器网络的部署方式意味着节点间的组网并不是由人工配置的，而是传感器节点自主实施的，相邻节点的发现及从源节点到汇聚节点的路由构造都是由节点间协同完成的。

邻居发现（Neighbor Discovery）是无线传感器网络组网的前提。通过邻居发现，每个节点能够识别和确定其通信范围内的其他节点，这是后续选择通信链路和组织网络拓扑结构的基础。邻居发现是基于无线信号的广播特性，当一个节点发送信号时，无线信号会向空间的四面八方传播，位于其通信范围内的所有节点均可以接收到该信号，这样节点可以感知到它的邻居节点，如图 3-19 所示，A 可以发现 B 和 C 是它的邻居节点，而 D 与 A、E 与 A 均非邻居关系。

在邻居发现过程中，节点会广播一个包含自身标识的消息，同时侦听来自其他节点的广播消息。该广播消息一般称为信标消息（Beacon）。此外，节点通过测量接收到信标消息的信号强度，还可以估计与发送节点的大致距离。由于在无线传感器网络中节点可能进入周期性休眠，通常还需要进行时间同步以确保所有节点在预定的时间窗口内发送和接收广播消息。

为了从任意节点将传感数据传输到汇聚节点，需要建立网络的路由拓扑（Route Topology）。在从源节点到汇聚节点的路径上，每个节点将数据包转发的下一跳（Next-Hop）节点被称为其父节点（Parent Node）。在连通的无线传感器网络中，节点间的父子关系可以在逻辑上形成一棵树状结构，汇聚节点位于树的根节点（Root），如图3-20所示。在运行过程中，节点只需要将数据转发到其父节点，经多次中继就能最终到达汇聚节点。

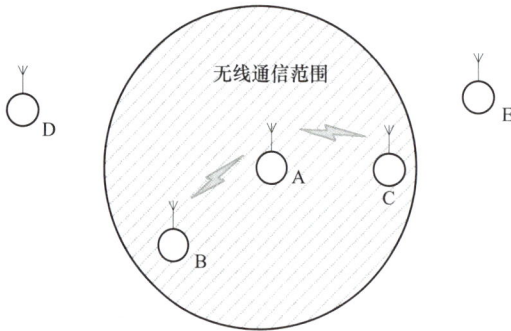

图 3-19　无线传感器网络中的邻居发现

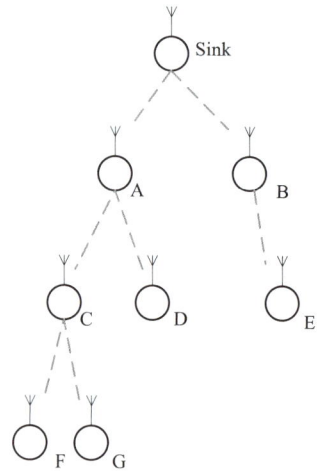

图 3-20　无线传感器网络中的树状路由示意

无线传感器网络的路由存在多种构造策略，在最简单的情况下仅考虑跳数最短路径，也就是数据中转的次数最少的路径。某节点到汇聚节点的数据转发次数为该节点的跳数（Hop Count）。在路由树的构造过程中，汇聚节点首先发出特定的路由构造消息，此消息中包括发送者的跳数，此处汇聚节点的跳数值约定为0，如图3-21（a）所示。

若其他节点收到路由构造消息，则将所接收的消息中的跳数值增加1设置为自身的跳数，这样汇聚节点的邻居的跳数就是1，汇聚节点的邻居的邻居跳数就是2，依次类推。图3-21（b）中，节点A和B收到来自汇聚节点的消息，它们设置自身的跳数为1。如果节点收到多次消息，则仅接受那些使自身跳数更短的消息，即使节点B收到了来自节点A的消息，它也并不会将自身的跳数设置为2，而是依旧根据来自汇聚节点的消息将自身跳数设置为1。收到路由构造消息的节点将继续发送路由构造消息，在消息中同样包含自身的跳数值。

路由构造消息就这样被反复转发，若不考虑通信失效和非连通的情况，则经历多次转发后，网内所有节点都至少收到了一次路由构造消息并确定了自身的跳数，节点可以将它所收到的路由构造消息中的具有最小跳数的发送者作为父节点，父节点的跳数恰好比自身跳数少1。这样，在路由构造消息逐跳转发（跳数增加）的反方向（跳数减少）就建立了从任意节点到汇聚节点的路径，如图3-21（c）所示。在实际场合，路由构造会更加复杂，还可能综合考虑父节点的能量消耗情况、无线链路质量或地理坐标等。

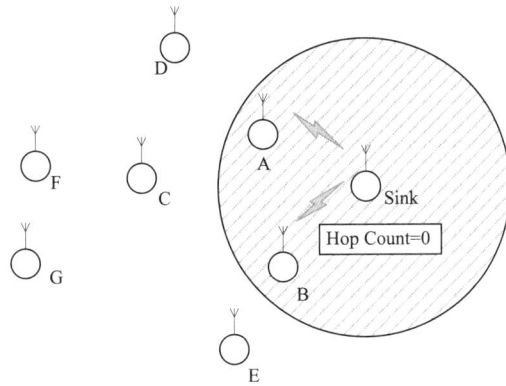

（a）汇聚节点发送路由构造消息

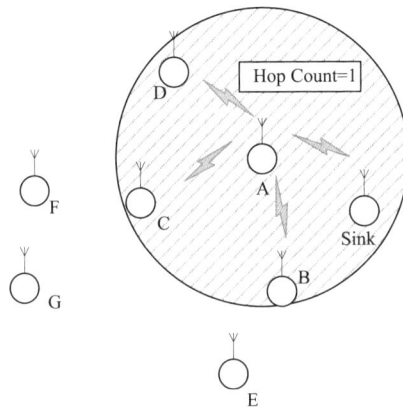

（b）节点A转发路由构造消息

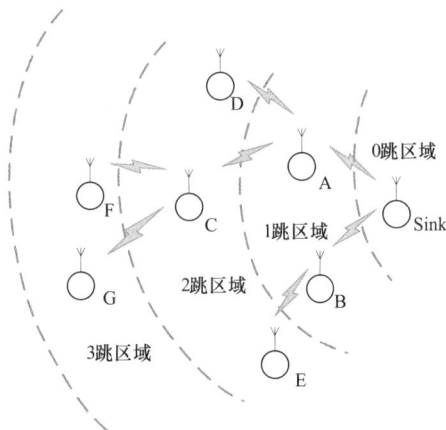

（c）反向形成到汇聚节点的路由

图 3-21　无线传感器网络中的路由建立过程示意

　　无线传感器网络是以感知为目标的应用系统。数据在网络内的流转并不是透明传输的，即无须保证来自源节点的数据与最终到达汇聚节点的数据完全相同。在满足感知目标的前提下，网内信息处理（In-Network Information Processing）能够有效降低数据传输量、减少能量消耗和提升数据质量。例如，在邻居范围内，不同的传感器感知数据可以相互印证，避免少数传感器发生故障导致虚警（False Alarm）或漏警（Missed Alarm）[1]，增加数据的可靠性和准确性。如图3-22所示，传感器节点A、B和C都可以监测同一个点的火灾情况，如果节点A和B都给出火灾告警，而节点C认为无火灾发生，此时可以根据多数原则认为存在火灾。

网内信号处理还表现在数据从源节点向汇聚节点的转发过程中，下游节点还可以对上游节点的数据进行数据融合。例如，若观察者查询覆盖区域内所有温度传感器的最小值，那么在所有节点数据向汇聚节点的转发过程中，下游节点可以将收到的数据进行融合，得到局部的温度最小值转发到下一跳，汇聚节点最后融合它的邻居数据得到整个区域的温度最小值。通过上述数据融合策略，网络中传输的数据量会在很大程度上降低。

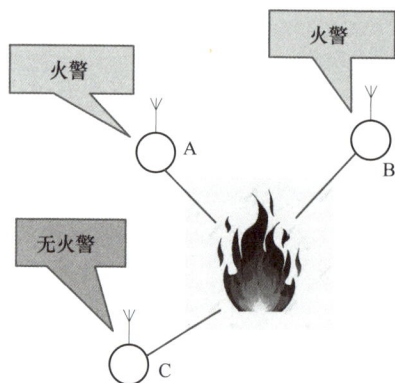

图 3-22　无线传感器网络中的局部数据融合

3.4.3　无线传感器网络的感知覆盖技术

无线传感器网络的目标是感知所在区域的物质世界参量或事件。每个传感器节点都有其感知范围，即它能检测到信号的最大距离或区域。感知覆盖（Sensing Coverage）技术所关注的是如何有效地布置区域内的无线传感器节点，使得这些无线传感器节点整体形成的感知覆盖范围满足预设需求。

根据目标的不同，无线传感器网络有三类典型的感知覆盖目标，即点覆盖（Point Coverage）、栅栏覆盖（Barrier Coverage）和面覆盖（Area Coverage），如图3-23所示。

点覆盖仅关注监测区域内若干重要的目标点，每个目标点需要被至少一个传感器所覆盖。点覆盖适合对特定位置进行重点监控的应用，例如，安防监控中对进出区域的门、窗等进行的监测。

栅栏覆盖则关注是否有人或车辆穿越监控区域的情况。位于界线上的多个传感器网络感知范围形成一个虚拟的"栅栏"，以确保任何穿越该区域的移动目标都能被检测到。栅栏覆盖广泛用于边境监控、入侵检测、生态保护等领域，如在生态保护中可以检测野生动物的迁徙情况。

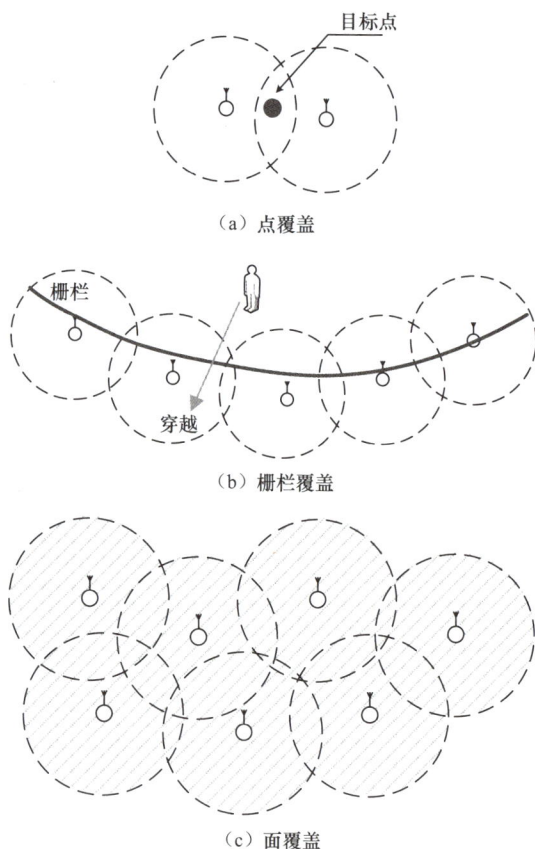

图 3-23　无线传感器网络的感知覆盖类型

---

[1] 虚警是指正常条件下产生的告警；漏警是指在异常情况下仍未产生告警。

面覆盖关注对监控区域内的无缝覆盖，确保区域内的任意位置都能被至少一个传感器所监控。面覆盖在环境监测、灾害预警和精准农业等应用中非常常见，如对森林进行全面的监控，从而及时检测火灾的发生。

为了实现感知覆盖目标，既可以采取确定性部署策略，也可以采用随机部署策略。确定性部署是指在人员能够进入监测区域的条件下，将无线传感器节点放置在预定的位置，从而较为完美地达成覆盖的效果。在人员无法进入监测区域的条件下，通常采用飞机抛洒或动物携带等随机部署策略，无线传感器节点会随机地被投放到监测区域的任意位置。随机部署容易导致覆盖空洞，即某些点位或区域没有被无线传感器节点所覆盖。由于节点会在运行过程中产生故障或耗尽能量，这时还会产生新的覆盖空洞。因此，无论是确定性部署或随机部署策略都无法避免运行期覆盖空洞的形成。

在覆盖空洞出现时，有两类常见的无线传感器网络覆盖增强技术：一是在空洞区域再次投放新的无线传感器节点，以填补覆盖空白；二是利用节点的移动性，即节点安装有车轮或履带等机械运动结构，此时可以驱动节点移动到空洞区域以提升感知覆盖的质量。

3.4.4 无线传感器网络的生命周期延长技术

大部分场景下，无线传感器网络节点依靠电池供电。受限于体积和成本等因素，节点内部的电池仅能提供有限时间工作所需的电量。随着传感器节点的大量失效，整个无线传感器网络将无法工作。无线传感器网络的生命周期是指从部署到监测区域开始，到感知功能无法达成的时间长度。在能量受限的约束条件下，无线传感器网络的生命周期延长策略得到了学术界和工业界的广泛关注，典型的方法包括选择低功耗的硬件模块、休眠、多跳无线通信、计算能量与通信能量的权衡、能量收集等。

选择低功耗硬件模块是指在满足通信和计算能力要求的条件下，尽可能选择功耗较低的计算或通信芯片。典型的例子如TelosB传感器节点，其微处理器采用了MSP430F1611芯片，工作电流仅为0.5mA；通信模块采用了CC2420芯片，在发射信号时工作电流为17.4mA，按照工作电压3V计算，总体功耗不足60mW。作为对照，典型台式计算机的功耗约为200W。

休眠是另一类重要的节能技术，即仅在需要时才进入工作状态，否则就停留在睡眠状态。以微处理器MSP430F1611芯片为例，其工作电流为0.5mA，休眠电流仅为2.6μA，功率相差约200倍。相当一部分传感应用不需要频繁进行，例如，室温监控可以每10min测量一次，金属的腐蚀检测可以若干小时进行一次，在其余时间传感器节点可以进入休眠模式，从而极大地节约能量消耗，延长其生命周期。

多跳无线通信也是一类节能技术。在自由空间中，电磁波的能量随着距离的增加而迅速衰减，两者呈平方反比关系。例如，在相同的接收灵敏度及其他等价条件下，将信息传送200m所需要的能量是将同样的信息传送100m所需能量的4倍。因而，将信息分为两个阶段传输，首先传输到100m外的中继节点，再由该中继节点将收到的信息转发到接收者，这就是简单的多跳传输过程，如图3-24所示。计算表明，多跳短距离

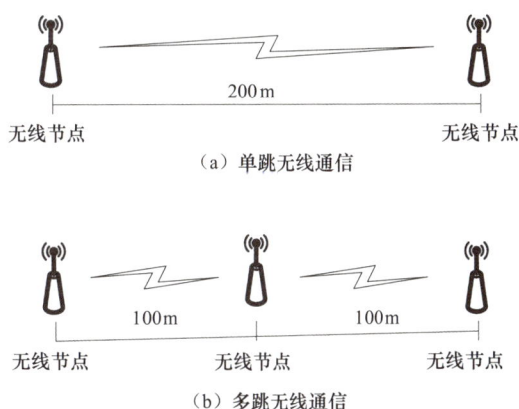

（a）单跳无线通信

（b）多跳无线通信

图 3-24 单跳无线通信和多跳无线通信能量消耗对比

无线传输通信所需的总能量小于单跳长距离无线传输所需的能量，因此多跳无线通信可以有效降低节点的通信功耗。

某些情况下，我们还可以在通信能量消耗（简称能耗）和计算能耗之间进行权衡。典型情况下，传输1bit信息至100m远的距离需要消耗的能量大约相当于执行3 000条计算指令所消耗的能量。因此，在无线传感器节点中进行数据压缩或数据融合，尽管增加了计算能耗，但由于极大地降低了通信能耗，仍有可能降低总的能耗。

能量收集是采用太阳能或风能作为传感器节点的能量来源，即传感器节点的无源化。太阳能是非常好的能量补充方法，但不同条件下的太阳能功率密度相差很大，户外阳光直射条件下可达15mW/cm²，在阴天降至约0.15mW/cm²，室内正常办公环境则只有6μW/cm²。因此，如果无线传感器节点能长期在阳光充足的环境下工作，仅利用能量收集和储能方法就可以保障其长期工作。

3.4.5 无线传感器网络的应用

无线传感器网络在环境监测、健康监护、建筑安全、智能家居、工业控制、精准农业等领域都有重要的应用价值，本节将简要介绍若干典型的无线传感器网络应用。

1．建筑物健康监测

建筑物和人类一样，也有"健康"状态，其健康可能会因为多种因素而受损。常见的影响因素包括建筑材料的疲劳、磨损和退化，风、雨、雪、冰，以及地震、洪水等自然灾害，水的渗漏，昆虫、白蚁的侵入，以及霉菌生长，金属部件的锈蚀，地基不稳定等。由于内外部因素的长期影响，建筑物会产生结构完整性和稳定性方面的各类问题。因此，了解建筑物的健康状况，并采取有针对性的预防措施和维护策略，对确保建筑物的长期稳定和安全具有重要作用。

无线传感器网络可以部署在建筑物的关键部位，用于监测其应力、压强、温度、湿度等参数，将这些传感器数据上传到后端分析系统，可以对建筑物的健康状况进行及时评估。

广州电视塔高600m，其顶部和底部逆时针旋转扭成塔身中部的"细腰"，直径仅30多米，这是世界上首座系统安装结构健康监测系统的高耸建筑结构。为了确保电视塔的结构安全和正常运行，在广州电视塔的12个关键截面安装了总计527台传感器和设备，以实时监控塔体的建设情况。进入长期运营阶段后，又在5个关键截面安装了280台传感器和设备，用于持续监测电视塔的环境参数（如温度、湿度、降雨等）、外部荷载（如风和地震），以及结构响应（如关键部位的受力情况、水平位移、加速度、倾斜、沉降和腐蚀等）。这些监测措施的实施，不仅有效保证了电视塔的结构健康，而且为其正常运行提供了强有力的技术保障。

2．农业信息监测

精准农业是现代农业的重要发展方向之一，也是新兴的跨学科综合技术。它是一种现代农业生产管理技术，基于物联网等信息技术快速、有效地采集影响作物生长环境的空间变量信息，借此对田块区别管理，从而实现农业资源的高效利用并获得经济与环境方面的回报。

精准农业信息主要分为四类。第一类是土壤环境信息，包括土壤养分（氮、磷、钾等）、土壤水分、电导率、pH值、耕作阻力、耕作层深度等要素。第二类是作物产量分布信息，如谷物流量、谷物水分等。第三类是病虫害、杂草识别，主要基于计算机图像处理方法，将植株的根、茎、冠层等形态作为输入特征进行识别。第四类是作物长势信息采集，可以利用植物生理信息、水分、营养等进行评估。

无线传感器网络能监测作物生长环境的多种信息，分析农田内作物生长环境和产量差异性，为实施田块区别管理提供数据支撑，因此在精准农业领域得到了较为广泛的应用。

作为农业大国，我国在精准农业领域开展了大量的研发实践工作。例如，针对盐碱地田间监控的需求，研究人员基于无线传感器网络开发了一套综合性的田间智能化信息化采集与控制系统，实现了暗管水质信息监测、田间气候监测、病虫害监测、作物长势监测等功能，并在山东等地进行了部署验证[8]。

3. 用电信息监测

在社会生产生活中，人们几乎随处都在用电。然而，美国能源部的"商业集成建筑计划"指出，每年有高达30%的电能被浪费，典型的例子是手机充电器在不使用的时候也连在插座上，电视机在不观看时也未断开电源。尽管待机状态的电能消耗要小得多，但累积起来仍是非常巨大的电能浪费。电能表能够测量用户的用电量，但通常每个月有一次读数，所测量的也是全部电器。因此，精准到不同电器、不同时段的用电情况监测就显得尤为重要，它能够帮助人们分析用电数据，制定应对方案。

美国加州大学伯克利分校的研究人员利用无线传感器网络来测量不同电器的用电情况[9]，他们开发了一种能够测量输出功率的插座，本质上是具有感知电能输出能力的无线传感器节点，如图3-25所示。

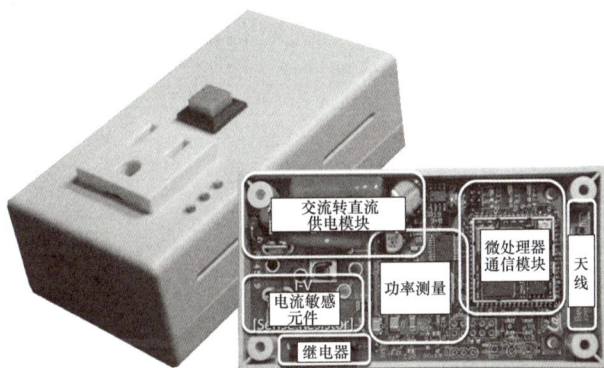

图 3-25　测量插座输出功率的无线传感器节点

该节点能测量每个插座上电器的电流输出。楼宇中部署的大量节点构成了无线传感器网络，节点间相互协同，及时地将数据通过无线通信方式传输给后端的服务器。通过长时间的监测和数据统计，研究者就能够发现不同电器在不同时间段的耗电情况，从而为用户提供个性化的节能建议。

3.5 案例解析

本节将讨论感知技术的具体使用。在不同的应用场景中，会存在大量的影响因素与考量指标，不仅需要综合运用多种技术形成解决方案，还需要考虑该方案对社会、环境或经济产生的深远影响，这些都应该在物联网的设计与实施过程中得到体现。

3.5.1　上海浦东国际机场围界监测

机场作为一个高度敏感且安全要求极高的场所，需要通过有效的监控措施来保护旅客、航空公司员工及机场设施的安全。机场围界监测的主要目的就是防止未授权的入侵，例如，试图非法越过围栏、破坏围栏或向围栏内部投掷物品等。

上海浦东国际机场的飞行区围界总长达到27.1km，目前主要采用钢筋围栏和砖墙作为屏障。机场围界监测具有较大的技术挑战，一是待监测的距离长，入侵方式多样；二是需要全天候不间断工作；三是可靠性要求很高，尤其对漏警率有极高的要求，但也不宜过多地产生虚警。

单一类型的传感器很难解决机场围界监测问题。例如，摄像头能够获取围界附近的图像，有助于判定是否有人翻越围栏，但是在夜间或雾天会受到很大的影响；光纤传感器能监测到围栏的振动或地面压力变化，有助于发现非法人员的翻越行为，但难以与风吹或动物攀爬行为进行区分，容易产生虚警。因此，长距离、全天候、高可靠性要求的机场围界监测需要综合利用多种传感器，充分发挥不同类型传感器的优势，并通过智能的数据融合准确评估围界的安全态势。

在上海浦东国际机场围界监测中，通过一体化设计与建设，把多种传感器直接融入围界技防设施中，构建起三级三维的布防体系，全围界部署数以千计的倾角探测器、振动探测器、红外探测器、视频监控等传感设备，它们实时采集前端特征信号并进行后端的智能信息处理，从而对入侵目标和入侵行为进行准确的分类识别，能够识别出具体目标、目标类别、目标行为，可以区分人员攀爬、破坏围栏、无意碰触、动物经过、异物悬挂、大风大雨等普通围界难以区分的事件。此外，由于传感器本身与设施融为了一体，它能够智能化屏蔽非入侵干扰源，排除飞机起降、周边建设施工、大型货车驶过等机场常见的外部干扰。

3.5.2　大鸭岛生态监测

大鸭岛（Great Duck Island）是位于美国缅因州的一个岛屿，属于马基亚斯考斯克群岛的一部分，因其丰富的生物多样性和独特的生态系统而知名。大鸭岛上的自然环境为多种海鸟提供了繁殖地，包括罕见的刀嘴海燕（Razorbill）、海雀（Auks）、美洲黑背鸥（Black-Backed Gull）等。由于其独特而重要的生态价值，因此大鸭岛及其周边海域被列为鸟类保护区。

生物学家发现，环境因素与鸟类的筑巢行为之间可能存在关联并希望对此进行研究。然而，这些海鸟极为敏感，此前人类的干扰已经使部分海鸟更换了它们的栖息地，因而直接登岛抵近观察，将会干扰鸟类的自然行为。在这种人类不宜进入的场合，无线传感器网络是非常适合的。

2002年，美国加州大学伯克利分校的Intel实验室和大西洋学院联合在大鸭岛部署了一个32个节点的无线传感器网络系统，它们能够测量温度、湿度、光照、气压等，这些传感器的数据能够帮助研究人员对野生动物栖息地环境进行长期无入侵的监测[10]。

由于节点处在野外环境，一旦出现故障，人类将难以对节点进行维护，因此，对野外工作的无线传感器网络需要考虑其加固（Reinforcement）问题。实际部署在大鸭岛的无线传感器节点如图3-26所示，无线传感器节点被安装在一个具有开口的透明塑料外壳内，这样既保护了节点内部的核心部件，也确保了传感器的敏感元件能够与外界环境接触，从而准确地测量温度和光照等参量。此外，塑料外壳几乎不会对无线通信产生影响。

大鸭岛生态监测是野外环境无线传感器网络应用的典型案例，既展示了如何利用无线传感器网络避免对环境的影响，也展示了如何通过加固技术降低环境对无线传感器网络自身的影响。

图 3-26　用于大鸭岛生态监测的无线传感器节点

3.5.3　矿井安全监测

矿井安全对于保护矿工的生命安全、确保矿产资源的稳定开采，以及维护社会稳定具有极其重要的意义。物联网技术是现代矿业技术革新的前沿，在矿井安全领域有重要的作用，通过将传感器和相关设备连接到网络，就可以实现数据的实时收集、交换和分析，从而提升矿井安全水平。

矿井安全的前提是准确、及时地感知井下的环境参量，尤其是各类安全隐患，因而传感器网络在矿井安全领域具有广泛的应用，如图 3-27 所示。在传感器网络中，可以监测井下的温度、湿度、风速、气压等，从而获得井下空气质量及其流通状况；可以进行瓦斯[①]检测，一旦瓦斯浓度超过安全阈值，系统就会发出警报；还可以利用微震传感器等监测矿井内部的微小震动，从而预判可能的坍塌或岩爆事件。

图 3-27　矿井环境示意

在矿井安全领域的传感器网络设计中也需要考虑下列要素：

（1）传感器节点必须足够坚固，以抵御矿井内恶劣的环境条件。矿井环境通常具有湿度高、温度多变和可能存在有害气体等特点，这些都可能影响传感器节点的正常工作和使用寿命。

（2）传感器节点的外壳设计需具备防爆功能，以防止节点自身的电流引起火花从而引发爆炸。

（3）充分考虑矿井内巷道的复杂结构，混合采用有线与无线通信方式进行组网，并最终将数据上传至地面机房。矿井内部空间狭窄且复杂，可能存在许多障碍物，如支撑结构、机械设备和矿石堆积等，这些都可能阻碍无线信号的传播。因而，单纯的无线传感器网络并不适合井下应用，应该适当引入光纤、电缆等有线通信线路，通过混合组网的形式进行数据传输。

---

① 瓦斯（主要是 CH_4）是矿井中的一种危险气体，可能导致爆炸和人员中毒事故。

综上所述，井下环境高度复杂且危险，在这类场合需要尽可能考虑各种要素，综合和创新地运用各类技术手段，实现高可靠和高准确度的感知系统。

拓展阅读："绿野千传"——浙江天目山 自然保护区的无线传感器网络

全球气候异常变化给社会经济发展和人类赖以生存的空间带来了严重危害，已经成为全球面临的重大挑战之一。研究表明，由于温室气体排放增加，地球平均气温正在上升，导致极端天气事件如洪水、干旱、极端高温和极端寒潮频发。这些变化对自然环境、社会经济及人类生活都产生了深远的影响，已经导致农作物产量降低、水资源短缺加剧、生物多样性受到破坏等，环境保护与绿色发展的重要性日益凸显。

森林被称为地球的"绿色肺叶"，它在调节全球碳循环和O_2生产中扮演着至关重要的角色。人类燃烧矿物燃料向大气中过量排放CO_2等温室气体是对全球气候影响较主要的因素，而森林通过光合作用吸收大气中的CO_2，通过树木和土壤将碳元素（C）储存在森林中有助于减缓全球气候变暖现象。同时，森林通过光合作用产生的O_2对人类生命至关重要，大气中的O_2有一半来自森林和其他陆地植物。森林为动物提供了丰富的栖息地，也为动物提供食物、避难所和繁殖场所，支撑了地球上约80%的陆地生物多样性；森林也是水循环的关键组成部分，能够保持土壤湿度并增加地下水的补给。

保护和恢复森林不仅是应对全球气候异常变化的有效方法，也是维护全球生态平衡的重要条件。森林直接关系到地球生态系统的稳定和人类福祉。

2009年，清华大学携手国内外知名高校和科研机构共同启动了"绿野千传（GreenOrbs）"森林生态物联网项目，这是一个跨学科的研究项目，旨在实现对以碳汇和碳排放为核心的森林环境进行长周期大规模监测。自2009年4月起，GreenOrbs项目组在具有典型森林地貌的浙江省天目山自然保护区和浙江农林大学校园内布置了森林碳监测传感网系统，项目累计部署超过2 000个无线传感器节点，单个数据汇聚点能够管理超过500个节点，通过自组织无线多跳网络实现超过20跳的传输，持续稳定运行超过20个月。这一系统已成为目前全球范围内规模较大、运行时间较长的无线传感器网络应用系统，也是较早对森林碳汇进行量化评估的系统。

生态文明建设是关系中华民族永续发展的根本大计。中华民族向来尊重自然、热爱自然，绵延5 000多年的中华文明孕育着丰富的生态文化，"生态兴则文明兴"。中国正不断以实际行动引领各国凝聚共识，主动应对气候变化的严峻挑战，助力全球绿色发展事业取得积极进展。

本章小结

物联网的感知功能就像是我们的"感官"，通过底层的传感器和由大量传感器节点组成的传感器网络，我们才能掌握城市里每栋楼每个房间不同电器每时每刻的耗电情况，才能掌握农田中每块土壤所获得的光照或降雨强度，才能掌握每个车间现场中生产线的工况，才能掌握每条道路上川流不息车辆的行踪，甚至掌握人迹罕至的荒岛上海鸟的栖息繁衍状况。

感知功能是物联网的前提和基础，传感器是感知功能的基础单元，最初仅是由敏感元件、转换元件和信号调理模块构成，后来逐步增加了模数转换器、微处理器、通信模块等，呈现出泛在互连、智能融合和无源绿色的发展趋势。

传感器类型丰富，它能对物质世界中的大量物理量、化学量、生物量进行测量。以传感器节点为基础形成的大规模自组织网络就是无线传感器网络，它能在更多样的参量类型、更大的地域范围和更精细的时间粒度实现对物质世界的感知。与一般的通信网络不同，无线传感器网络是以感知为目标的任务型系统，因而形成了一系列自主组网、网内信息处理、感知覆盖和生命周期延长的特色技术。

物联网感知功能子系统的设计、部署与运行是一个复杂的工程问题。针对具体的应用需求，需要充分考虑大量的影响因素与考量指标，不仅要从技术视角综合运用多种技术形成解决方案，更要考虑该方案对社会、环境或经济产生的深远影响。

📝 习题

1. 什么是"感"？什么是"知"？两者有什么联系？
2. 什么是传感器？它由哪些部分组成？每个部分有什么作用？
3. 感知技术的未来发展趋势有哪些？
4. 数字信号与模拟信号相比，有哪些优势？
5. 什么是数据融合？为什么要进行数据融合？
6. 什么是无源传感器？相比有源传感器，无源传感器有哪些优势？
7. 传感器的敏感元件与转换元件分别是什么？两者存在什么关系？
8. 举几个你身边传感器的例子，它们都有哪些作用？
9. 无线传感器网络是什么？
10. 谈谈你对无线传感器网络的理解，总结无线传感器网络的特征。
11. 无线传感器网络中如何进行邻居发现？
12. 无线传感器网络内是如何构造任意节点到汇聚节点的路由的？
13. 什么是无线传感器网络的感知覆盖，有哪几种覆盖类型？
14. 延长无线传感器网络生命周期有哪些技术？它们的原理是什么？
15. 在水产养殖领域如何设计适宜的物联网感知子系统？请尤其注意在水下应采取何种通信方式。
16. 调研经典的无线传感器网络节点TelosB，分析它的主要构成。
17. 物联网在全球绿色发展中能发挥什么作用？
18. 光纤传感器适合于什么场景？
19. 设无线传感器节点的工作电压为3V，工作电流为20mA，休眠电流为5μA，采用电压为3V、容量为2000mA·h的电池供电，请估算节点持续工作的时长。如果采取休眠策略，在每10min时间内工作2s，其余时间均休眠，请估算节点的生命周期。
20. 设无线传感器网络需要覆盖某正方形区域，边长均为1km。采用飞机抛洒方式随机部署节点，节点的位置在该正方形区域内随机均匀分布。节点能感知距其100m范围内的事件。那么理论上至少需要部署多少个节点，才能实现对覆盖区域99%的面积的感知？如果采用规则部署，至少需要部署多少个节点才能实现完全的面覆盖？

第 **4** 章
标识

物联网标识是"物"在信息世界的"身份证"，它赋予每一个物理实体唯一的数字身份，为实现"物"的访问、追踪、管理和交互提供了基本依据。

本章将首先介绍物联网标识的概念、特征与分类，随后将分别介绍条码技术、RFID 技术与基于特征的标识技术，详细分析各类技术的原理、特征与适用场景等，最后将通过案例解析来探讨物联网标识技术的工程应用。

4.1 标识技术概述

物联网标识是物联网技术体系中不可或缺的重要部分，然而在不同的物联网应用场景中，"物"的标识存在迥然不同的形态，检测与判定"物"的标识也存在截然不同的方法。因此，本节将首先深入讨论物联网标识的概念，以及物联网标识的特征与分类。

4.1.1 物联网标识的概念

物联网标识是指在规定的语境中用于唯一标记设备或实体物（或一类等价的实体物）的数字序列、符号序列或其他数据形式。标识在物联网系统中具有基础性的意义，它赋予了每个"物"唯一的数字编码，从而将物质世界的"物"与信息世界数字编码形式的"标识"关联起来，借此实现"物"的追踪、定位、管理和交互功能。

物联网标识类似于设备或实体物的"电子身份证"，从智能家居中的设备识别到工业物联网中的资产追踪，再到智慧城市中的交通监控，标识在物联网中发挥着至关重要的作用。标识为"物"与"物"间的组织与交互提供了基础，人们通过标识才能对物质世界的"物"进行实时管理，才能将若干存在关联的"物"组织在一起共同完成应用目标。在信息安全与隐私保护方面，物联网标识还是认证和授权机制的基础，通过对标识的确认保证只有经过授权的"物"才能访问和操作对应的物联网设备。

物联网标识技术体系包括两类对象和两个要素。两类对象是指目标对象与识别者,目标对象是标识的拥有者,识别者试图获得目标对象的标识,目标对象与识别者构成对立的客体与主体双方。两个要素是指"标"与"识"。"标"是标记,是"物"所关联的编码序列,它强调在语境中如何设计和分配编码序列以确保唯一性和安全性;"识"是识别,是解析这一编码序列的动作过程,也可以称为标识解析,它强调在特定语境中如何得到目标对象的标识,涉及双方连接的媒介与交互方式。物联网标识技术涉及的对象与过程如图4-1所示。

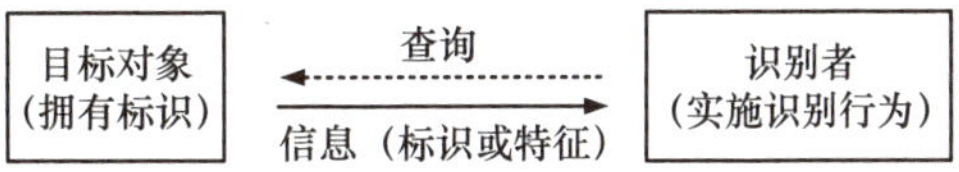

目标对象,既可以是物联网中的设备或物质世界的实体物,也可以是作为物联网客体的"人"。识别者是实施识别行为、获得目标对象标识的设

图 4-1 物联网标识技术涉及的对象与过程

备。例如,超市零售中的商品条码(Barcode)是目标对象,条码阅读器是识别者;门禁监控中的访客是目标对象,摄像头与人脸识别设备是识别者。在不同的物联网语境中,目标对象和识别者会有不同的名称,例如,在射频识别应用语境中,目标对象也称为标签,而识别者则称为阅读器。

目标对象与识别者的交互依赖两者间的媒介。例如,超市零售的条码识别以光线传播作为目标对象与识别者的连接媒介;在射频识别中,标签与阅读器通过射频信号进行交互。媒介对标识识别的便捷性、可靠性和安全性等存在较大的影响。

4.1.2　物联网标识的特征

物联网的标识与语境紧密相关。语境,也称上下文(Context),是一个多学科概念,它在不同的领域有着不同的定义和应用。在物联网应用中,语境指的是识别"物"的环境,包括识别意图、系统状态,以及识别所发生的时间与空间范围等,这些因素会影响我们对标识的理解。例如,在商品零售领域,条码可以用来标识商品;在共享单车上条码用于标识车辆。尽管都是以条码表达的数字序列,但处于不同的语境中,应该分别在各自的语境中进行识别与理解。

在给定的语境中,物联网标识具有唯一性、安全性和隐私性,以及规范性。

(1)标识具有唯一性。此处的唯一性是相对的,是特定语境内的唯一,即语境内为不同的物联网设备或实体物分配了不同的标识,从而可以明确区分这些"物"。同时,物联网标识的唯一性既可以指一个"物",也可以指一类"物"。前者如汽车中安装的电子标签卡,能够唯一识别车辆本身;后者如超市中的同一类货品,又如两瓶同型号的矿泉水,它们具有相同的条码,彼此之间是不需要区分的。

(2)标识应具备良好的安全性和隐私性,主要是能够防止恶意地增加、篡改或消除物联网标识,或者防止未授权情况下其他用户访问具有一定隐私性的标识信息。

(3)标识通常具有规范性。标识如同"物"的身份证,标识的发布和管理通常应该由权威的部门或组织负责,标识的表达也应该符合一定的标准格式,从而确保不同系统和应用之间的互操作性。例如,中国物品编码中心是统一组织、协调、管理我国商品条码、物品编码与自动识别技术的专门机构,商品条码则遵循国家标准 GB 12904—2008《商品条码 零售商品编码与条码表示》。

4.1.3　物联网标识的分类

物联网标识种类非常多,常见的如条码、集成电路卡、射频识别、车辆牌照等,这些标识在不同的应用领域发挥着重要作用。根据图4-1，我们可以按照标识技术所涉及的目标对象与识别者的连接媒介、目标对象与识别者的合作关系，以及应用领域对物联网标识进行分类梳理。

在物联网中，识别过程需要基于目标对象与识别者间的连接媒介，只有两者间通过特定的媒介实现信息传递，才可能解析出目标对象的标识。因此，我们可以按照媒介类型对标识进行分类，如图4-2所示。

常见的媒介包括光、电、磁、射频、声音和生物特征量等。以可见光作为媒介的标识方式很多，较常见的就是零售领域的条码与车牌号识别。以电信号作为媒介的集成电路卡（Integrated Circuit Card），一般利用触电连接的方式实现卡与阅读器间的电信号传递，手机中的用户识别模块（Subscriber Identity Module，SIM）卡就是一种集成电路卡，其形态如图4-3所示。

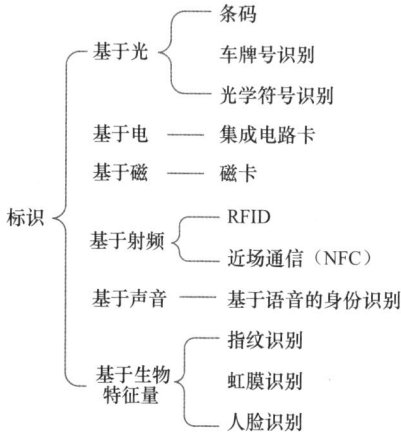

图 4-2　按照媒介类型的物联网标识技术分类

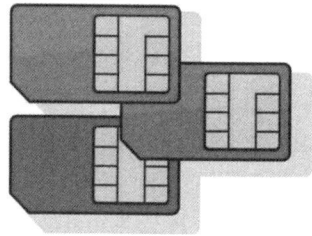

图 4-3　接触式集成电路卡示意

磁卡属于以磁为媒介的标识方式。磁卡基于磁条技术，通过在塑料卡片上涂覆一层以氧化铁为主的磁性颗粒，将这些磁性颗粒磁化并以特定的模式排列来存储信息。当磁卡通过读卡器时，读卡器中的磁头会读取磁条上的信息，如图4-4所示。磁卡成本低廉且易于使用，但卡上的信息容易被破坏或意外擦除，安全性较低。

以射频为媒介的标识技术主要有射频识别技术和近年出现的近场通信（Near Field Communication，NFC）技术。射频识别卡也可以视为集成电路卡的非接触形态，在物流、仓储、交通管理等领域应用非常广泛，本书将在4.3节讨论射频识别技术。

图 4-4　磁卡及读卡器示意

基于声音和各种生物特征量的标识技术主要用于识别物联网中"人"的身份，其中指纹识别、虹膜识别、人脸识别、声纹识别已经在安防监控、智能家居等领域得到了广泛应用。

在物联网标识识别过程中，目标对象与识别者既可以是合作关系，也可以是非合作关系，我们分别称为合作式标识与非合作式标识。

在合作式标识技术中，目标对象将自身标识以规范的形式显式或主动地呈现，以方便识别者读取、查询。典型的合作式标识技术是射频识别技术，在电子标签中保存自身的唯一标识数据，当阅读器发出查询指令时，电子标签将主动向阅读器返回自身的标识数据，双方在识别过

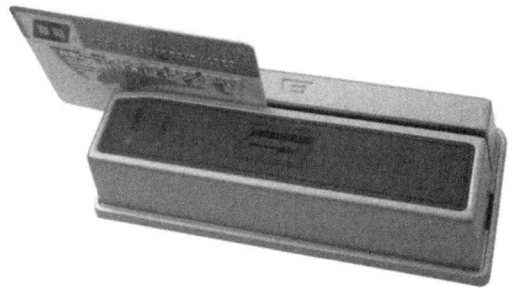

程中遵循预先设定的规则和协议进行信息交换。条码技术也属于合作式标识技术，目标对象将信息编码在由黑色的条和白色的空构成的特殊图案中，从而方便条码阅读器从中解码以获得标识数据。

在非合作标识技术中，目标对象可以对自身的标识并不知悉，它不参与标识信息的传递过程，但通常会主动或被动地向识别者提供某些特征信息，由识别者根据这些特征信息判定目标对象的身份。人脸识别是典型的非合作标识技术，处于物联网系统中的人可能并不知道自己在对应语境中的标识，他/她只是向识别者呈现自己的面部图像，由识别者进行判定。严格来说，车牌号识别也属于非合作标识技术，尽管车牌号上印刷了相应的汉字、英文与阿拉伯数字，但并没有针对标识信息的传递进行更多的编码处理，仍然需要识别方捕获车牌图像特征进行识别。

合作式标识技术与非合作式标识技术在物联网中都有广泛而重要的应用，但它们的技术原理和理论基础是不同的。合作式标识技术采用了大量的编码、解码算法，以实现检错纠错和信息压缩等，属于通信学科的范畴。非合作式标识技术采用了数据挖掘、特征工程、机器学习等方法，属于人工智能或模式识别的范畴。两者的差异如表4-1所示。

表 4-1　合作式标识技术与非合作式标识技术的比较

标识类别	合作式标识	非合作式标识
技术特点	目标对象将标识信息以规范的形式显式或主动呈现	识别者观察目标对象并获得其特征，从特征中判定标识
技术方式	编码、解码、纠错、检错、压缩、交织、同步等	特征工程、数据挖掘、机器学习等
理论基础	信息论、通信原理	人工智能、模式识别

物联网标识还可以按照应用领域进行分类，例如，商品零售标识、车辆标识、共享单车标识等，这种分类与应用联系紧密，通常会有特定的国家或行业标准，本书不再逐一展开。

4.2　条码技术

条码是物联网的重要标识技术之一，广泛应用于零售、物流、仓储、制造等行业。按照国家标准GB/T 12905—2019《条码术语》，条码是由一组规则排列的条、空组成的符号，可供机器识读，用以表示一定的信息。条码包括仅在一个维度方向上表示信息的一维条码（One-Dimensional Bar Code 或 Linear Bar Code）和在二个维度方向上都表示信息的二维条码（Two-Dimensional Bar Code）[①]。

条码的产生与发展

4.2.1　条码的产生与发展

"条码"的思想可以追溯到20世纪20年代，诺曼·约瑟夫·伍德兰（Norman Joseph Woodland，1921—2012）在威斯汀豪斯实验室（Westinghouse）提出在信封上做条码标记来实现邮政单据的自动分检，但未能得到实际应用。1948年，诺曼·约瑟夫·伍德兰和伯纳德·西尔弗（Bernard

---

① 在实际使用过程中，条码也称为条形码，二维条码也称为二维码，且狭义的条码仅指一维条码。本章统一采用国家标准术语。

Silver，1924—1963）开始研究食品代码及其自动识别设备，并在1949年获得第一个条码专利。他们所提出的条码是由黑色和白色的环组成的同心圆图案，被形象地称为"公牛眼"。随后，条码被逐渐改进为目前由黑色的条和白色的空组成的图案。

1974年6月26日，美国俄亥俄州特洛伊市的一家超市第一次使用一维条码完成商品销售。一维条码的使用大幅降低了结账时间并提升了交易准确率，成为零售业发展中的重大变革，此后一维条码得到了快速发展。到了20世纪80年代，邮政业使用条码管理信件，工厂中开始使用一维条码追踪库存，图书馆则利用一维条码管理书籍，医院也用一维条码管理患者信息，一维条码得到了世界范围的广泛应用。典型的一维条码如图4-5所示，图4-5（a）～（c）分别是快递物流、医学检验与商品零售中的应用，其中图4-5（c）展示了商品表面上的不规则条码。

（a）快递物流

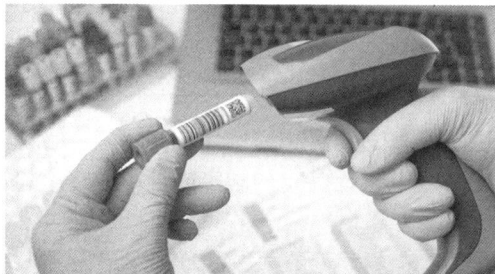

（b）医学检验

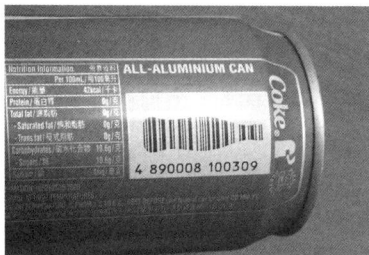

（c）商品零售

图 4-5　一维条码的应用

然而，一维条码能存储的信息密度低、总信息量有限，难以满足物流、医疗、电子票务等领域日益复杂的信息存储需求，于是人们提出了能在两个方向展开存储信息的二维条码。二维条码也有很多类型，最早广泛使用的二维条码是一种堆叠式条码，即讯宝（Symbol）公司提出的PDF 417标准条码，它通过堆叠多层的一维条码实现更高的信息密度和更大的数据容量。我国目前使用最广泛的二维条码是QR（Quick Response）码，它是由黑色和白色的方块在水平和垂直方向相间组成的。此外，常见的还有DataMatrix码、六角形图案的MaxiCode等。这些常见的二维条码如图4-6所示。图4-6中（a）～（d）分别是PDF 417码、QR码、DataMatrix码和MaxiCode码。

QR码是日本的原昌宏（Masahiro Hara）在1994年发明的，最初主要用于汽车零部件生产和食品药品管理领域，2002年QR码进入国际标准。2012年年初，QR码在中国迎来爆发式增长，同年微信推出"扫一扫"功能。2016年，中国二维条码扫描次数已超过5 000亿次，在全球范围内占据二维条码市场的90%份额。根据中国支付清算协会发布的研究《2019年移动支付用户问卷调查报告》，扫码支付已成为国内消费者最偏好的移动支付方式。此外，二维条码技术在我国还被广泛应用于防伪验证、门禁系统及电子发票等多个方面。

条码自概念提出到现在恰好百年左右，相关技术的发展仍方兴未艾：彩色条码可以更进一步提升条码的信息密度；动态条码（Dynamic Barcode）极大地提升了条码的安全性；新型环保材料则使条码能在自然环境中有效降解，使条码具有环境友好性。我们相信条码在未来仍将继续蓬勃发展，并在物联网标识体系中占据重要地位。

（a）PDF 417码

（b）QR码

（c）DataMatrix码

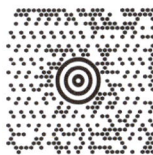

（d）MaxiCode码

图4-6　常见的二维条码

4.2.2　一维条码技术

本节我们从"标"与"识"两方面对一维条码技术进行解析，即如何将标识信息进行编码并呈现在物品表面，以及如何通过光线扫描方式识别出条码图案中储存的信息。

一维条码技术

1．一维码的编码

一维条码是由一组规则排列的条、空，以及对应的字符组成的标记。一维条码有许多不同的编码标准，不同标准对应着不同的条和空的排列规则，常见的标准包括通用商品码（Universal Product Code，UPC）和欧洲商品码（European Article Number，EAN）等，它们遵循相似的编码规则，但在细节和形态上略有差异。

以UPC编码的A版本（记为UPC-A）为例，典型的一维条码如图4-7所示，该条码表达的标识是12位的数字序列010008399990。

图 4-7　一维条码的典型组成

完整的一维条码的组成依次包括静区（Quiet Zone）、起始符、数据符、分隔符、数据符、结束符、静区。静区是位于条码两侧的空白部分，用于阻止区域内其他图案对条码识别的干扰。起始符和结束符分别是位于条码开始和结束位置的特殊符号，这些符号有助于条码阅读器正确地对条码进行定界。条码的核心部分是数据符，它们用于表达数字序列。对于较长的一维条码，还可以有分隔符将数据符分为较短的若干子序列。通常，一维条码中的数字信息也会印刷在下方，但印刷的数字对条码阅读器并没有意义，主要是方便人们查看。

从外观上看，一维条码中的条和空的宽度不同，其中最窄的条或空是构成条码的基本单位，称为模块（Module）。一维条码中不同宽度的条和空都恰好由整数个模块构成。模块的宽度以mm或mil①为单位。模块尺寸越小，一维条码存储的信息密度越大，通常模块宽度7.5mil（约0.19mm）以下的条码称为高密度条码，模块宽度15mil（约0.38mm）以上为低密度条码。

注意，UPC-A标准的一维条码提供了12位数字标识，但实际上仅前11位是有效的，最后1位是根据式（4-1）的规则计算得到的，称为校验码。式中x_1～x_{12}分别是第1～第12位数字，最后的x_{12}是校验码，目的是使得不同位置的数字乘以对应加权（奇数位置权重为3，偶数位置权重为1）之积的和能够被10整除。

$$\sum_{i=1}^{6} 3x_{2i-1} + \sum_{i=1}^{6} x_{2i} \equiv 0 \pmod{10} \tag{4-1}$$

以11位数字序列01000839999为例，计算过程如表4-2所示。第1位的数字是0，对应权重为3，两者乘积为0；第2位数字为1，对应权重为1，乘积为1；其余数位依次类推。前11个数字对应乘积之和为90，为了能被10整除，最后的校验位置只能取值0。因此，完整的12位数字序列为010008399990。

表4-2 UPC-A的校验码计算

位置	1	2	3	4	5	6	7	8	9	10	11	12
值	0	1	0	0	0	8	3	9	9	9	9	
权重	3	1	3	1	3	1	3	1	3	1	3	1
乘积	0	1	0	0	0	8	9	9	27	9	27	
和	90											0

UPC-A标准存储的12个数字（含信息码与校验码）分为左右两组，中间以分隔符相隔。每个数字对应7个模块，以数字"1"为例，位于分隔符左侧的数字"1"被编码为二进制序列0011001，其中1表示黑色模块、0表示白色模块。于是，数字"1"在一维条码中就呈现为空（宽度为2个模块）、条（宽度为2个模块）、空（宽度为2个模块）、条（宽度为1个模块）的图案，如图4-8所示。

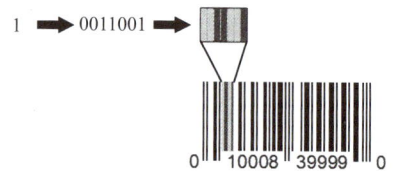

图4-8 UPC-A标准中数字的编码示意

UPC-A标准中的起始符对应的二进制序列是101，分隔符对应的二进制序列是01 010。因此，完整的UPC-A标准的一维条码从左至右依次是起始符（3个模块，即101）、左侧6个数字对应数据符（每个数字对应7个模块，共计42个模块），分隔符（5个模块，即01010），左侧6个数字对应数据符（每个数字对应7个模块，共计42个模块），结束符（3个模块，即101）。若两侧静区均宽9个模块，则条码总长度为113个模块。

UPC-A将存储的12位数字分为2组，前6位置于分隔符的左侧，后6位置于分隔符的右侧，两侧的编码是不同的，如表4-3所示。

---

① mil即毫英寸，即1英寸的1/1000，1mil=25.4μm。

表 4-3 UPC-A 编码表

数字	分隔符左侧编码	分隔符右侧编码
0	0001101	1110010
1	0011001	1100110
2	0010011	1101100
3	0111101	1000010
4	0100011	1011100
5	0110001	1001110
6	0101111	1010000
7	0111011	1000100
8	0110111	1001000
9	0001011	1110100

从表4-2中可以发现，左侧和右侧的数字编码是不同的：左侧的编码都是以0开始而以1结束，右侧的编码都是以1开始而以0结束；左侧的编码有奇数个1，右侧的编码有偶数个1。

综上所述，UPC-A标准的一维条码的产生过程包括计算校验码，查表获得数字对应的数据符，并将起始符、左侧数据符、分隔符、右侧数据符与结束符按照顺序拼接。一维条码的其他标准或版本与之类似。大体上，一维条码存储的标识信息量约为几位到几十位数字或英文字符。

2. 一维条码的识别

通常，一维条码印刷在商品包装表面，黑色和白色部分的反射率不同，因而在光线照射下，其反射光线强度也存在差异。常见的一维条码阅读器正是利用光线反射的原理实现条码读取的，如图4-9所示。

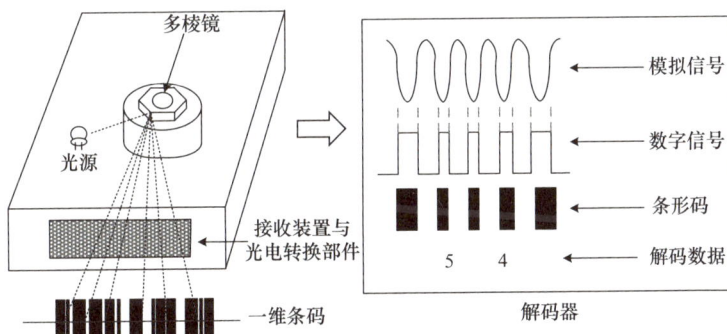

图 4-9 一维条码阅读器原理示意

一维条码阅读器内包含光源、接收装置与光电转换部件、解码器等。光源通常采用激光发射器，可以发射红色激光扫过条码图案表面。光束在遇到条码黑白条纹时，所形成的反射光线被接收装置收到，并由光电转换部件转换为电信号。该电信号是模拟信号，强度与反射光强度成正比。随后，对该电信号经过放大和滤波，再将低于门限的信号识别为0，高于门限的信号识别为1，就可以获得反映黑白条纹的数字信号，即二进制序列。解码是编码的反向过程，根据二进制序列进行反向查表，就可以识别得到条码中储存的标识数据并输出。

值得注意的是，操作人员在使用条码阅读器的时候，条码的摆放方向是不确定的。事实上，操作人员既可以扫描正向摆放的条码，也可以扫描反向摆放的条码，这两种方式都能得到正确的结果。究其原因，在一维条码的编码中已经考虑了其摆放方向，根据表4-3，由于左侧和右侧数据符编码不同，解码器能够判定出条码的放置方向，进而进行正确的解码。

一维条码的识别过程会受到多种因素的影响，例如，光照条件、放置方向与角度、条码表面是否存在污损或变形等。在UPC-A编码中，为了表达数字0～9，理论上只需要4bit就够了，但实际上使用了7bit（对应7个模块），这其中就存在着冗余。通过这些冗余和校验码，有助于发现识别过程中的错误。在解码过程中，如果检测出错误，条码阅读器通常会给出警告信息，提示操作人员重新扫描识别。

除了基于专用的一维条码阅读器外，还可以通过摄像头获得一维条码的图像，再经过数字图像处理和解码也可以识别出其中的信息。

4.2.3　二维条码技术

二维条码与一维条码的技术原理类似，但由于向水平和垂直两个方向展开，其结构和编码、解码过程要复杂得多。二维条码也有很多种，本节将以QR码为例，讨论二维条码的编码与识别。

1. 二维条码的编码

QR码是一种矩阵式二维条码，它通过在平面上水平方向和垂直方向分布的黑白相间的方块储存标识信息。QR码的最小元素，即最小的黑色或白色正方形称为模块。QR码有不同的版本，版本1的水平宽度和垂直高度都是21个模块；版本2的水平宽度和垂直高度都是25个模块，即每增加一个版本边长就增加4个模块。版本40的QR码的水平宽度和垂直边长达到了177个模块。版本的差异不仅仅决定了QR码的视觉大小，也决定了QR码的信息容量及其容错能力。随着版本的提高，QR码的总模块数量随之增加，这使其能够存储更多的信息。最高版本的QR码可以存储7 089个数字或2 953B的数据，足以容纳一部短篇小说。

QR码由外部的静区、位置探测图案（Position Detection Pattern）、对齐图案（Alignment Pattern）和占据主要面积的数据码、纠错码、格式和版本信息等内容组成，如图4-10所示。

位置探测图案有3个，分别位于QR码的三个角，位置探测图案与其他区域相对分离，易于检测，它们对QR码的快速检测和准确定位具有重要作用，还有助于指示QR码的放置方向。当QR码版本较高，面积较大时，由于纸张弯曲或拍摄失真可能引起中间区域无法正确定位，因此此时还需要额外的对齐图案来辅助定位。

QR码中心区域是用于存储数据的大量黑色或白色方块。这些数据包括若干类，分别用于标识QR码版本号信息、格式信息和标识数据信息。每个方块代表1bit数据，成千上万的方块使得QR码能够存储大量信息。

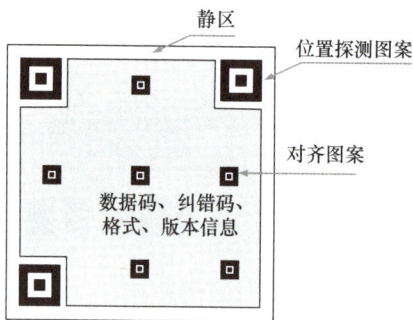

图 4-10　QR 码的构成示意

QR码引入了纠错编码（Error Correction Code，ECC）。纠错编码的核心思想是通过冗余性提供一定程度的数据恢复能力，这样即使有少量的方块由于污损、蒙尘、涂画等无法被正确识别，通过纠错编码仍然能够恢复原数据。QR码提供了不同级别的容错能力，分别是L（容错率为7%）、M（容错率为15%）、Q（容错率为25%）和H（容错率为30%）。以版本3为例，QR码的长宽均为29个模块，在容错能力设置为L时可以存储127个数字，M时可存储101个数字，Q时可存储77个数字，H时可存储58个数字。因此，越高的容错能力意味着能够忍受二维条码表面更多的污损错误，但也同时降低了有效信息的容量。在实际应用中，应根据具体环境在可靠性和效率间进行合理的权衡。

在QR码的日常使用中，经常在其中心部位放置图标，如图4-11所示。图标使得二维条码更加美观，也方便人们辨认，但图标遮挡与表面污损在本质上是一样的。人们能够在QR码上放置图标而不影响识别，也是利用了纠错编码。

二维条码的编码细节非常复杂，除了上文提及的纠错编码外，还包括交织（Interleaving）、掩码（Mask）等一系列过程，详情可以参考国际标准ISO/IEC 18004:2015《信息技术 自动识别和数据采集技术 QR编码条形码符号规范》（*Information technology——Automatic identification and data capture techniques——QR Code bar code symbology specification*）和国家标准GB/T 18284—2000《快速响应矩阵码》。

2．二维条码的识别

二维条码的识别主要是基于摄像头获取图像，并利用图像处理技术和解码技术获取其中存储的信息，也就是我们通常说的"扫一扫"，如图4-12所示。

（a）正常的QR码　　（b）图标遮挡的QR码

图 4-11　QR 码纠错能力示意

图 4-12　"扫一扫"：二维条码的识别示意

尽管"扫一扫"看起来非常简单，但实际内部过程非常复杂，包括一系列步骤，其基本流程如下。

（1）图像获取。即使用摄像头或其他图像捕捉设备拍摄二维条码的图像，确保二维条码整体位于摄像头的视野范围内并清晰可见。

（2）图像处理。主要是调整图像的大小、增强图像的对比度、裁剪多余背景等，从而提升后续二维条码识别的准确率。

（3）定位与校正。即在图像中搜索特定的图案（如QR码的位置探测图案）确定二维条码的方向和边界。若探测到二维条码的存在，对图像进行透视变换，校正图像中二维条码的角度和尺寸。

（4）解码。即识别并解析二维条码中的黑白方块，获得相应的版本、格式和数据信息。

（5）纠错与数据恢复。如果出现解码错误且二维条码中加入了纠错编码，那就根据纠错规则对错误进行修复，不同的容错等级其纠错能力也不同。

（6）内容解析。主要是根据存储的具体数据类型（如数字、文本、网址、联系人信息等）进行解析与后续针对性的处理。

得益于计算技术的快速发展，目前智能手机的信息处理功能非常强大，能够高效地处理上述步骤，这使得二维条码成为极为方便和广泛使用的标识技术。

4.2.4 一维条码和二维条码的比较

一维条码和二维条码已经在很多领域都得到了应用，在物联网标识中扮演着不可或缺的角色。两者相比，既存在一些共同点，也存在各自的优缺点。

无论是一维条码还是二维条码，它们通常都印刷在商品或包装的表面，因而成本都非常低。两者的识别过程中都需要将阅读器与条码对准，都需要光线相对充足的环境，但两者也存在显著的差异。相比而言，一维条码的信息密度低，数据容量小，数据类型有限，缺乏纠错与加密功能，因此对阅读器的要求比较低；二维条码的信息密度高，数据容量大，数据类型丰富，具有一定的纠错与加密功能，因此通常需要阅读器具有较高的计算性能。一维条码与二维条码的具体差异详见表4-4。

表4-4 一维条码和二维条码的比较

条码类型	一维条码	二维条码
数据容量	存储的信息量少，通常是几个到几十个数字或英文符号	存储的信息量大，能够存储上千字节的数据
数据类型	数字或英文字母符号	数字、英文字母、任意字符、图像、网址、联系人信息等
读取速度	很快	快（需较高性能的计算设备）
容错能力	弱，受损后通常无法读取	强，部分图像污损后仍可以恢复完整信息
信息密度	低	高
扫描方向	沿一维条码的长度方向进行扫描，正向反向均可	不限扫描角度
标识粒度	一类"物"	一类"物"或一个"物"
应用领域	零售、库存管理、物流等	产品跟踪、移动支付、物流、仓储、零售等
安全性	无加密功能	具有加密功能

由于一维条码只能存储少量的数字或英文字母符号，仅获得物品的标识并不能得到关于物品的信息，因此还需要借助数据库进行查询。同时，由于一维条码数据容量小而能够批量印刷，满足了降低成本的需要，通常对同一类商品的标识是相同的，因此，一维条码标识的是一类"物"。二维条码当然也可以用来标识一类"物"，但由于它存储的信息量较大，因此实际上能做到标识每一个"物"，甚至还可以包含关于物品的类型、产地、生产日期等大量数据。例如，一维条码只能用来标识超市中同一品牌的鸡蛋，但二维条码可以标识每一个鸡蛋，还能标识关于每个鸡蛋的产出时间和养殖场信息等。

4.3 RFID 技术

RFID技术，即射频识别技术，从物联网概念形成伊始就凸显出极为重要的价值。相比条码技术，RFID提供了更高效、更灵活的物品标识采集和跟踪能力。本节将介绍RFID技术的产生与发展、RFID系统的组成与工作原理，以及RFID技术的特点与应用。

4.3.1 RFID 技术的产生与发展

RFID技术最初起源于20世纪40年代对雷达技术的改进。1948年，哈利·斯托克曼（Harry

Stockman，1905—1991）研究了利用反射回波进行通信的可能性，为RFID技术奠定了坚实的理论基础。

在随后的数十年间，射频识别技术逐渐成熟并渐次应用在各种领域。例如，挪威公路交通系统采用RFID技术实现电子收费，美国铁路部门则利用RFID系统来识别机车车辆。进入21世纪后，RFID技术迎来了商业应用快速推广阶段，随着技术的不断成熟和产品成本的不断降低，RFID技术产品及解决方案广泛进入物流、交通、身份识别、资产管理、食品溯源、数据信息管理等物联网相关领域。例如，在供应链管理中，RFID技术可以用于库存管理和物流跟踪，以提高货物追踪的自动化程度和准确性；在零售行业，RFID标签能帮助零售商实现商品的实时库存控制，以提升商品盘点的速度，还具有防伪和防盗功能；在医疗保健行业，RFID技术可用于患者身份验证、医疗器械管理和药品追踪，以提高医院安全水平和运营效率；在交通运输行业，RFID技术可以支持电子收费系统、车辆识别和公共交通票务，以大幅提升交通出行效率；在智能制造行业，RFID技术可以用于自动化生产线上的产品识别和流程控制，以增强生产的灵活性和提高质量控制。

RFID在世界范围内发展迅速，根据财富商业洞察（Fortune Business Insights）公司的数据，全球RFID标签市场规模在2024年达到154.9亿美元。RFID技术在我国也得到了长足发展，我国的第二代居民身份证、大多数城市中的公交卡和地铁卡都是采用RFID技术的智能卡。我国还是RFID标签的生产大国，产量占全球的70%～80%，因而RFID技术在我国具有坚实的发展基础和广阔的应用前景。

4.3.2　RFID 系统的组成与工作原理

RFID系统由三个基本元件构成，即阅读器、天线和电子标签，如图4-13所示，这三类元件通常由不同的制造商生产。为了提升某些应用中的便携性，阅读器、天线和智能终端也可以集成在一起。在RFID系统中，自阅读器向电子标签的方向称为下行方向，自电子标签向阅读器的方向称为上行方向。

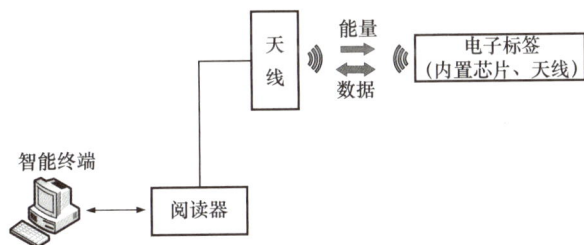

图 4-13　RFID 系统的构成

阅读器也称为询问器，它是RFID系统的核心，主要负责向天线发送射频能量和下行信号，并接收来自天线收集的标签回复信号，从中解析出标签中存储的标识信息。同时，阅读器还可以接入通信网络，与物联网系统的其他设备进行通信。阅读器主要有固定式和便携式两类，如图4-14所示。图4-14（a）是固定式阅读器，能通过射频电缆同时与多路天线连接，查询多个位置的标

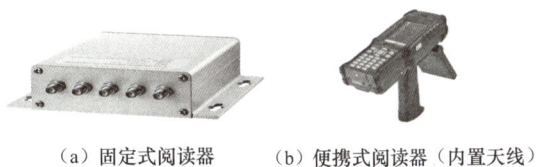

（a）固定式阅读器　　　（b）便携式阅读器（内置天线）

图 4-14　RFID 系统中的阅读器

签信息；图4-14（b）是便携式阅读器，其中已经内置了天线，可以直接查询附近的标签。

天线是RFID系统中的转换单元，在下行方向它将来自射频电缆的导行波转换为可以在自由空间中传播的电磁波，在上行方向它执行相反的变换。阅读器通过天线向电子标签发射的电磁波中既包含通信信号，也包括能量。当RFID标签在天线附近时，它能利用天线发射的电磁波能量激活自身的电路，然后将存储在其内部的标识数据返回天线。RFID系统中的典型天线实物如图4-15所示。

标签是RFID系统中标识的数据载体，分为被动式标签、主动式标签和半主动式标签三类。被动式标签较为常见，如图4-16所示，它由微型天线与芯片共同组成，芯片内部存储着标识数据。当被动式标签进入与阅读器相连的天线覆盖范围时，标签就会接收到射频信号。一方面，标签从所收到的射频信号中获得能量，该能量用于驱动标签内的电路运行；另一方面，标签根据所收到的射频信号中的查询命令信息，向阅读器天线发送含有标识信息的射频信号。由于被动式标签本身没有电源供应，它与阅读器天线间的距离通常小于10m。

图 4-15 RFID 系统中的天线

被动式标签中没有电源模块，天线也主要通过绕制形成，因此体积可以很小，方便安装、绑系或贴附在物品表面。它可以根据物品表面加工为方形、圆形、长条形等不同的形状，可以做成纽扣、钥匙、铭牌等造型，以方便与物品紧密贴合，图4-17所示是形态多样的被动式标签实物。

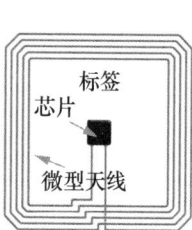

图 4-16 RFID 系统中被动式标签的内部结构

图 4-17 RFID 系统中的被动式标签实物

主动式标签除了芯片和天线外，自身还携带有电源设备，它的体积通常较大，价格也比较高，但其通信距离远，可以达到上百米。半主动式标签内部也携带电池，有的还携带用于检测环境参量的传感器，但半主动式标签内部的电池仅提供计算和感知所需的能量，通信所需的能量则与被动式标签一样从外界的电磁波中获取。

基于上述元件，RFID系统的工作流程如下。

（1）阅读器通过天线发射特定的射频信号，该信号中的能量能够激活RFID标签，信号中还携带有查询命令。

（2）邻近的RFID标签收到射频信号后，被动式标签从信号中获取能量启动内部电路，主动式标签则没有能量获取步骤。

（3）RFID标签中的芯片处理来自阅读器的查询命令，被动式标签通过反射调制方式向阅读器返回标签内存储的信息，主动式标签则直接发送射频信号。

（4）阅读器收到来自标签的射频信号，经过信号处理、解码、数据解析得到标签内的标识信息，该信息通过网络发送到其他设备实现物联网应用。

如果在阅读器周围存在多个标签，它们同时在空中向阅读器发送射频信号时，这些信号会直接叠加在一起而难以分辨，导致阅读器无法解析标签信息，这种情况称为标签信号冲突或碰撞（Tag Collision）。为了应对标签信号冲突情况，RFID系统中有相应的防冲突算法（Anti-Collision Algorithm），以正确地读取周围所有的标签信息。

4.3.3 RFID技术的特点与应用

RFID在物联网标识技术中占据着极为重要的地位，它甚至是物联网这一概念形成和发展中的主要驱动力之一，这与RFID技术的非接触式、快速高效、大容量、高可靠性等特征是密不可分的。

（1）RFID技术是一种非接触式标识技术。阅读器通过射频信号实现远距离的标识获取，在该过程中不需要建立机械或光学接触。作为对比，接触式集成电路卡、磁卡等需要与阅读器接触或贴合，需要将阅读器对准条码，而机械或光学接触通常需要人的参与，这使得系统的自动化水平受到极大的限制。RFID技术还可以穿透非金属材质的封装，在无需开箱的情况下直接扫描内部的物品。在仓储物流中，无需开箱的标识技术可以节约大量的人力，进一步提升系统的自动化水平。

（2）RFID技术的识别速度很快，可以在短时间内识别大量标签。以条码为例，每次扫描需要将阅读器与条码对齐，然后等待结果，这个过程需要1～2s。如果扫描1 000件物品，即使假设操作人员能够始终保持2s/件的扫描效率，也需要花费几十分钟的时间。相比之下，RFID技术可以自动扫描周围的全部物品，耗时在1min左右。因此，RFID技术极大地提升了系统的识别效率。

（3）RFID标签的数据容量大，安全性好，可重复使用。RFID标签的数据存储在芯片中，得益于集成电路技术的发展，RFID标签的芯片能够存储大量信息。同时，芯片还能进行一定的加密计算，提升通信过程的安全性。很多RFID标签采用了可擦除的存储器，可以实现数据的更新和修改，便于多次使用。

（4）RFID技术的环境耐受力好。RFID标签具有很好的抗污损性能，对表面的污渍涂画几乎不敏感，在黑暗、高温或其他恶劣环境下也能正常工作。此外，RFID标签可靠性好，使用寿命长，一般在10年以上。

RFID技术的主要缺点在于标签仍有一定的成本。与近乎零成本的条码技术相比，RFID的成本不能忽视，因此通常适合作为高价值商品的标识技术。

由于突出的技术优势，RFID技术在公共交通、门禁系统、物流跟踪等多领域取得了极为广泛的应用。

在智能交通领域，RFID技术可以用于电子收费系统（Electronic Toll Collection，ETC）中，在高速公路收费站，在通行过程中车内的标签与收费站的阅读器进行通信，在无需停车的情况下自动扣除交通费用，与人工计费的方式相比，极大地提高了道路通行效率，减缓了交通拥堵。在停车场管理中，可以在入口和出口处安装RFID阅读器，车辆进出时可自动识别并计费，提高停车场的管理效率和用户体验。RFID技术也可以用于车辆防盗，通过对车辆上的RFID标签进行登记，一旦车辆被非法移动，道路上的阅读器识别后将发出警报。RFID技术还可以用于智能交通信号控制，通过在车辆上安装RFID标签，交通信号系统可以根据实时车流量调整信号灯切换，优化道路交通。

RFID技术在物流系统中有着广泛的应用。在库存管理中，通过将RFID标签贴在货物上，当货物进出仓库时就可以实现自动化的库存盘点和数据更新。在物流过程中，可以将RFID标签贴在集装箱或车辆上，并在关键位置安装阅读器，这样就可以跟踪资产的位置和状态，确保资产安全。RFID技术还可以用于防盗，在仓库或运输车辆上安装阅读器，可以实时监测仓库内的车辆携带的物品标签，防止物品丢失。RFID技术的广泛使用，能够提高物流供应链的透明度和可追溯性，实时了解产品的生产和流通情况，从而优化供应链管理。

RFID技术在医疗保健行业也具有重要价值，可以显著提高医疗服务的效率和安全性。病人可以佩戴带有RFID标签的腕带，由此，各医疗环节可以快速、准确地识别病人，减少医疗错误风险的发生，还能够监控患者的活动范围，确保他们的安全。RFID标签可以贴在药品包装上，实现药品从生产到使用的全过程追踪，确保药品供应链的安全性和可追溯性。类似地，RFID标签也可以贴在医疗器械上，确保其消毒和使用流程的正确性，避免交叉感染。医学实验室的样本也可以通过RFID标签进行标记，可以有效追踪样本的来源、处理过程和存储位置，提高样本管理的准确性和效率。

此外，RFID在零售业、制造业、食品溯源、图书管理、智能家居等诸多领域也都具有重要价值，其独特的非接触式自动识别功能，在各行业提高效率、准确性和安全性方面发挥着重要作用，随着技术的不断发展和物联网应用的不断深入，RFID技术的应用价值将更为凸显。

4.4 基于特征的标识技术

条码技术与RFID技术需要在目标对象上印刷额外图案或贴附额外装置，都属于合作式标识技术，但物联网中也存在很多非合作式标识的场合，不能在目标对象上附着与标识数据。在这种情况下，通常需要由识别者预先将可能的目标对象逐一"登记在册"，记住目标对象特征与标识的对应关系。随后，识别者在识别过程中首先对目标对象进行观察，提取特征，再根据所知的对应关系确定目标对象的标识，这就是基于特征的识别技术。

本节将讨论物联网中常见的基于特征的标识技术，并归纳这些标识技术的共性原理。

4.4.1 常见的基于特征的标识技术

本节将着重介绍两类典型的基于特征的标识技术：一类是光学字符识别技术，其在车牌检测中应用广泛；另一类是生物特征识别技术，包括人脸识别、指纹识别与虹膜识别，它们主要用于身份验证。

1．光学字符识别

光学字符识别（Optical Character Recognition，OCR）是利用光学方式获得含有印刷或手写字符的图像并提取文本的技术，其目标是对文本资料的图像文件进行分析处理，获取文字及版面信息，得到可编辑可检索的电子文本格式。

光学字符识别技术在1929年由德国科学家古斯塔夫·陶舍克（Gustav Tauscheck，1899—1945）最先提出并申请了专利。1966年，IBM公司的凯西（Casey）和纳吉（Nagy）发表了第一篇关于汉字识别的论文，采用了模板匹配法识别了1 000个印刷体汉字。在近数十年间，随着软件和硬件技术的进步，光学字符识别技术的识别效果不断提升，应用领域逐渐拓展。进入21世纪以来，随着人工神经网络与深度学习的发展，光学字符识别的准确性和健壮性进一步得到大幅度提升，光学字符识别在车牌检测、档案数字化、财务票据处理、身份认证、移动支付、教育考试等多领域得到了广泛应用。

车牌检测就是光学字符识别技术的典型应用。为了实现车牌检测，需要由道路、停车场入口或其他地方的摄像头捕捉车辆图像，随后在捕获的图像中定位车牌的位置，对车牌区域中的每个字符（数字和字母）进行分割和识别，将其转换为电子文本格式输出。

2．生物特征识别

生物特征识别有很多种，本节将介绍较常用的人脸识别、指纹识别与虹膜识别。

（1）人脸识别。人脸识别（Face Recognition）是一种先进的生物识别技术，它通过分析人脸的特征信息来自动识别或验证个人的身份。在人脸识别系统中，首先使用摄像头或其他图像捕捉设备获取面部图像或视频，进而在图像中定位人脸的位置，对检测到的人脸图像进行标准化处理，如调整大小、光照校正等。随后，系统对面部特征进行测量和分析，如眼睛、鼻子、嘴巴的位置，以及它们之间的相对位置和面部轮廓等。在完成特征提取后，系统再将提取的特征与数据库中的已知面部数据进行比较，从而识别人员的身份。

（2）指纹识别。指纹识别（Fingerprint Recognition）是另一种生物识别技术，它通过特殊的光电转换设备和计算机图像处理技术，对活体指纹进行采集、分析和比对，可以迅速、准确地鉴别出个人身份。指纹识别操作简单，易于被广大用户接受。由于每个人的指纹都是唯一的，因此指纹识别提供了一种高度安全的验证方法。随着技术的成熟，指纹识别设备的成本已大幅下降，为许多应用场合提供了低成本的身份标识解决方案。

（3）虹膜识别。虹膜识别（Iris Recognition）是一种高精度的生物识别技术，它通过分析人眼虹膜的独特图案来确认个人身份。由于每个人的虹膜图案都是独一无二的，即使是双胞胎也不例外，这使得虹膜识别成为目前非常安全、可靠的生物识别方法。通常，虹膜识别系统包括图像捕捉、图像预处理、特征提取和匹配等过程，通过特制的摄像头捕捉眼睛的高清图像，在图像中定位虹膜并提取虹膜特征，随后将提取的特征与数据库中存储的模板进行比较以验证个人身份。

三类常用的生物特征识别技术如图4-18所示，其中虹膜识别的识别精度最高，但从易用性来说，人脸识别更为便捷。在具体应用中，可以根据需求灵活选用。

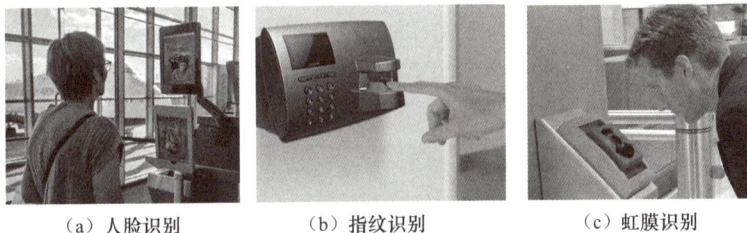

| （a）人脸识别 | （b）指纹识别 | （c）虹膜识别 |

图 4-18　生物特征识别技术

4.4.2　基于特征的标识技术原理

基于特征的标识技术尽管在设备形态和应用领域方面差异显著，但是都采用了相似的原理。这些技术的共同步骤如图4-19所示。

基于特征的标识技术主要步骤如下。

（1）识别者预先构建了反映特征与标识间关联关系的数据库。数据库中详细记录了目标对象的特征与标识间的对应关系，该数据库是在前期对目标对象逐一录入构建的。

（2）识别者从目标对象处获取反映目标对象的原始数据，并从中提取特征信息。不同的目标对象理论上有不同的特征信息。

（3）识别者根据获得的特征进行数据库检索，如果存在（近似）匹配的结果，则将其标识数据作为目标对象的标识。如果不存在（近似）匹配的结果，则表明目标对象的身份未在系统中登记。

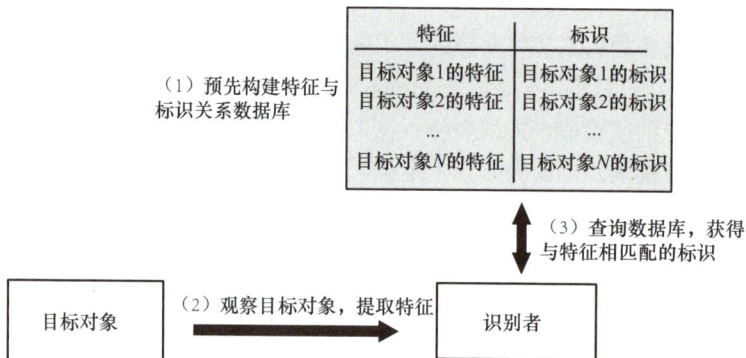

图 4-19 基于特征的标识技术原理

本质上，基于特征的识别技术属于机器学习（Machine Learning，ML）中的监督学习（Supervised Learning）分支，而由上述三个步骤界定的监督学习方法称为最近邻（Nearest Neighbor）算法。从更广泛的角度，识别者只要拥有从特征到标识的映射模型，就可以实现基于特征的标识识别，而数据库匹配是一种直接的从特征到标识的映射方案。除了数据库之外，也可以采取规则引擎（Rule Engine）或更为强大的深度神经网络（Deep Neural Network，DNN）模型。

此外，在传统的光学字符识别、人脸识别、指纹识别、虹膜识别等领域，特征的选用需要由专家根据对本领域的理解进行手动选择、提取和优化。随着深度学习技术的发展，目前基于深度学习的识别模型多数情况下能自动从原始数据中学习到有用的特征表示。

目前，伴随人工智能的快速发展，基于特征的识别技术发展很快。在很多场景中，因为目标对象不能主动配合返回标识信息，所以基于特征的标识技术就显得尤为重要了。在这种情况下，由于目标对象无需了解自身的标识，也无需印刷额外的图案或安装额外的通信装置将标识传递给识别者，因此通常具有更低的成本和更高的灵活性。

4.5 案例解析

本节将结合物联网的具体案例，讨论物联网标识技术的使用。共享单车是近年出现的新型应用，共享单车上使用了多种物联网标识技术来解决不同主体对标识使用的不同诉求。在餐厅中，传统方式中依靠人工对菜品进行识别汇总，再依靠人工进行费用结算，这样的方式效率很低，以RFID技术为主的物联网标识能够显著提升餐厅的智能化水平。

4.5.1 共享单车的"多"标识

共享单车系统是日常生活中常见的物联网应用，它不仅改变了人们的出行方式，还促进了城市交通的绿色和智能化。共享单车可以视为"物"，在应用过程中，用户需要利用共享单车的标识实现开锁、计费、查询等功能，管理人员需要利用共享单车的标识实现追踪、可视化、调度等，维护人员需要利用共享单车的标识以便于维修和搬运。

因此，不同的主体都需要共享单车的标识，但不同主体又对标识技术的便捷性、安全性、经济性有差异化的需求。这种情况在工程领域非常常见，因而同时采用多个标识以满足这些差异化需求的解决方案就显得格外重要。

共享单车上同时存在不同的标识，外观上肉眼可见的是一维条码、二维条码和印刷数字，如图4-20所示。共享单车的二维条码主要提供用户"扫一扫"，一维条码和印刷的数字主要服务于维护人员在大量单车中快速发现需要维修的车辆。

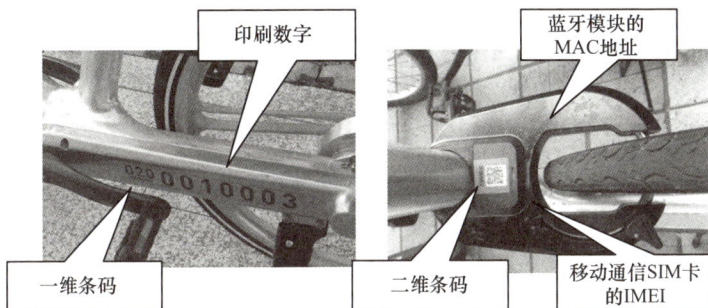

图 4-20　共享单车上的多种标识

共享单车上还有一些隐藏的标识。例如，蓝牙的媒体接入控制层（Media Access Control，MAC）地址，它是48bit的全球唯一数据，每个蓝牙模块中的MAC地址均不相同，通过与用户智能手机中的蓝牙模块进行配对实现开锁功能。共享单车还接入移动通信网络，它内部SIM卡中的国际移动设备识别码（International Mobile Equipment Identity，IMEI）也可以作为共享单车的标识。

因此，"物"具有多个标识是物联网中的常见情况，它使不同用户对"物"的访问变得非常便捷，但也带来了一系列数据管理问题，例如，需要在后端系统中建立不同体系的物联网标识间的对应关系表格，以方便在不同的标识间进行相互转换。

4.5.2　自助餐厅中的自动结算

在自助餐厅中的点餐与结算传统上要靠人工完成，效率会比较低，还会降低用户的就餐体验。物联网技术的广泛应用给餐饮行业带来了巨大的变革与机遇。

智能餐盘（RFID Service Plate）是一种在底部植入RFID射频芯片的餐具。当用户使用智能餐盘经过出口时，位于出口的阅读器可以通过射频信号自动识别餐盘，从而识别出用户取了哪些菜品和数量分别是多少，通过数据库的查询就能够进行费用的汇总计算。除了利用RFID技术外，还可以通过位于上方的摄像头抓取餐盘图像，利用基于特征的识别达到类似的效果。

进一步地，还可以利用人脸识别、二维条码"扫一扫"、RFID标签验证用户身份，实现费用的自动支付，这样就提高了餐厅的结算效率。

物联网标识技术的应用还能提升餐厅管理水平和增强用户体验。通过自动标识识别和结算，物联网系统能够快速、准确地获取用户用餐数据和菜品销售情况，为餐厅运营提供数据支撑。物联网系统还能根据用户的就餐记录和偏好推荐菜品，为用户提供更加个性化的服务。

📝 拓展阅读：物联网标识的中国创新

"创新是民族进步的灵魂，是一个国家兴旺发达的不竭源泉，也是中华民族最深沉的民族禀赋。"（习近平《在同各界优秀青年代表座谈时的讲话》，2013年5月4日）

物联网是新一代信息通信技术与各行业的深度融合，通过万物泛在连接和信息感知、传输和智能决策能力，为各行业数字化转型和数字经济发展提供关键支撑。物联网不仅是技术的创新，更是应用的创新。高铁、支付宝、共享单车和网购被称为中国的"新四大发明"，其中的每一项都与物联网有着千丝万缕的联系。

二维条码是物联网标识创新应用的典型例子。作为一种高效的标识存储与识别技术，二维条码已经深入人们生产、生活的各个角落。较常用的QR码起源于1994年的日本，发明人原昌宏在20世纪90年代奔波于各个企业和社会团体，积极推动二维条码的应用。数年后，QR码开始在汽车零部件生产行业得到最早应用，并逐步推广到食品、药品及隐形眼镜的商品管理等方面。拥有QR码专利权的（Denso Wave）公司为了让QR得到更多的使用，明确表示不会行使有关权利。

2001年，25岁的王越在日本公司任职期间敏锐地捕捉到了二维条码的巨大潜力。他回国创立了意锐公司，开发出了国内首款手机二维条码识别引擎，为二维条码在中国的大规模应用提供了坚实的基础。2011年，徐蔚申请了"二维码扫一扫"专利，随着智能手机的普及，二维条码的应用在移动支付领域迎来了爆发式的增长。2012年，微信正式推出"扫一扫"功能，二维条码成为移动应用的重要入口。2016年，我国二维条码"扫一扫"的使用至少达到了5 000亿次。无论是商场、超市，还是街边小店，甚至是出租车和地铁，都可以看到二维条码的标识。

值得注意的是，在日本有2万多个二维条码相关的专利，但没有与"扫一扫"近似的专利，这表明尽管都是二维条码，但中国踏出了一条创新的道路。

根据市场调研在线网发布的《2023—2029年中国二维码行业市场运行状况及发展前景预测报告》分析，中国的二维条码市场规模在2017年达到12.6亿美元，到2022年已增长至20.8亿美元。中国二维条码行业市场规模持续扩大，占据了全世界的70%以上，在生产管理、物流追踪、防伪溯源、移动支付等多领域展现出巨大的应用潜力。

2014年，QR码的发明者原昌宏在接受欧洲专利局的颁奖时，在现场预言，"二维条码最多还有10年寿命。"然而，10年之后，二维条码依然生机勃勃，彩色的二维条码、环保的二维条码、动态的二维条码等新技术层出不穷，新的应用不断涌现。

中华文明的创新是主动式的变革创新。中华民族具有不惧新挑战、勇于接受新事物的无畏品格，自古就敢于主动求变、善于求变。"凡益之道，与时偕行"（《周易·益卦》）。在全球数字经济浪潮来临之际，中国主动拥抱数字化进程，推动万物互联，以信息技术重构衣、食、住、行的方方面面。与时俱进的创新应用是数字经济时代物联网技术发展的驱动力量。

📝 本章小结

物联网的标识是"物"的数字身份证，它是在物联网中"物"的识别、追踪、组织和管理的基础，在物联网中具有基础性的意义。

物联网的标识技术包括两大要素，即"标"与"识"。"标"是标记，强调在语境中如何设计和分配编码序列以确保唯一性和安全性，"识"是识别，强调在特定语境中如何得到目标对象的标识技术的过程。在物联网的标识体系中，具有标识信息的客体称为目标对象，获取目标对象标识的主体称为识别者，目标对象与识别者构成了物联网标识技术的两个对立对象。物联网的标识总是与语境有关，在给定的语境下具有唯一性、安全性和规范性。

物联网的标识可以根据目标对象与识别者的合作关系、连接媒介与应用领域进行分类。根据双方的合作关系，标识技术可以分为合作式标识与非合作式标识。根据连接媒介，标识技术可以分为基于光、基于电、基于磁、基于射频、基于声、基于生物特征等类型。根据应用领域，标识技术可以用在物流仓储、智慧交通、医疗健康、图书管理等行业。

条码和 RFID 是较常见的合作式标识技术。条码通过特定的编码规则，将信息编码成可视化图形标识符，使用便捷，成本极低，但在使用中需要将阅读器与条码对准。RFID 技术基于射频实现物品识别，能够在非接触的条件下自动扫描邻近的所有标签，尽管成本略高于条码，但在自动化水平上有显著提升。合作式标识本质上属于通信技术的范畴。

基于特征的识别技术属于非合作式类型，识别者通过观察目标对象获取特征，并将特征映射为标识。光学字符识别、生物特征识别等都属于基于特征的识别，分别用于提取图像中的文本数据或鉴别用户身份。非合作式标识本质上属于模式识别技术的范畴。

出行与饮食是人类生活的重要方面，物联网的出现正在改变着我们生活的面貌。通过标识的使用，共享单车能够为用户提供绿色出行服务，自动结算能够智能识别餐盘中的菜品类型与数量并支付费用。物联网是技术的创新，更是应用模式的创新。我们相信，随着技术的进步和应用模式的拓展，创新将为我们的生产生活带来更多的便利和价值。

📝 习题

1．（单选）在零售领域，具有较好的纠错抗污损能力和很低成本的标识技术是_____。

A．一维条码　　　　　　B．二维条码　　　　　C．RFID　　　　　　D．磁卡

2．（单选）QR 码的数据存储容量最大为_____。

A．不超过 10B　　　　　　　　　　　　　B．不超过 100B

C．不超过 1 000B　　　　　　　　　　　 D．超过 1 000B

3．为什么一维条码（以 UPC-A 标准为例）需要 7 个模块（每个可以选黑白两种状态）来表示一位十进制数字？

4．在 UPC-A 标准中，一维条码的起始符（101）和结束符（101）的意义是什么？能否换成其他序列，例如 000、111、101010101、1111111 等？

5．在镜子里面拍摄 QR 码，能否正确扫描得到其中的数据？为什么？

6．QR 码为什么采用了 3 个位置探测图案，能否是 1 个、2 个或 4 个？

7．一维条码扫描过程既可以正向放置，也可以反向放置，为什么？

8．QR 码可以在图案中部印刷图标但不影响辨识，请简要分析其原因。

9．基于特征的识别技术的基本原理是什么？

10．编程实现 UPC-A 标准的一维条码绘制，即对用户输入的 11 位数字进行校验码计算并生成条码图案。

11．简要介绍 RFID 系统的组成。

12．一维条码与二维条码相比，有哪些差异？

13．条码技术与 RFID 相比的优缺点是什么？

14．为了进行校园的电动车管理，你认为比较好的标识技术是什么？

15．简述 RFID 在仓储物流领域的应用。

16．详细调研共享单车上应用的标识技术。

第 **5** 章

定位与授时

空间与时间是物质世界的基本属性。在物联网中，定位与授时功能用于确定物质世界中的实体对象或事件的空间与时间信息，这些信息在物联网中具有极为重要的价值。

值得注意的是，实体对象既可以是"物"，也可以是"人"。这是因为在定位与授时的过程中，被定位的"人"与"物"处于相同的地位，都属于物联网中的客体。同时，物联网对人的定位通常要依靠他/她所携带的定位装置或者所乘坐的交通工具，因而本质上仍是对"物"（装置或交通工具）的定位或授时，但人与物紧密绑定，我们就认为物的位置就是人的位置，物的计时就是事件的计时。

本章将讨论物联网定位与授时的基本概念与技术原理，介绍物联网定位与授时的典型技术方案，进而根据实际需求展开案例分析。

5.1 物联网定位与授时概述

物联网中的定位与授时围绕着对象（事件）、时间与空间三要素展开，本节将首先分析定位与授时的基本要素，进而结合典型应用场景讨论定位与授时技术的运用，最后阐述时空信息对物联网的重要价值。

物联网定位与
授时概述

5.1.1 定位与授时的基本要素

在物联网中，定位（Localization）是指获取物质世界中实体对象或事件的位置的过程；授时（Timing）是指建立时间标准和传递时间信息的过程。空间与时间信息广泛应用于物联网场景中，对象（或事件）、空间与时间构成了物联网中定位与授时技术的三个基本要素。要素间的映射关系构成了定位与授时的正问题与反问题，如表5-1所示。

表 5-1 物联网定位与授时的正问题与反问题

问题类型	要素关系	问题描述
正问题	对象/事件 → 空间	对象确定其所在位置，或确定事件发生在什么位置
正问题	对象/事件 → 时间	对象确定当前的时刻，或确定事件的发生时刻
反问题	空间+时间 → 对象/事件	针对过去时刻，则基于给定的位置与时刻，查询关联的对象或事件； 针对未来时刻，则基于给定的位置与时刻，使得对象到达相关位置或触发相应事件

物联网中的位置信息有不同的表现形式，可以是绝对位置或相对位置。我们所在的物质世界是三维空间，较常见的位置表示形式就是经度（Longitude）、纬度（Latitude）和海拔（Elevation）三者共同表示的绝对形式。有时，位置信息表现为相对形式，例如，在给定物的东南方向300m。类似地，物联网中的时间也有绝对时间与相对时间。前者主要是指协调世界时（Universal Time Coordinated，UTC），它在1972年起被确定为全世界的官方时间和国际民用时间标准。中国标准时间或通常说的"北京时间"就是中国科学院国家授时中心（National Time Service Center，NTSC）建立并保持的协调世界时。后者是指相对时刻，例如，在车辆启动后第30min。

5.1.2 物联网定位的应用场景

位置信息在大量的物联网应用中具有不可替代的价值。例如，在智能交通应用中，位置信息是行人、车辆、船舶或航空器移动所依赖的基本信息。例如，在车辆导航过程中，需要及时知道车辆的当前位置，结合地图信息为车辆提供导引服务，如图5-1所示。如果不能确定车辆的位置，导航则无从谈起。

类似的场合还有很多，如在灾害搜救应用中，待搜救者需要首先确定自己的位置，并通过网络将自己的位置信息发送到后端服务器，引导救援力量准确到达自己所在的位置。在军事国防应用中，武器的制导需要确定自身位置，通过不断调整最终投送到目标位置。在智能仓储应用中，管理员需要了解所有物品在仓库中的存放位置，以便快捷地实现出库和入库操作。在医院就医导引、商城购物导引等室内场合，人员也需要路径引导达到目的地。此外，在我们的生产、生活中还存在大量的基于位置的服务（Location-Based Service，LBS），常见的

图 5-1 车辆导航

如外卖送餐、共享单车、叫车服务等，它们都需要根据用户所在的位置进行智能决策与信息推送。

上述场景都需要对象的位置信息，但它们之间仍存在着差异，分析如下。

（1）定位需求不同。在车辆导航中，通常需要确定车辆的经纬度坐标，在仓库内，需要定位到第几行第几列货架的第几层；在商场内，则需要定位到具体楼层的具体位置。这些场景中对位置信息的内容与精度要求都是不同的。

（2）定位方式不同。对于室外场景，卫星导航系统是主流的定位方式，但在室内场景中必须采用其他方式。

（3）定位问题不同。有些场景解决正问题，例如，对车辆进行定位；另一些场景解决反问题，例如，在叫车服务中，系统需要根据坐标找到距离最近或一定范围内的车辆。

5.1.3 物联网授时的应用场景

时间信息在物联网中同样具备关键性的价值。与位置信息不同的是，物联网中大量的"物"是可以安装或携带计时装置的，可以拥有属于自己的"钟表"，但这些钟表很可能没有校准，即不同"物"的计时装置之间彼此并不同步。此外，计时装置的运行也并非完全精准，它们之间也存在精度的差异，即使在某个时刻将两个对象所属的计时装置对齐，在一段时间之后，它们可能会存在很大的偏差。因而，物联网中时间信息的关键在于存在关联的对象或事件间具有相同的时间基准。授时是对物联网设备间传输时间进行校准的过程，其目的是达成不同设备间的时钟同步（Time/Clock Synchronization）。

时间信息在物联网中的主要作用包括判定先后、测量时长及同步操作等。考虑图 5-2（a）所示的场景，假设某车辆自图 5-2（a）中的①号位置向②号位置行驶，为了测量车辆在这一区间内的平均速度，那就需要测量车辆经过两个位置的时长。为了检测车辆经过这一事件，此处采用了地磁传感器，如图 5-2（b）所示。地球表面存在磁场，以钢铁为主的车辆经过地磁传感器附近时，会导致传感器输出信号发生变化，而根据信号的变化可以检测到车辆经过的准确时刻。

本场景中，在①、②号位置上分别安装了地磁传感器以检测车辆经过的情况。假设两个传感器在检测到车辆经过事件后均通过通信网络向后台发送信号，信号内容包含各自分别获得的事件时刻。显然，如果两个传感器没有一致的时间基准，我们就无法取得两个时刻的差值。反之，如果两个传感器计时装置是精确对齐的，那么它们各自汇报的时刻之间可以直接相减，以获得车辆的途经时长。

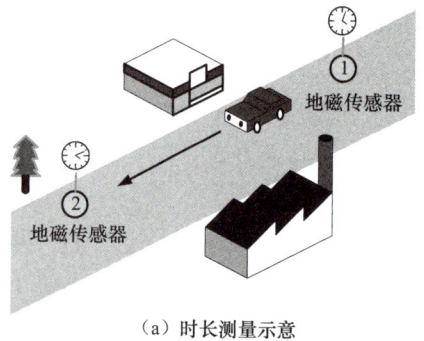

（a）时长测量示意

（b）地磁传感器实物图

图 5-2　测量车辆途经时长的场景

判定事件的先后次序的典型例子是人流计数，如图 5-3 所示。假设在通行门的前后安装两个红外传感器。如果行人是进门方向，则①号传感器先检测到事件，②号传感器后检测到事件；如果行人是出门方向，则②号传感器先检测到事件，①号传感器后检测到事件。显然，如果能正确地判定行人的出入情况，我们就能够进行计数，最为关键的是判定到底哪个事件先发生。事实上，两个事件很可能仅相差数十毫秒，我们需要两个传感器具有非常精准、一致的时间基准。

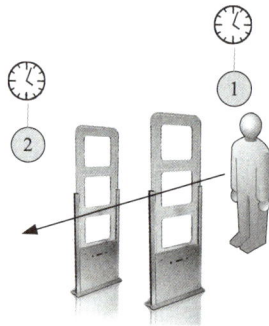

图 5-3　判定事件先后次序的场景

在存在多个执行器的物联网场景中，我们往往需要执行器间以非常精准的时序进行配合，例如，车间内部机械手与加工刀具间需要同时完成给定的操作，换言之，执行器间需要具有一致的时间基准。

因此，时间信息对于测量时长、判别先后和同步操作等物联网应用都非常关键，其核心都是使得不同的设备具有一致的时间基准，即时钟同步。不同场景的时间信息的利用也存在差异，主要体现在以下方面。

（1）时钟同步的范围与目标不同。有些场景中，仅需要局部的、有关联的设备之间达成同步即可；另一些场景则需要在全局范围内使物联网设备同步到协调世界时（UTC）。

（2）时间同步的精度要求不同。某些应用对时间精度要求不高，例如，每10min测量一次住宅的温度，即使采样时刻有误差也影响不大。另一些应用对时间精度的要求很高，例如，智能工厂车间中的设备操作需要达到毫秒级的精度。

（3）时间信息的使用不同。某些应用解决正问题，如在智慧交通中给出车辆经过路口的时刻；另一些应用解决反问题，如在智能工厂中在给定时刻执行关闭阀门的操作。

5.1.4　定位与授时的价值

定位与授时可以获取物质世界的对象或事件所处的位置及时刻，这些时空信息对物联网的应用极为重要，主要体现在下列三方面。

（1）时空信息是物联网行为决策的直接指导。在车辆导航、武器指导、人员指引等大量的物联网应用中，时空信息是对象下一步移动的依据。如果缺少时空信息，这些应用是无法实现的。

（2）时空信息中还蕴含着物的运动规律。如果收集了大量实体对象的位置信息，通过对这些数据的分析，有可能挖掘出这些对象的行为特征，从而为优化设备配置、提高服务质量提供依据。已有研究表明[11]，尽管看起来人类的行为举止是随意的、不可预测的，但数百万部手机运动轨迹的历史数据表明，有93%的行为是可以预测的，我们能根据个体之前的行为轨迹较准确地预测其将来的行踪。

（3）时空信息与安全和隐私关系密切。一方面，一旦设备离开它所在的位置，如异常或失窃，我们可以采取措施以保障设备和数据的安全；另一方面，如果人或者物的移动轨迹被泄露，也容易遭到有针对性的攻击。

5.2　物联网定位的技术原理

按照技术原理分类，物联网定位主要分为几何定位、特征定位、航位推算定位三种，在实际系统实现中，既可以采用其中的一种，也可以采取几种的组合。

5.2.1　几何定位

几何定位是指依据几何学理论通过目标对象与参照物间的距离或角度关系进行定位的方法。参照物的位置是已知的，通常称为锚节点（Anchor）。几何定位主要分为两个步骤：①测量或估算目标对象与锚点间的空间关系，可以是距离或者角度；②利用所测的几何数据求解获得目标对象位置。因此，几何定位的核心内容分为距离测量、角度测量与求解，具体如下。

1．距离测量方法

为了测量两点间的距离，我们主要利用物质世界中波的传播规律。如果已知波速，又能测量波从彼处到此处的传播时长，就可以获得其传播距离。在较简单的情况下，我们假设两点均有计时装置，且两部计时装置是精准同步的，示意如图5-4所示。

此时，对象A可以在t_1时刻发射信号，对象B在t_2时刻收到该信号，其中t_1和t_2分别由对象A和对象B各自的计时器获得，由于两部定时器精准同步，因此信号传播时间为

$$\Delta t = t_2 - t_1$$

假设该信号以电磁波或声波作为载体，波的速度为v，则两点的距离为

$$d = v \cdot \Delta t = v(t_2 - t_1)$$

上述过程计算了波的到达时间，这种测距方法称为到达时间[①]（Time of Arrival，TOA）测距。

假设双方的计时器未能同步，或者同步的精度不足，无法适配传播时间的量级，这种情况比较复杂，也比较常见。主要的应对方案有两类，分别是测量往返延时和利用波速差。

基于往返延时距离测量的示意如图5-5所示。首先对象A在t_1时刻发送一束波，对象B在t_2时刻收到该波。随后对象B在t_3时刻发送另一束波，对象A在t_4时刻收到返回的波。以上t_1与t_4由对象A的计时器获得，t_2与t_3由对象B的计时器获得，它们之间不存在共同的时间基准。此时，由对称性可以假设从A到B和从B到A的信号传播时间是相等的，故对象A测量的时间差$t_4 - t_1$包含了往返2次的传播时间以及对象B在收到信号到发送返回信号间的延时$t_3 - t_2$，因此单程的信号传播延时为

$$\Delta t = \frac{(t_4 - t_1) - (t_3 - t_2)}{2}$$

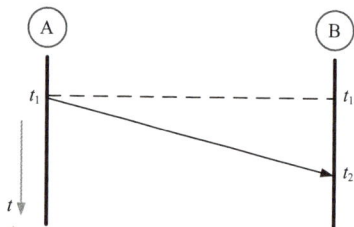

图5-4　收／发端时间同步时的距离测量示意

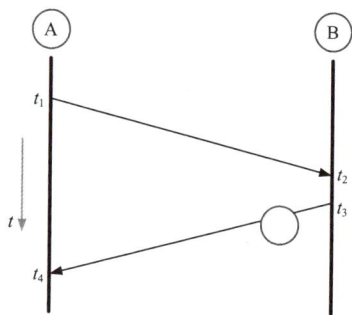

图5-5　基于往返延时的距离测量示意

两点间距离由单程延时与波速相乘可得

$$d = v\Delta t = v\frac{(t_4 - t_1) - (t_3 - t_2)}{2}$$

波速差测量距离方案需要物联网设备具有发射两种传播速度不同的波的功能，如图5-6所示。假设对象A能够同时发送两种传播速度不同的波，通常为波速v_1的电磁波和波速v_2的声波。由于波速的差别，尽管两束波同时发送，但到达接收端的时刻不同（由于电磁波波速更快，因此将先于声波到达）。对象B记录电磁波到达时刻t_1和声波到达时刻为t_2。注意，这两个时刻都是由对象B的计时器获取，它们之间可以相减以获得两束波的传播时间差异，故有

$$\frac{d}{v_2} - \frac{d}{v_1} = t_2 - t_1$$

---

① 又称为飞行时间（Time of Flight，TOF）。

简化可得距离

$$d = \frac{v_1 v_2 (t_2 - t_1)}{v_1 - v_2} \tag{5-1}$$

由于电磁波传播速度v_1远大于声波的传播速度v_2，即$v_1 \gg v_2$，式（5-1）也可以简化为

$$d \approx v_2 (t_2 - t_1)$$

如果存在两个以上的锚节点，锚节点之间时间精准同步，但目标对象未能与锚节点时间同步，此时还可以利用距离差定位，如图5-7所示。

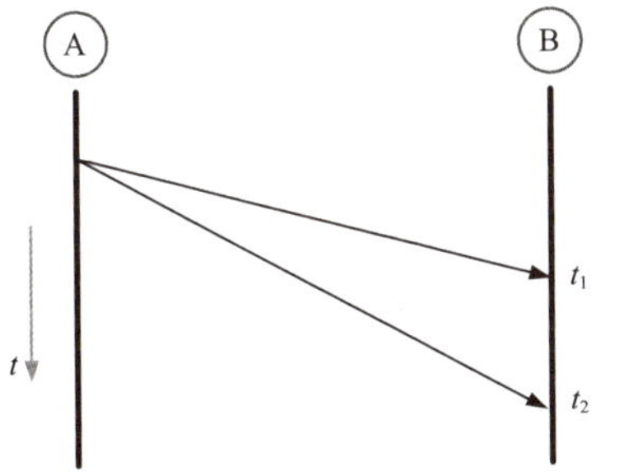

图 5-6　基于波速差测量距离 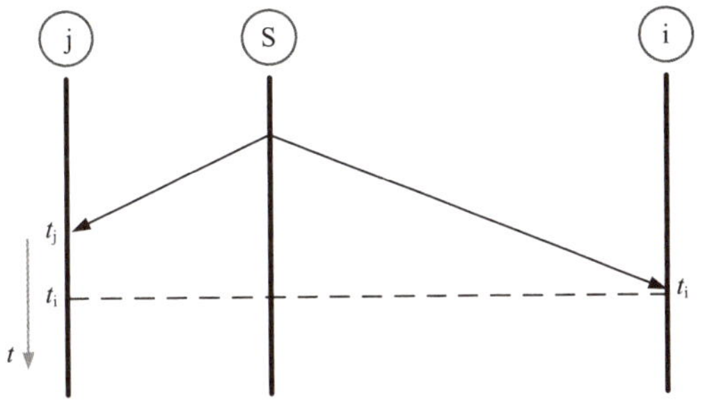　　　　　　　　图 5-7　基于时间差计算距离差

待定位目标对象记为S，锚节点分别记为i和j。对象S在某时刻发射信号，由于电磁波或声波在空间中向四面八方传播，因此可以假设i和j分别在t_i与t_j时刻收到该信号，并记d_{Si}和d_{Sj}分别是S与i和j间的距离。由于对象i和j之间严格时间同步，这两个时刻的差值$t_i - t_j$与目标对象和两个锚节点之间的距离差成正比，即

$$\frac{d_{Si} - d_{Sj}}{v} = t_i - t_j$$

在这种情况下，虽然我们无法求得距离，但是可以得到距离差的表达式为

$$\Delta d_{ij} = d_{Si} - d_{Sj} = v(t_i - t_j)$$

上述方案称为到达时间差（Time Difference of Arrival，TDoA）方案，它所给出的距离差同样能帮助几何定位的求解。在实际应用中，锚节点非常特殊，它们的数量比较少，且通常携带着非常精确的计时装置，在锚节点间实现时钟同步要比普通的物联网对象间实现时间同步要容易得多。

至此，本节给出了四类典型的测量距离方法，它们有不同的适用条件与结果输出，如表5-2所示。基于单程传播时间的测量距离需要两端严格同步，技术难度较大。如果不能实现收、发端同步，我们或者需要额外的信号传递过程或装置，这会增加资源消耗或成本；或者需要多个严格同步的接收端，但仅能提供距离差信息。因而，在工程实践中需要根据场景条件和需求进行合理权衡。

表 5-2　常见的测量距离方法

测量距离方法	适用条件	结果
基于单程传播时间	收、发端时钟同步	距离
基于往返传播时间	信号传播双向对称	距离
基于波速差	需要额外装置，实现两种波在收、发端间的信号传播	距离
基于时间差	广播信道，两个接收端时钟同步	距离差

2. 角度测量方法

角度测量方法主要基于到达角（Angle of Arrival，AoA）的测量，通常需要在接收端安装多

根天线，如图5-8所示。

当发送端的信号到达天线阵列时，由于发射天线与每个接收天线间的距离存在差异，因而收到的信号时刻[1]也存在差异，利用该差异可以推出发送端相对于接收端的角度，类似于人类基于双耳来判定声音的来源方向。

3．方程求解

在三维空间中，目标对象的位置有3个自由度，因此为了得到目标对象的坐标至少需要3个独立方程，且其中至少有一个方程与距离有关。

以较常见的"三边定位"为例（见图5-9），假设测得目标对象与三个锚节点间的距离，理论上以三个锚节点为球心、以所测距离为半径作球面，则三个球面交于一点，即为所求目标的位置。令待求解的目标节点坐标为(x, y, z)，锚节点A、B和C的坐标分别是(x_a, y_a, z_a)、(x_b, y_b, z_b)和(x_c, y_c, z_c)，所测得的目标位置与锚节点间的距离分别为d_a，d_b和d_c，则方程组为

$$\begin{cases} \sqrt{(x-x_a)^2 + (y-y_a)^2 + (z-z_a)^2} = d_a \\ \sqrt{(x-x_b)^2 + (y-y_b)^2 + (z-z_b)^2} = d_b \\ \sqrt{(x-x_c)^2 + (y-y_c)^2 + (z-z_c)^2} = d_c \end{cases} \tag{5-2}$$

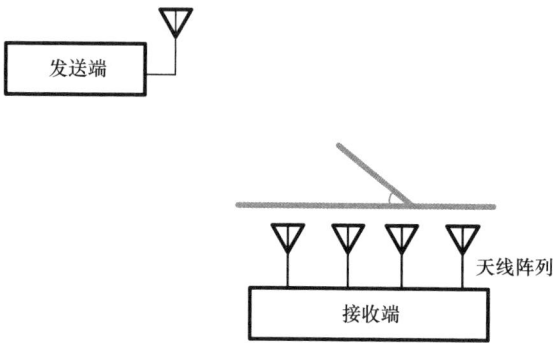

图 5-8　基于角度的定位

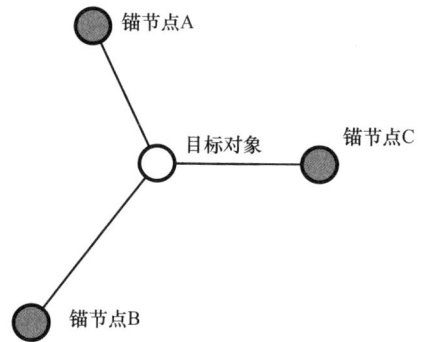

图 5-9　基于测量距离的三边定位

所有方程等式两侧平方后得到三元二次方程组，其求解存在一定的难度。特别是测量误差的存在使得该方程组很可能是无解的。同时，在实际场景中，我们往往利用四个以上的锚节点测出距离，此时方程的数量超过了未知数，构成了超定方程组（Overdetermined System），更多的信息有益于获取更准确的定位结果，但同时也增加了求解的难度。因此，在实际求解中通常将式（5-2）转换为最优化问题，即寻找最优坐标$(\hat{x}, \hat{y}, \hat{z})$，使得

$$\min_{\hat{x}, \hat{y}, \hat{z}} (\hat{d}_a - d_a)^2 + (\hat{d}_b - d_b)^2 + (\hat{d}_c - d_c)^2$$

此处有

$$\begin{cases} \hat{d}_a = \sqrt{(\hat{x}-x_a)^2 + (\hat{y}-y_a)^2 + (\hat{z}-z_a)^2} \\ \hat{d}_b = \sqrt{(\hat{x}-x_b)^2 + (\hat{y}-y_b)^2 + (\hat{z}-z_b)^2} \\ \hat{d}_c = \sqrt{(\hat{x}-x_c)^2 + (\hat{y}-y_c)^2 + (\hat{z}-z_c)^2} \end{cases}$$

---

[1] 在具体实现中，可以利用信号相位差异。

其中，$\hat{d}_a$、$\hat{d}_b$和$\hat{d}_c$分别表示估计的目标位置坐标$(\hat{x}, \hat{y}, \hat{z})$与锚节点A、B和C间的实际距离，即我们试图使得实际距离与测量距离尽可能逼近，准确地说是使得实际距离与测量距离的差值的平方和最小。

最优化问题在物联网中极为常见，大量的工程问题最终可以归结为最优化问题进行求解。最优化问题的数值求解已经有一系列成熟的方法，此处不赘述。

显然，测量的精度与锚节点的分布位置对定位结果有重要影响。如图5-10所示，若锚节点的分布相同，但是图5-10（a）的测量距离误差小，图5-10（b）的测量距离误差大。理论上，如果没有误差，我们以锚节点为中心，以所测距离为半径得到一个球面。由于误差的存在，可以视球面是有一定厚度的。在图5-10（a）中，由于测量距离误差较小，以锚节点为中心绘制的球面都比较"薄"，三个球面所交的区域比较小，而目标位置被约束在三个球面相交的较小区域内，定位误差较小。反之，则三个球面相交的区域比较大，定位误差较大。因此，在锚节点分布相同时，更高的距离测量精度有更佳的定位结果。

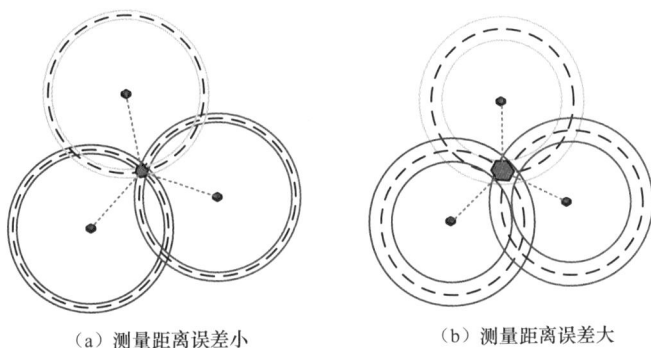

（a）测量距离误差小　　　　　　（b）测量距离误差大

图 5-10　测距误差对三边定位的影响

若锚节点分布不同，如图5-11所示，则锚节点间在空间分布越均匀，定位效果越好；若锚节点分布不均匀，尤其是部分锚节点非常靠近时，定位效果不佳。在图5-11中，图（a）和图（b）的测量距离精度相同，图（a）锚节点分布更集中，甚至有两个锚节点几乎靠在一起，这导致三个球面交汇区域更狭长，测量误差较大。反之，则三个球面交汇区域更接近球形，测量误差较小。从本质上来说，这是由于锚节点过于靠近，使得原本独立的两个方程趋同，即近似退化为一个方程，测量获取的信息量减少，导致误差值升高。从数值分析的角度来说，这是方程组的条件数（Condition Number）增加的结果。

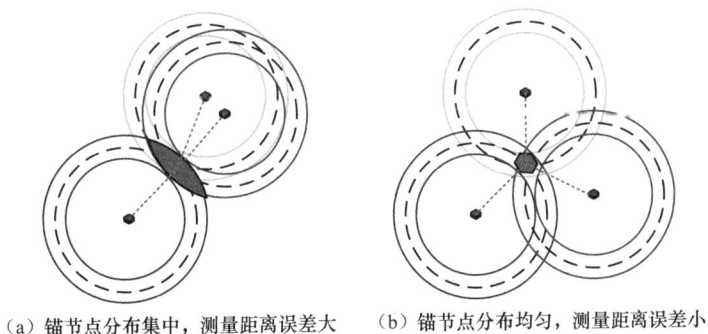

（a）锚节点分布集中，测量距离误差大　　　（b）锚节点分布均匀，测量距离误差小

图 5-11　锚节点分布对三边定位的影响

因此，测量距离的方程越多、测量距离的误差越小和不同测量距离间的独立性越强，则定位的精度就越高。

三边定位是一种较常见的定位方法，我们还可以利用距离差和角度进行定位，求解思路是相似的。

5.2.2　特征定位

特征定位（Feature-based Localization）是建立特征与位置的映射关系，进而利用该映射关系确定目标位置的技术。任何与位置存在联系的物理量或化学量都可以作为特征，例如，基站的唯一标识、信号强度、地磁场、图像、大气压强等。在特征定位中存在一个隐含的假设，即不同的位置有不同的特征，且特征越接近，与之相关联的位置也越接近。

本小节以基于射频信号的特征定位方法为例展开，这种方法也称为指纹（Fingerprint）定位法。如图5-12所示为某仓库的俯视图，室内部署了多个无线局域网接入点（Access Point，AP），将仓库的室内空间划分为若干行与列。

我们需要预先建立特征与位置的关系。我们用无线局域网终端设备在室内的每个位置（图5-12中行、列的交叉点）测量各接入点的信号强度。例如，第2行第3列各接入点的信号强度依次为−61dBm、−55dBm、−46dBm、−46dBm[①]，将其记为向量形式为（−61，−55，−46，−46），这就是信号特征（或信号指纹）。我们需要穷尽性地在仓库内所有位置进行测量，以获取各位置的信号特征，这些数据可以存储在数据库中。

在定位过程中，我们在未知位置仍用相同无线局域网终端设备进行测量，以获得此未知位置的信号特征。随后，在数据库中进行查询，如果存在（近似）匹配的特征，那么我们就将数据库中对应特征关联的位置作为定位结果。例如，如果我们测得的信号特征为（−49，−43，−58，−57），与数据库中第6行第7列交点位置的特征吻合，那么就认为目标位置在第6行第7列。

图 5-12　特征定位的场景示意

因此，特征定位包含两个步骤，即按骥绘图和按图索骥。

1．按骥绘图（准备阶段）
预先测量区域中每个位置的特征向量，得到区域内每个位置对应的特征向量，将其储存至数据库。
2．按图索骥（定位阶段）

在未知位置进行特征测量，将所测的特征向量和预先存储在数据库的特征值进行比对，找出数据库内最接近的特征，将与之关联的位置作为定位结果。

特征定位的思想很简单，从理论上来说，特征定位是一种机器学习方法，它与后续的大数据与人工智能算法有密切的关系。在按骥绘图阶段，我们实质上是构建了图5-13所示的数据集。

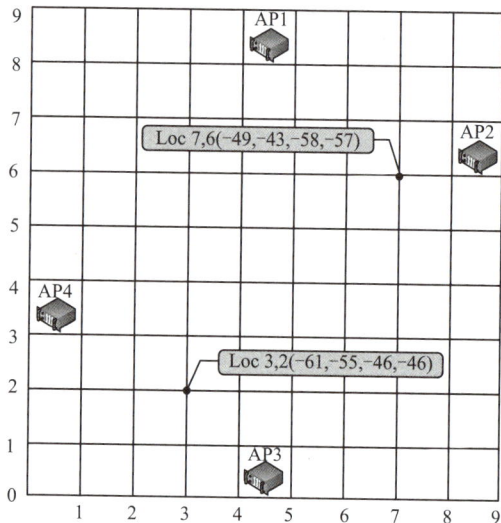

---

① dBm 即毫瓦分贝。若接收信号强度为 P，单位为 mW，则其毫瓦分贝为 $10\lg P$。

该数据集的左侧是位置特征（Features），右侧是位置坐标。我们希望由该数据集建立由位置特征到位置坐标的映射函数 f，且该映射具有最小的预测误差，即

$$\min_{f} \sum_{i} \|Y_i - f(X_i)\|$$

该映射函数 f 称为模型（Model），其中 Y_i 是第 i 个位置的坐标，X_i 是第 i 个位置的特征。由于数据集中的每条数据都具有标记，因此该问题被归类于监督学习。在机器学习中，通过对数据集的训练（Training）可以建立模型。在模型建立后，利用该模型可以根据从实际环境中测量的特征获得对应的位置坐标。

位置特征	位置坐标
位置1的特征 位置2的特征 …	位置1的坐标 位置2的坐标 …
位置N的特征	位置N的坐标

图 5-13　特征定位准备阶段构建的数据集

按图索骥的过程采用了最简单的模型，即选择数据集中特征最接近的记录，并以该记录关联的位置作为输出，这种模型称为最近邻模型。该模型也可以进一步扩展为 K 近邻（K-Nearest Neighbor，KNN）模型，即在数据集中匹配未知位置的特征值，找到最相似的 K 条记录，用这 K 条记录关联位置的几何中心作为输出结果。

在 4.4 节，我们讨论了"基于特征的标识技术"，与本节所讨论的特征定位相比，两者的工作原理与步骤非常相似，这表明相同的技术原理可以被应用在不同的场景中以解决不同的实际问题。

特征定位在室内环境中的应用非常广泛，通过选择比较好的特征与模型，可以达到米级精度。除无线信号之外，环境中的气压、地磁、噪声、图像等都可以作为定位依据，特征定位具有很大的创新空间。特征定位的主要缺点有两个：一是需要预先进行大量的现场测量工作；二是不能适应环境的动态变化，一旦室内环境的变化对特征产生了不可忽视的影响，还需要重新进行测量。

5.2.3　航位推算定位

航位推算（Dead Reckoning）是已知当前位置的条件下，通过测量移动的距离和方位，推算下一时刻位置的方法，最初在船舶航行定位中有广泛应用，通常需要目标对象具有加速度计、罗盘、陀螺仪等。

航位推算的原理示意如图 5-14 所示。假设初始时刻 t_1 目标对象位于位置 (x_1, y_1)，随后按角度 θ_1 行驶 S_{12} 距离，则可以根据移动方向与距离推算出下一时刻 t_2 的位置 (x_2, y_2)。依次迭代推算，就可以得到目标对象任意时刻的位置。

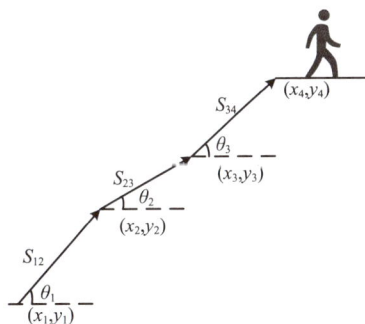

图 5-14　航位推算原理示意

航位推算的原理很简单，主要的问题是在推算过程中误差会逐步累积增大，因此在一段时间之后还需要结合其他定位方法来校正位置。

5.3　物联网授时的技术原理

物联网中的设备内通常有计时器，其核心元件为晶体振荡器（Crystal Oscillator），简称晶振，标称为10MHz的晶振每秒应产生10 000 000个计时脉冲。然而，由于生产工艺的差异和环境的变化，因此晶振的实际频率并不是标称值。如果晶振精度为$20×10^{-6}$，那么就允许在标称值的基础上有上下$20×10^{-6}$的相对误差。

此外，物联网中的节点依靠电池供电，为了降低功率损耗，节点可能会进入休眠模式。休眠过程中，高精度的计时很难得以维持。

综上，由于晶振的实际频率与标称值并不相同，而且随着环境（主要是温度）的变化，物联网设备的计时误差会逐步累积，设备的休眠或可能的网络中断也会使得设备失去时间基准。因此，每经过一段时间设备仍需要与网络中的其他设备交互以重新进行时钟同步。从方法上，时间同步分为单向时间同步与双向时间同步。

5.3.1　单向时间同步

单向时间同步的思路很简单，即发送端处理器将包含当前时间戳的数据直接传输给接收端，接收端处理器获得数据后按照其中的时间戳以校准自身的时间，如图5-15所示。

在单向时间同步中存在一些不确定的时间延迟，其中之一是传播延时。收发端距离近时，信号传播延时小；反之，收发端距离远时，信号传播延时大。传播延时是不可知的，因此单向时间同步难以避免存在误差。不过，当设备之间距离很小（如数百米范围内）而信号又是以光速传播时，传播延时在微秒级，对典型的物联网应用而言是可以忽略的。

单向时间同步的时间戳在传输过程的其他延时主要是设备中的处理器与射频通信模块间的交互带来的。在发送端，处理器将待发送的数据提交给射频通信模块，并指示射频通信模块开始发送，但实际上射频通信模块需要等待信道空闲后才会真正开始信号传输。在接收端，射频通信模块收到数据后，将向处理器发送中断请求（Interrupt Request），而处理器在处理完当前任务后才会响应。上述过程会产生大约数十毫秒的延时变化，是单向时间同步误差的主要部分。

参考广播同步（Reference Broadcast Synchronization，RBS）能够消除发送端延时变化的影响，如图5-16所示，为了实现接收者A和接收者B间的通信，由额外的第三个设备S充当发送者。发送者在共享信道上发送一个参考信号，该信号中不包含时间戳。两个接收者收到信号后，各自记录下自己收到该信号的时间，如果不考虑传播延时的差异，理论上两个接收者在同一时刻收到了该参考信号。随后，两个接收者间交换信息，根据它们记录的接收时间调整时钟。

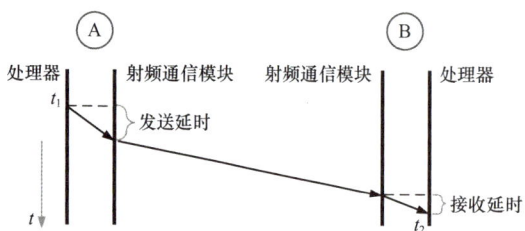

图 5-15　单向时间同步示意

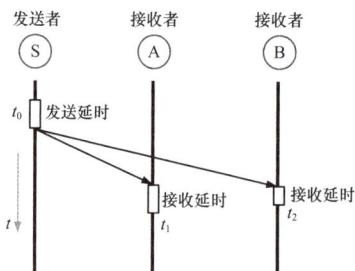

图 5-16　参考广播同步示意

总体而言，单向时间同步较为简单，但误差较大。参考广播同步能够消除其中的一部分误差，但仍受到传播延时与接收延时的影响。

5.3.2 双向时间同步

双向时间同步技术依赖于发送端和接收端间的双向信息交互，如图5-17所示。

具体而言，双向时间同步的步骤如下。

（1）对象A向对象B发送数据，其中包含A当前的时间戳t_1。

（2）对象B收到来自对象A的数据，记录下接收的时刻t_2。

（3）对象B向对象A发送数据，其中包含B当前的时间戳t_3，还包含已有的时间戳t_1、t_2。

（4）对象A收到来自对象B的数据，记录下接收的时刻t_4。

当双向交互完成后，对象A获得了4个时间戳，即t_1、t_2、t_3、t_4。如果双向的信息传输是对称的，那么对象A的时刻$(t_1 + t_4) / 2$对应着对象B的$(t_2 + t_3) / 2$时刻，据此可以进行时钟的调整。

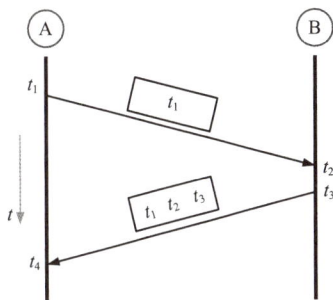

图 5-17 双向时间同步示意

双向时间同步可以多次进行，利用多次测量的平均值进一步降低误差的影响，实现更为精确的同步。

5.4 典型的物联网定位与授时系统

基于物联网定位与授时的基本原理，产业界已经完成了若干典型的物联网定位及授时系统，它们可以在物联网中作为功能子系统直接使用。

卫星导航定位与授时系统

5.4.1 卫星导航定位与授时系统

卫星导航系统是一种基于人造卫星网络的无线电导航系统，利用在太空中运行的人造卫星发射的无线电信号来进行导航、定位和授时。卫星导航系统具有定位、授时和测速功能，可以全天候运行，不易受恶劣天气的影响，应用十分广泛。

目前，全世界有四套卫星导航系统能够提供全球定位服务，分别是美国的全球定位系统（Global Positioning System，GPS）、俄罗斯的格洛纳斯系统（Global Navigation Satellite System，GLONASS）、中国的北斗卫星导航系统（BeiDou Satellite Navigation System，BDS，简称北斗系统）和欧洲的伽利略卫星导航系统（Galileo Satellite Navigation System）。日本和印度的卫星导航系统尚未具备全球定位能力，仅能在局部区域提供定位服务。

美国的GPS是世界上最早且应用最广泛的全天候定位系统。GPS是由24颗卫星组成的卫星网络，这些卫星距离地球表面约26 560km，运行在近似圆形的轨道上，能够通过地球表面测控站进行同步和控制。GPS系统的民用定位精度是10m左右。

俄罗斯的GLONASS也由24颗卫星组成，分布在三个轨道上，轨道高度约为19 000km，运行周期11小时15分，定位精度为10～15m。欧洲的伽利略卫星导航系统由分布在三个轨道上的

30颗中等高度轨道卫星构成，精度达到米级。

中国从1994年开始"北斗一号"系统的研制，2003年"北斗一号"完工，基本形成了覆盖全中国的区域导航和定位系统。2009年，"北斗三号"工程启动，至2020年6月23日，北斗卫星导航系统星座部署全面完成，建成了我国迄今为止规模最大、覆盖范围最广、服务性能要求最高、与百姓生活关联紧密的全球卫星导航系统。

"北斗三号"卫星导航系统由3颗地球静止轨道卫星、3颗倾斜地球同步轨道卫星、24颗地球中圆轨道卫星组成，此外还包括5颗试验卫星。从定位精度来看，北斗系统在全球范围内民用定位精度在10m以内，亚太地区精度在5m以内，在增强系统的加持下，其定位精度可达米级。

北斗系统也是全球唯一的具有短报文功能的卫星导航系统。在海洋、沙漠和野外等没有网络的地方，装有北斗系统终端的手机、车船等不仅可以定位自己的位置，还能够向外界发布短报文信息。

卫星定位系统的主要缺点是无法实现室内、隧道内和水下定位。此外，卫星定位模块的能耗较大，对资源受限的物联网设备而言，难以长时间开启卫星定位模块。

5.4.2 蜂窝基站定位与授时系统

移动通信系统中包含大量的基站，基站的覆盖范围近似六边形，因此也称为蜂窝通信系统。移动设备（如手机）在通信的同时，也可以利用基站进行定位，或者从基站获取时间。

源小区定位（Cell of Origin，COO）是较简单的蜂窝基站定位方法，如图5-18所示。若终端设备与基站通信，则直接将基站位置作为定位结果。通常，基站的覆盖范围为数百米到几千米，因此COO方法的误差较大，但简单易用，能同时适合室内室外场景。

在基站安装测量距离或角度的专业硬件设备，可以获得更精细的位置。2020年冻结的3GPP[1] R16协议版本中首次将定位功能引入5G网络标准，要求5G定位功能达到室内3m和室外10m的精度，满足普通商用场景米级定位的需求。2021年，3GPP R17协议正式把定位精度大幅提高至0.5m，甚至更高精度。

与卫星导航定位技术相比，蜂窝基站定位具有以下的优点：①不需要卫星导航接收机模块，只要能够接入移动通信网络就可以实现定位；②信号穿透能力强，室内室外都可以实现定位。然而，蜂窝基站定位依赖移动通信系统，在

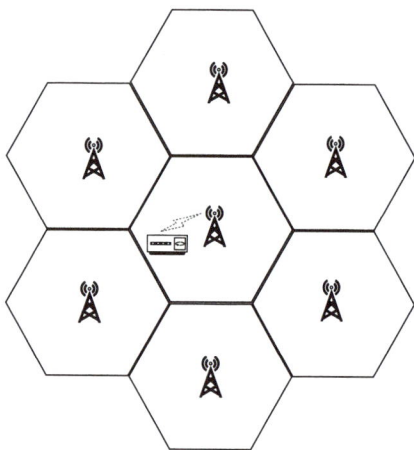

图 5-18　COO 定位法

沙漠、森林、远海等基站未能覆盖的地区无法定位，同时精确的定位需要在基站升级专业硬件设备。

5.4.3 室内定位系统

卫星导航定位系统不能用于室内场景，基站定位在缺乏专业硬件设备时误差又过大，因此适合仓储、商场、电影院、住宅、医院等室内场合的定位系统存在迫切的需求。然而，对无线信号而言，室内和室外环境有天壤之别。室内环境十分复杂，障碍物众多，这些障碍物会多次反射电

---

[1] 3GPP 是 3rd Generation Partnership Project 的缩写，即第三代合作伙伴计划，是全球最大、最重要的国际通信标准组织。

磁波，使得反射波与原始波在接收端混叠，对定位效果产生很大的影响。

室内定位的解决方案并不唯一，大体上有下列几种思路。

（1）如果物联网装置可以携带额外的测量距离、测量角度的专业硬件设备，则可以基于几何定位方法实现室内定位。

（2）如果物联网装置无法实现测量距离和测量角度等，但是能够捕获室内环境的某些特征，则倾向于采用特征定位方法。

（3）如果结合陀螺仪等硬件设备，通过测量步数估计距离，也可以实现航位推算。

（4）以上定位方法可以组合使用。

目前，较常见的室内解决方案主要基于Wi-Fi指纹或RFID信号指纹，如苹果手机就内置了基于Wi-Fi指纹的定位应用。

5.4.4　基于网络时间协议的授时系统

网络时间协议（Network Time Protocol，NTP）是TCP/IP协议族里面的一个应用层协议，用来对客户端和服务器之间进行时钟同步，提供高精度的时间校正。NTP服务器从权威时钟源接收精确的UTC，客户端再从服务器请求和接收时间。

NTP允许客户端从服务器请求和接收时间，而服务器又从更权威的时钟源接收时间，形成了层级（Stratum）结构，如图5-19所示。通常，将从权威时钟源获得时钟同步的NTP服务器的层数设置为第1层，并将其作为主时间服务器，为网络中其他的设备提供时钟同步。第2层则从第1层获取时间，第3层从第2层获取时间，依次类推。时钟层数的取值范围为1～16，取值越小，时钟准确度越高。

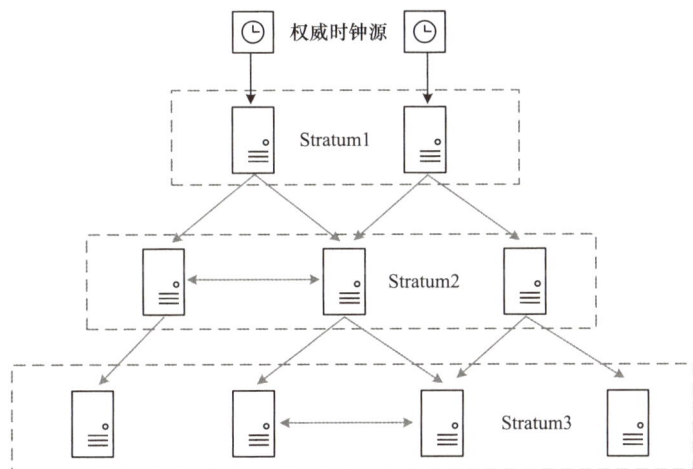

图 5-19　NTP 的同步层级

NTP采用了双向时间同步方法，在常规的互联网环境中可以将时间精度维持在几十毫秒内，在局域网等理想条件下可以达到几毫秒的精度。

5.5　案例解析

本节结合物联网的具体案例，讨论定位与授时技术的使用。

5.5.1 数字牧场与"海上妈祖"

在内蒙古自治区的大草原上，牧民放牛养羊传统上要依靠人工值守，工作量大，有时候还需要在漫无边际的草原上寻找走失的牛羊。因此，能够准确、及时地了解每一头牛羊的位置，尤其是当它们离得远时能够及时报警就显得尤为重要。

这是典型的物联网定位技术适用的场景。草原处于开阔地带，对牛羊的定位精度大约在10m，因而卫星导航定位是非常适宜的。同时，牛羊的位置还需要传输到后台服务器，这还需要具有一定的通信功能。因此，通过北斗系统进行定位是可行的方案。

具体而言，可以在牛和羊的脖子上戴上电子项圈，其中安装了北斗系统的接收终端，如图5-20所示。牛羊跑到了什么地方，牧民都可以远程看得一清二楚；如果自家的牛羊跑远甚至超过一定的界线了，还能向牧民发出警报信号。北斗系统与物联网技术，彻底将牧民从传统的养殖方式中解脱出来，实现了传统畜牧向数字牧场的转变。

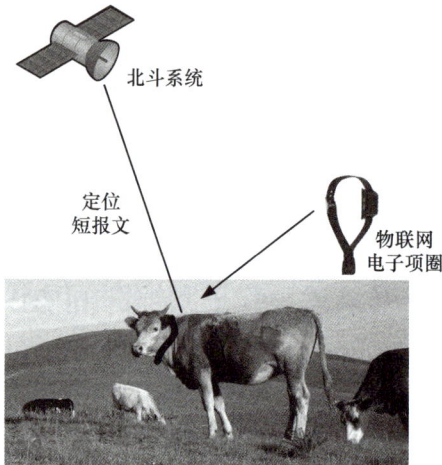

图 5-20 北斗系统的应用

类似的情况还出现在渔业中。在远海捕鱼的渔民也对定位与通信有迫切的需求。在茫茫大海上，没有手机信号，如果渔船安装上北斗系统终端，就可以通过北斗系统实现定位，并通过北斗系统的短报文功能与家人保持联系，在紧急情况下还可以发送求救信息。对渔民而言，北斗系统成为他们的守护者，他们亲切地将北斗系统喻为"海上妈祖"。

5.5.2 基于自动导引车的室内定位

自动导引车（Automated Guided Vehicle，AGV）是具有磁条、轨道或者激光等自动导引设备，沿规划好的路径行驶，由电池提供动力，并且装备各种机械臂、装载架等辅助机构的无人驾驶车辆，在仓储环境中有极为广泛的应用。

在仓库中有很多电子标签，假设AGV上安装有专门的装置，能够测量与电子标签间的距离。同时，AGV也知道自身的位置，那么，利用AGV能否对仓库内的电子标签进行定位呢？如果可行，至少需要多少台AGV才能定位？

基于自动引导车的仓库内电子标签定位方案如图5-21所示。显然，如果有至少3台AGV能够分别测量出它们与给定电子标签的距离，根据三边定位方法，我们就能求出电子标签的位置。

然而，进一步思考就知道只需要1台AGV就足以定出所有电子标签的位置，前提条件是在定位过程中这些电子标签固定不动。这是因为AGV自身可以移动，当AGV移动到不同的位置时，它能通过测量距离给出不同的方程式，因而AGV只需要在3个位置停留并进行测量，它就可

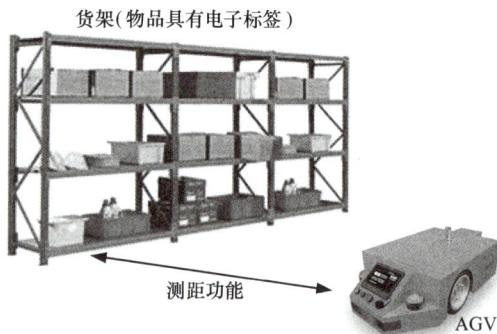

图 5-21 自动导引车辅助室内定位示意

以提供3个不同的方程式，这3个方程式足以支持电子标签的定位。

5.5.3 能定位的鞋子

地下停车场与隧道内的定位是非常困难的，一是无线信号的传播环境恶劣；二是缺乏适合进行定位的特征。然而，这些场景并不罕见，其定位方案就显得尤为重要。

犹他大学（The University of Utah）的研究者给出了基于航位推算的原型系统[12]，如图5-22所示，这有可能为类似场景的定位提供可行的方案。

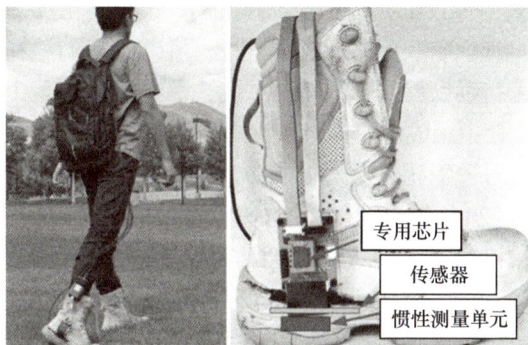

专用芯片
传感器
惯性测量单元

图 5-22　航位推算导航原型系统

他们的想法是在鞋子里面安放传感器，其核心是惯性测量单元（Inertial Measurement Unit，IMU），包含陀螺仪、磁力计、加速计等。他们还结合了人体的行走姿态识别算法，该算法能够识别大步走、小步走或跳着走的不同状态，从而对行进距离给出较为准确的估计。如果已知起始位置，再考虑后续行走的步数、每步的距离，以及方向，就可以推算出鞋子的后续位置。实验表明，这个原型系统在行走3km左右仍能保持在5m左右的精度。

📝 拓展阅读："北斗精神"——物联网定位中的中国故事

1983年，陈芳允院士提出了使用两颗地球同步轨道卫星进行定位的导航方法，这是双星定位（北斗）系统的最早概念。然而当时的中国面临着技术、资金和是否需要自主研发导航系统的问题。美国已经向民用领域开放了GPS服务，我国是否需要独立自主的卫星导航系统存在很大的争议。

1985年，卜庆君少将受邀参加了在美国华盛顿举办的"GPS全球定位系统国际运用研讨会"。美国军方在会上表示，在特殊情况下，为了保护美国国家安全，可能会采取降低导航精度、随时变换信号编码或者限制服务区域等措施。这一声明引起了中国军方的高度关注，卜庆君少将敏感地意识到建立国家自己的卫星导航系统的必要性。此后，中国决定发展自己的卫星导航系统。1994年，"北斗一号"实验系统开始立项，又经过6年，中国第一颗北斗试验卫星于2000年发射升空，这标志着中国开始拥有自己的卫星导航系统了。

几乎在同一时期，欧洲也意识到依赖美国的GPS系统在军事上存在风险。自1999年开始，欧洲提出了发展自己的全球卫星导航系统的"伽利略计划"，并在2002年开始实施。2004年，中欧双方签订协议，共同开发卫星导航系统，中国投入了约2.6亿欧元（约合20亿元人民币）。然而，2006年，欧盟以公共安全为由，将中国排除在项目之外。

2006年被排除在欧盟的导航系统之外后，中国决定独立完成北斗系统的研发。北斗系统是一个由多颗卫星在多种轨道上组成的星座，同时在地面也有众多监测接收机。这两个网络，一个在天上，一个在地面，共同构成了北斗系统，形成了一个"天罗地网"。为了建设这个系统，北斗团队经历了长达20年的努力，这个历程相当于美国、俄罗斯等国家40年的历程。在这个过程中，成千上万的科研人员为之奋斗，他们齐心协力，共同探索中国卫星导航的广阔前景。

2007年4月17日，是一个特别难忘的日子。当时，有十多家参与研制的厂家在发射大操场上将接收机排成一线，等待着北斗卫星发出的信号。当晚，当第一个信号下发时，十几个用户接收机同时接到了信号。整个发射操场都充满了喜悦和激动，大家互相庆祝这一胜利。北斗系统工程总设计师杨长风含着热泪向部队首长报告了这一喜悦，他说："我们胜利了，我们成功了，我们的频率保住了，我们北斗二号持续发展的合法权利保住了。"这一成就就是中国科学家和航天工程师辛勤工作和克服困难的结果，使中国成为继美国和俄罗斯之后，第三个拥有卫星导航系统的国家。

2017年11月，"北斗三号"卫星首次发射成功，此后"北斗三号"系统建设进入了超高密度发射。从2017年11月5日至2018年11月19日的一年间，我国完成19颗"北斗三号"卫星的超高密度发射，创造了北斗组网发射历史上高密度、高功率的新纪录。2020年6月23日，第55颗北斗卫星发射成功。2020年7月31日，习近平总书记在人民大会堂庄严宣布"北斗三号"全球卫星导航系统正式开通。

"北斗三号"全球卫星导航系统是中国迄今为止规模最大、覆盖范围最广、服务性能最高、与人民生活关联紧密的巨型复杂航天系统。中国航天人在建设科技强国的征程上展现出"自主创新、开放融合、万众一心、追求卓越"的新时代精神，这是与"两弹一星"精神（爱国主义、集体主义、社会主义精神和科学精神的集中体现）、载人航天精神既血脉赓续、又具有鲜明时代特质的宝贵精神财富。

📝 本章小结

物联网内的对象（或事件）、空间与时间构成了物联网中定位与授时技术的三个基本要素，它们在物联网中具有十分重要的价值，不仅是物联网行为决策的直接指导，其历史轨迹中还蕴含着物的运动规律，与物联网的安全和隐私也存在紧密联系。

从原理上，物联网的定位主要包括几何定位、特征定位或航位推算方法，授时主要包括单向时间同步与双向时间同步，尺有所短、寸有所长，不同的定位与授时方法都有各自的适用条件。

在物联网应用中，可以采用已有的定位与授时系统，其中最为典型的如卫星导航系统、蜂窝基站系统、网络时间协议，以及较为成熟基于RFID信号指纹的室内定位系统。然而，由于物联网高度复杂的应用场景和高度差异化的设备类型，面对百亿级别的物联网设备，定位和授时并没有普适的解决方法，不少物联网应用的定位与授时方案仍与需求存在很大的差距，因此针对具体的工程问题，仍存在很大的创新空间。

📝 习题

1.（单选）在远离陆地的海洋上执行任务的船舶，若尝试定位自身位置并将位置数据传输到位于陆地的数据中心，可行的技术方案为_____。

  A．北斗卫星系统   B．5G移动通信网络

  C．GPS全球卫星定位系统   D．Wi-Fi

  2．（多选）对卫星定位描述，错误的有_____。

  A．可见卫星的数量越多，定位结果越精确

  B．可见卫星数量相同，分布越集中，定位结果越精确

  C．水平方向和垂直方向的定位精度通常不同

  D．若结合基站关联信息，可以更快地进行定位

  3．（单选）在定位应用中，利用初始位置和后续基于惯性导航等设备获取的速度、加速度和方向信息进行定位的方式属于_____。

  A．几何定位   B．特征定位   C．航位推算

  4．（单选）按照定位所采用的技术方法，卫星定位属于_____。

  A．几何定位   B．特征定位   C．航位推算

  5．物联网中的位置信息与时间信息有哪些重要的价值？

  6．物联网定位依据的基本原理有哪些？

  7．如何在物联网中进行测距？不同的测距方法有哪些适用条件？

  8．特征定位与几何定位相比，两者各有哪些优势与不足？

  9．若物联网设备内选用标称32 768Hz的晶振，精度为20×10^{-6}，在不考虑温度影响的情况下，校准好的设备在一个月内最大误差为多少？

  10．在卫星导航定位系统中，至少需要几颗卫星才能实现定位和授时？

  11．在大型超市，假设用户仅持有手机，那么能否利用手机确定自己的位置？你会采取哪种方案，该方案的成本和精度如何？

  12．假设无人机能够与地面上的无线传感器节点进行通信，那么借助安装有卫星定位模块的无人机，能否对地面的无线传感器节点进行定位？如可能，则至少需要多少架无人机？

  13．如何获得当前时刻处于某个区域内的物联网设备的位置？

  14．从基于往返信号的测量距离与双向时间同步两个角度讨论空间测量与时间测量的紧密联系。

  15．简述特征定位（即基于RFID信号指纹的定位）的过程。

第**6**章

网络

网络（Network）是实现"万物互联"的基础，是物联网中信息流转的通道，也是物联网概念孵化的温床。网络的信息传输功能、覆盖范围、可靠性与能量效率对物联网应用具有重要的影响。

本章将讨论网络的概念与分类，并重点探讨物联网中典型的个域网、局域网和广域网技术。

6.1 网络概述

网络是由多个互相连接的节点组成的系统，其主要功能是在这些节点之间传输数据和共享资源，以实现高效的通信和协作。计算机网络是网络的一种典型形式，是指通过通信媒介和协议将计算设备（如计算机、服务器、路由器、交换机等）连接起来的系统。这些设备通过标准化的通信协议互联，以便进行数据传输和资源共享，从而实现更高效的协作与信息交换。网络也可以泛指电力网络、交通网络、社会网络等，在容易产生混淆时，本书将用通信网络（Communication Network）强调那些由电子设备与计算机组成以实现信息交换为目标的网络。

网络对物联网的价值体现在多个方面，为物联网的实现和发展提供了基础设施和技术支持。

（1）网络提供了必要的连接能力，使各种设备能够互相通信并进行数据交换。通过高效的数据传输通道，物联网设备可以迅速、安全地将数据从传感器传输到数据中心或云端进行存储和处理。

（2）网络为数据的处理和分析提供传输通道，确保物联网系统能够实时获取数据并迅速做出反应。网络的低延迟、高带宽特性提升了系统的效率和可靠性。在安全性方面，网络通过加密通信、身份验证、网络隔离和防火墙等技术，保护物联网设备和数据免受未经授权的访问和攻击。

（3）网络具有良好的可扩展性，能够支持数十台到数百万台设备的连接和管理，满足未来发展的需求。标准化的通信协议和接口促进了不同设备之间的互操作性，使来自不同厂商和领域的物联网设备能够无缝协同工作。网络还支持对物联网设备的远程管理和维护，使用者可以通过远程监控、故障诊断和软件更新，提高运维效率，降低成本，确保系统的长期稳定运行。

（4）网络为物联网应用的创新提供了广阔的平台，推动智能家居、智慧城市、工业4.0等领域的创新应用，不断拓展物联网的边界和潜力。总之，网络通过多方面的支持，释放了物联网的巨大潜力，推动了各行业的数字化转型和智能化升级。

6.1.1　网络的基本概念

从抽象的角度来说，网络就是图（Graph）。网络中的基本要素是节点（Node）和链路（Link/Edge），如图6-1所示。在通信网络中，节点可以是各类具有通信功能的设备，如计算机、智能手机（移动终端）、传感器等，还可以是各类网络设备，如集线器、交换机、路由器、网关等。

链路也称为边，可以是各种有线通信媒介或无线通信媒介。有线通信媒介如同轴电缆、双绞线、光纤等，电磁波的主要能量被限制在特定范围内传播，因此通常具有传输距离较远，信号较强等特点。无线通信媒介如自由空间或水体等，常用于射频信号或声波信号的传输，由于信号能量向四面八方传播，允许通信双方的节点可以自由移动，因此具有可移动性好、部署灵活等特点。

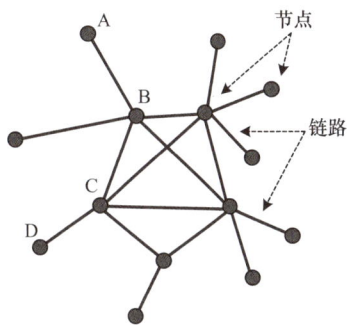

图 6-1　节点与链路示意

如果网络中的任意两节点都存在直达的链路，那么全网中的链路数量将达到节点数量的平方量级，这在较大规模网络中是难以实现的。因此，网络中的信息传递以逐跳中继方式来完成，图6-1中节点A可以将数据发送到节点B，节点B再将此数据发送到节点C，这样多次转发后到达目的节点D。这种情况下，A—B—C—D就构成了从节点A到节点D的传输路径，这种传输路径在网络中也称为路由。信息流的开始节点称为源节点，信息流的结束节点称为目标节点或宿节点。

在网络中，如果节点不负责转发来自其他节点的信息，我们称为终端节点或终端设备。在物联网中，终端节点通常是与用户、物质世界、应用程序直接交互的设备，用于数据的输入、数据的处理和数据的输出，这些设备包括计算机、智能手机、服务器、智能传感器、智能控制器、物联网标识阅读器等。

反之，如果节点的主要功能就是负责转发数据，我们称为网络设备。网络设备主要包括集线器、交换机、路由器和网关等。值得注意的是，无线传感器网络中的节点既具有终端设备功能，也具有网络设备功能，应视为同一物理实体设备承担了两类逻辑角色。

6.1.2　网络的分类

尽管从抽象的角度来说，网络可以统一表示为图的结构，但实际上网络之间存在很大差异，网络之间并不能简单地相互代替或直接互连。本节将从通信媒介、构建主体、覆盖范围、交互协议等方面对典型的网络技术进行分类讨论。

按照链路采用有线通信媒介或无线通信媒介，网络可以分为有线网络和无线网络。在有线网络中，信号的主要能量被约束在线缆附近，因而单位距离信号传播的损耗较小，不同线缆之间的干扰比较小，可用的频率资源丰富，传输容量大。同时，有线网络受外界干扰比较小，可靠性强，几乎不会受到雷雨天气和地形地貌的影响。有线网络的保密性与安全性好，信号不易被截取、破获或干扰。在物联网应用中，有线网络通常用于需要高可靠性、高安全性和高通信速率的工业环境和关键基础设施中，以确保数据传输的稳定性、安全性和高效性。有线网络的主要不足是敷设成本较高，而且节点需要与有形线缆进行连接，移动不便，组网不够灵活。在无线网络中，信号的能量向周围发散，因而单位距离信号传播的损耗较大，不同发射源的无线信号之间还会存在干扰，传输速率相对受限。无线网络受到外界的干扰比较大，在雷电、大雨等恶劣天气或充斥金属结构的室内会受到很大影响。无线网络的信号容易泄露，安全性不如有线网络。然而，无线网络提供了更灵活的连接方式，非常适用于移动设备与不宜布线的室内外环境。在物联网中，无线网络的应用场景非常丰富，在智能家居、智能仓储、智能交通、智慧农业等领域都发挥着不可替代的作用。有线网络与无线网络的特点与差异，总结如表6-1所示。

表6-1　有线网络与无线网络的比较

比较项	有线网络	无线网络
灵活性	差	好
稳定性	高	低
安全性	强	弱
传输速率	极高	高
部署	难	易

按照构建主体，网络可以分为公用网（Public Network）和专用网（Private Network）。公用网是由国家或运营商建设，为任何人或设备提供通信服务的网络，主要强调服务的广泛性。专用网则属于特定的机构或组织，仅为内部的人员或设备提供服务，强调高安全性、高可靠性和高管理性。例如，电力系统、铁路系统都有内部的专用网络，实现高可靠性、高安全性的数据传输。在物联网中，公用网和专用网都有广泛的应用，前者主要应用领域包括公共服务、城市管理等，后者主要应用在特定行业如智能电网等。

按照覆盖范围，网络可以分为个域网（Personal Area Network，PAN）、局域网（Local Area Network，LAN）和广域网（Wide Area Network，WAN）等[①]，如图6-2所示。

个域网的覆盖范围在10m左右，大体能覆盖人们日常工作、生活的房间或所驾驶的车辆内部空间。个域网主要服务于个人设备之间的连接，如智能手机、平板电脑、蓝牙耳机等。通常，个域网采用无线通信以提升部署的灵活性，因此也称为无线个域网（Wireless Personal Area Network，WPAN），对便携性和低功耗有很高的要求。在物联网应用中，个域网常用于连接和管理个人健康监测设备、可穿戴设备和智能家电等，提供便捷的短距离通信功能。

局域网的覆盖范围大约是园区级别，如校园、中小规模企业等，范围从100m～1km。局域网通常具有数据传输速率高和延迟低的特点，适合于邻近范围内的设备高速连接和数据共享。智能家居、智能工厂中的大量物联网设备通常采用局域网进行连接。

广域网覆盖全域范围，有可能跨越国家和洲际，范围可达数千千米，也称为远程网（Long Haul Network）。移动通信网络和互联网都属于广域网。智能交通、精准农业、大规模环境监测等物联网应用中都需要广域网技术的支持。

---

① 城域网（Metropolitan Area Network）的覆盖范围在5km～50km，在功能与技术方面与局域网和广域网存在大量重叠，本书不赘述。

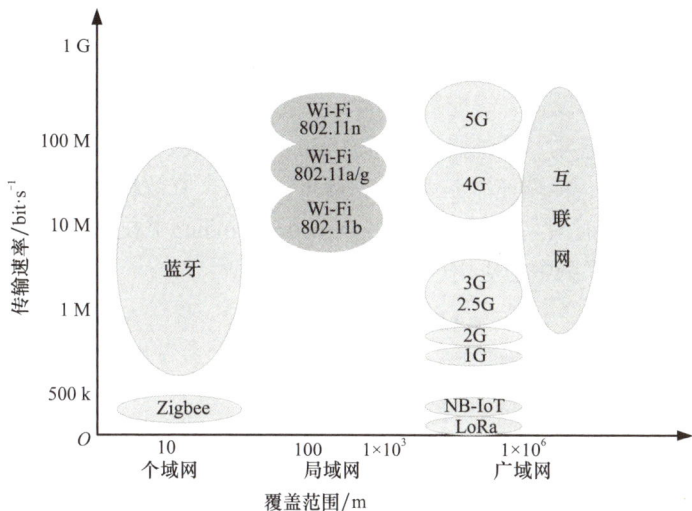

图 6-2　个域网、局域网与广域网的典型技术示意

互联网尽管属于广域网，但它并不是一个网络，而是由分布在全世界的大量网络相互连接形成的全球网络，是"网络的网络"（Network of Networks）。

尺有所短，寸有所长。个域网、局域网与广域网技术多样，在具体应用中可以根据场景要求合理选择不同的网络技术，以满足多样化的应用需求。

6.2　个域网

个域网技术主要强调物联网设备间的短距离、低功耗、灵活移动情况下的信息交互功能，在特定的场景中也会要求更高的传输速率或更大的网络覆盖范围。物联网中常见的个域网技术包括蓝牙（BlueTooth）技术和紫蜂（ZigBee）技术，两者均工作在工业 - 科学 - 医学（Industrial Scientific Medical，ISM）开放频段，该频段在不需要许可的情况下可免费使用。

6.2.1　蓝牙技术

1998年，由爱立信（Ericsson）、英特尔（Intel）和诺基亚（Nokia）等企业共同提出了蓝牙技术。当时，为了命名这项新技术，研究人员提议采用丹麦国王哈拉尔·布美塔特（Harald Blatand）的外号 Harald BlueTooth，因为该国王在 10 世纪统一了丹麦和挪威的部分领土建立了自己的王国。研究人员也希望蓝牙技术能够统一短距离无线通信领域，使各种设备能够方便地互联互通。

蓝牙技术自诞生以来，经历了多个版本的迭代和升级，从最初的 1.0 版本演进到 5.4 版本，在传输速率、通信范围、能效和安全性方面都有显著的提升，功能和应用范围不断扩展，如图6-3所示。

蓝牙的 1.0 版本主要是建立基本的无线通信标准和支持低速率的数据传输及音频传输。2001年，蓝牙技术正式列入 IEEE 802.15.1 标准，通信速率为 748kbit/s ～ 810kbit/s。在蓝牙 2.0 版本中，采用了增强数据速率（Enhanced Data Rate，EDR）技术，传输速率可达 3Mbit/s，同时实现了多任务处理和多种蓝牙设备同时运行的功能。在蓝牙 3.0 版本中，引入了 HS（High Speed）技术，

能够实现更高的数据传输速率，最快可达24Mbit/s。在蓝牙4.0版本中引入了BLE（BlueTooth Low Energy），标志着蓝牙技术向低功耗方向的重大转变，特别适用于需要长期运行且对能耗要求严格的设备，如健康监测设备、智能手表（环）等。同时，蓝牙4.0版本提出了第一个蓝牙综合协议规范，包括低功耗蓝牙、传统蓝牙和高速蓝牙三种模式。蓝牙5.0版本在低功耗模式下具备更快、更远的传输功能，传输速率是蓝牙4.2版本的2倍，有效传输距离（理论上可达300m）是蓝牙4.2版本的4倍，同时引入无线电测向（Direction Finding）技术，以提供室内定位导航功能，加速了蓝牙技术在物联网中的应用进程。

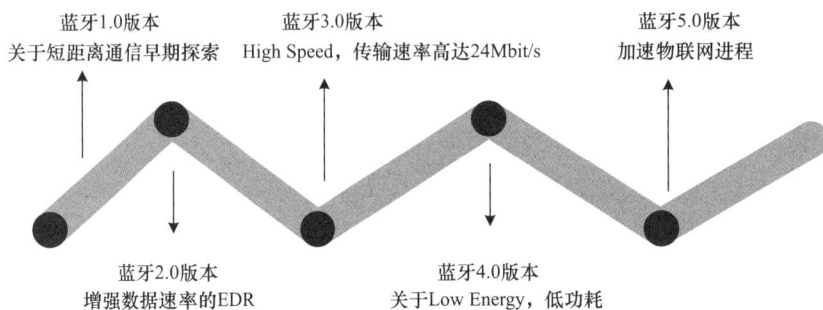

图 6-3　蓝牙技术的发展

目前，蓝牙技术已经成为物联网系统中最重要的个域网技术，在智能家居、智慧医疗等领域发挥着不可或缺的作用，常见的蓝牙设备如蓝牙耳机、智能音箱、智能手环、智能手表、蓝牙键盘、蓝牙鼠标和蓝牙游戏手柄等，如图6-4所示。

| 蓝牙耳机 | 蓝牙鼠标 | 智能手环 | 智能音箱 | 蓝牙游戏手柄 |

图 6-4　常见的蓝牙设备

蓝牙个域网的基本联网单元是微微网（Piconet），它由1台主设备（Master）和最多7台活跃的从设备（Slave）组成，如图6-5所示。在同一个微微网中，主设备负责为个域网的组织、协调与管理。

图 6-5　蓝牙的微微网结构

如图6-6所示，两个或多个蓝牙微微网重叠时可以构成分散网（Scatternet）。在分散网中，某台设备可以同时作为一个微微网的从设备和另一个微微网的主设备，或在多个微微网中同时作为从设备。这种结构允许更复杂和更灵活的网络拓扑，扩展了蓝牙网络的覆盖范围和连接设备的数量。

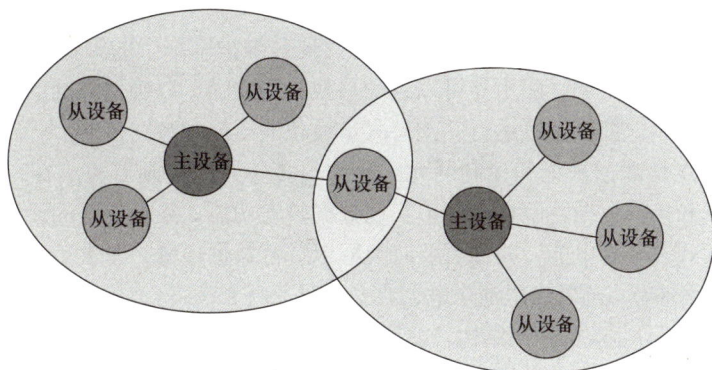

图 6-6　蓝牙的分散网结构

分散网的设计使得蓝牙技术能够支持更多设备同时连接，适应更广泛的应用场景，例如，智能家居、可穿戴设备等。通过这种方式，蓝牙不仅实现了设备间的短距离无线通信，而且还为构建大规模无线网络提供了基础。

通常，蓝牙设备的通信距离在10m之内，通过增加发射功率可以扩展到100m，但会显著地增加功耗。蓝牙设备的功率通常在1mW左右，功耗很低，非常适合用于采用电池供电的小型物联网设备。

6.2.2　ZigBee 技术

通常，ZigBee音义结合译为"紫蜂"。ZigBee技术起源于2001年，由飞利浦（Philips）公司、摩托罗拉（Motorola）公司、三菱电机（Mitsubishi Electric）公司等联合提出。ZigBee技术的命名灵感来源于蜜蜂的舞蹈，蜜蜂通过跳"ZigZag"形状的舞蹈向同伴分享花粉的位置信息，大量的蜜蜂还能组成蜂群共享信息。ZigBee技术的设计理念与蜜蜂的舞蹈相似，旨在通过低功耗、低数据传输速率的无线通信实现大量设备之间的信息交换和协同工作。

2003年，ZigBee技术进入国际标准，即IEEE 802.15.4。随后，ZigBee标准经历了多次更新和改进，如ZigBee 2006和ZigBee PRO等，可支持的网络规模、网络拓扑、安全性能均不断提升，目前广泛用在家庭自动化、建筑自动化、智慧城市、医疗保健等领域。

ZigBee网络由ZigBee协调器（ZigBee Coordinator，ZC）、ZigBee路由器（ZigBee Router，ZR）和ZigBee终端节点三类主要设备组成，它们在网络中扮演着不同的功能角色，如图6-7所示。

ZigBee协调器是ZigBee网络的核心网元，每个ZigBee网络必须有且仅有一个协调器，负责网络的初始化和配置。一旦通电启动，协调器会设定网络标识并选择合适的信道来创建网络环境。在完成网络配置后，协调器还要继续完成类似于路由器的功能，以管理网络中的数据流。通常，协调器由电源供电以确保持续运行和高效管理网络。

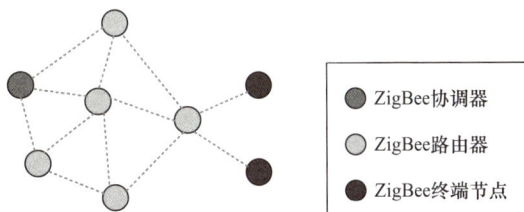

图 6-7　ZigBee 网络中的功能角色

- ZigBee协调器
- ZigBee路由器
- ZigBee终端节点

ZigBee路由器在网络中主要负责数据转发、路由发现和网络扩展功能。路由器接收来自其他ZigBee设备的数据包，并将这些数据包转发到网络中的其他设备或最终到达协调器。路由器是网络的中继点，可以有效地延伸网络的覆盖范围，这对于大型或复杂环境（如工厂、仓库、大型办公区等）尤其有用。ZigBee路由器能够自动发现并维护网络中的最优路径。如果网络中的某个节点发生故障或信号变弱，路由器可以自动寻找备用路径，以确保数据的可靠传输。路由器通常也由电源供电，确保能够持续运行并支持大量设备的连接和数据传输。

ZigBee终端节点是数据采集和控制网元，通常与传感器或控制器集成在一起。终端节点向ZigBee路由器发送和接收数据，但自身并不实现数据转发功能。终端节点的设计注重低功耗，可以选择进入睡眠模式以节省电能，并在需要时唤醒以进行数据传输，非常适合于长时间运行的传感器和控制应用。终端节点通常由电池供电，典型情况下两节普通5号电池即可使用6 ～ 24个月。

ZigBee技术支持三种主要的网络结构，即星形拓扑（Star Topology）、网状拓扑（Mesh Topology）和簇状拓扑（Cluste Topology），如图6-8所示。

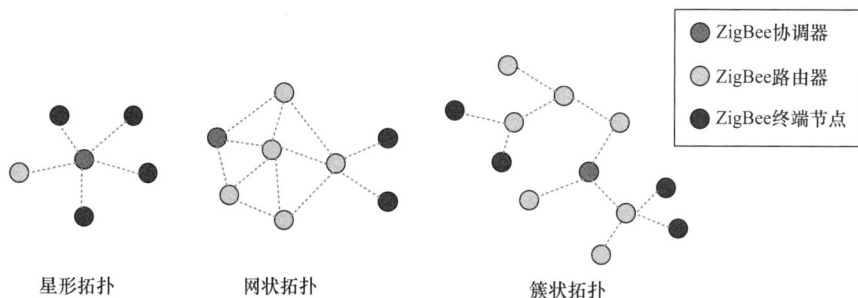

图 6-8   ZigBee 网络的典型网络拓扑结构

在星形拓扑结构中，所有终端节点直接连接到一个中心节点，即ZigBee协调器。这种结构简单、便于管理，适合于需要中心控制的应用场景，例如，家庭自动化系统中的智能照明和安防设备。星形拓扑结构的主要优点是数据传输路径明确，传输延迟较低，但覆盖范围受限于协调器的通信范围。

在网状拓扑结构中，每个节点与多个邻近节点连接，节点与节点之间可以通过多跳路由的方式进行通信。网状拓扑结构提高了网络的可靠性和覆盖范围。一方面，多跳通信延长了网络的覆盖范围。ZigBee网络的单跳通信距离通常在10 ～ 100m，具体取决于环境条件和设备的配置。通过增加路由器来使ZigBee网络能够覆盖更大的区域。另一方面，如果某个节点或某条路径失效，则数据可以通过其他路径传输到目的地。这种自组织、自愈合的功能使网状拓扑结构特别适合于工业控制和大型传感器网络等需要高可靠性和广泛覆盖的应用场景。

簇状拓扑结构是星形和网状拓扑结构的结合体。此时网络分为多个簇，每个簇由一个簇头（通常是路由器）进行管理，簇头之间通过网状结构相连。簇状拓扑结构兼具星形拓扑结构的易管理性和网状拓扑结构的广覆盖功能，适用于需要分区域管理的大型网络，如智能建筑和智慧城市应用场景。

ZigBee网络是一种自组织网络。ZigBee网络节点可以自动发现和加入网络，动态发现网络路由，这些过程都不需要人工配置，特别适合需要快速部署或频繁变化的网络应用场景。

ZigBee支持的工作频段包括868.0 ～ 868.6MHz（主要为欧洲所采用，1个信道）、902 ～ 928MHz（北美采用，10个信道）、779 ～ 787MHz（中国采用，4个信道），以及2.4 ～ 2.4835GHz（全球范围内通用，16个信道）。

6.3　局域网

　　局域网技术主要实现家庭、园区、街区、厂区等范围内大量设备的互连，从空间上恰好与智能家居、智能工厂、智慧医疗等应用场景的地域范围相吻合，因而在物联网中有着广泛的应用。根据应用场景的差异，一些物联网应用更强调高传输速率，另一些物联网应用则强调实时性和可靠性，因而会有不同的局域网技术选择。本节主要介绍物联网中常见的局域网技术，即 Wi-Fi（Wireless Fidelity，直译为"无线保真"）技术，工业总线与工业以太网技术。

6.3.1　Wi-Fi 技术

　　Wi-Fi 技术是一类无线局域网（Wireless Local Area Network，WLAN）技术，它允许电子设备如个人电脑、智能手机、平板电脑，以及其他数字设备通过无线信号进行数据交换。由于 Wi-Fi 技术非常普及，因此它已经成为无线局域网的代名词。

　　Wi-Fi 的第一个标准 IEEE 802.11 诞生于 1997 年，传输速率为 2Mbit/s。1999 年 IEEE 802.11b 标准发布，工作在 2.4G 频段，传输速率提升到 11Mbit/s，同年，IEEE 802.11a 标准发布，工作在 5G 频段，传输速率为 54Mbit/s。2003 年，IEEE 802.11g 标准发布，工作在 2.4G 频段，但传输速率提升到 54Mbit/s。2009 年，IEEE 802.11n 标准发布，引入了多输入多输出技术（Multiple Input Multiple Output，MIMO），进一步提高了传输速率和覆盖范围。它在 2.4GHz 和 5GHz 频段均可工作，最大传输速率可达 600Mbit/s。2013 年，IEEE 802.11ac 标准发布，它采用多用户 MIMO 技术，最大传输速率为 1.3Gbit/s。2019 年，IEEE 802.ax 标准发布，该标准引入了正交频分多址技术，最大传输速率达 9.6Gbit/s。IEEE 802.11be 此时（2024 年 9 月）还未发布，最大传输速率可达 23Gbit/s，并实现更低的通信延迟，还支持将网络划分为多个独立的虚拟网络。Wi-Fi 技术的发展如图 6-9 所示，最大传输速率得到日益提升，支持的业务类型逐渐丰富。

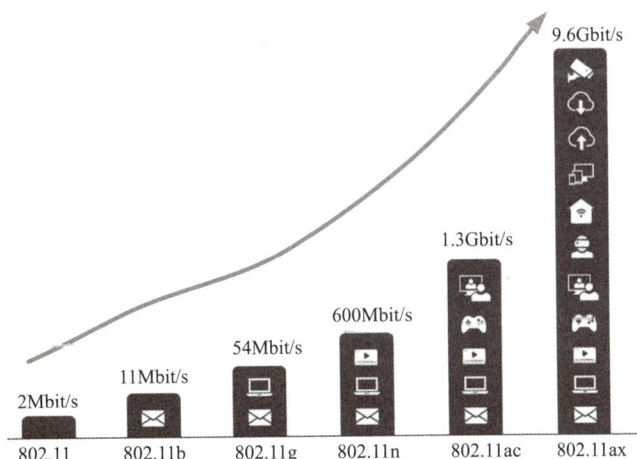

图 6-9　Wi-Fi 技术的发展

　　Wi-Fi 技术组网有两种结构，分别是基本服务集（Basic Service Set, BSS）和扩展服务集（Extended Service Set，ESS）。基本服务集又分为独立型基本服务集（Independent BSS，IBSS）与基于基础设施的基本服务集（Infrastructure BSS），如图6-10所示。

在独立型基本服务集中，一组节点彼此相互接近，都处于其他节点的通信范围内，并且均设置为相同的服务集识别码（Service Set ID，SSID），在这种情况下节点就可以通过"直连"的方式传递信息。在基于基础设施的基本服务集中，网络中必须部署有Wi-Fi接入点（Access Point，AP）设备，AP设备向周围节点发布自身的SSID。周围的其他节点根据SSID加入对应AP设备的服务集，所有节点与AP建立无线通信链路。AP设备通常还与有线网络相连，节点可以通过AP与有线网络中的设备或服务器连通。注意，在这种情况下，处于同一个基本服务集中的两个节点之间的信息交互也需要AP设备进行中转，即使它们之间处于"直连"通信的范围。

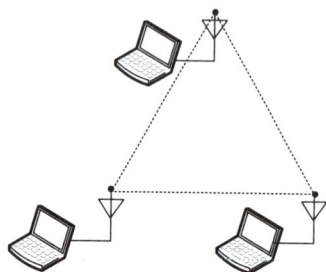

对于更大的园区，单台AP设备的覆盖范围是不够的，这时可以将多台AP设备连接在一起构成更大范围的服务集，即扩展服务集，如图6-11所示。所有属于同一个扩展服务集的设备均使用相同的SSID，称为扩展服务集识别码（Extended Service Set ID，ESSID）。在同一个扩展服务集内，节点间可以通过AP设备和连接AP设备的线路进行信息传输。节点还可以在扩展服务集中自由移动，当它脱离一个AP设备的覆盖范围而进入另一个AP设备的覆盖范围时，能够进行无缝切换，这个过程称为漫游（Roaming）。

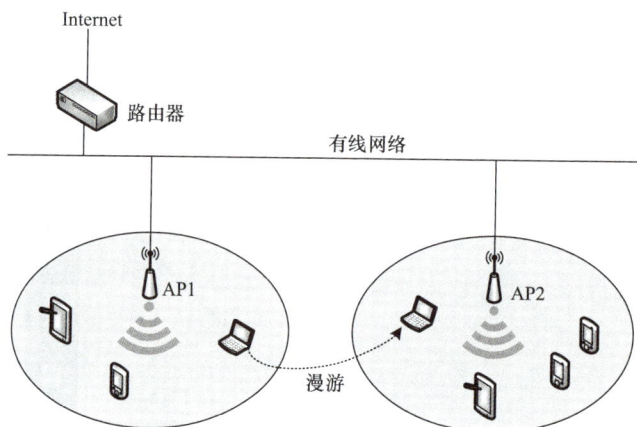

（a）独立型基本服务集

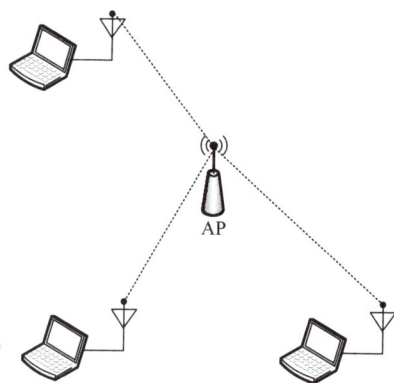

（b）基于基础设施的基本服务集

图 6-10　基本服务集示意

图 6-11　扩展服务集示意

Wi-Fi技术在灵活性、可移动性、传输速率和经济性方面极具优势，它还能通过扩展服务集提供较大的覆盖范围，不仅在我们的生活与工作中很常见，也在物联网很多应用领域崭露头角。Wi-Fi技术的主要缺点是功耗较大，不适合电池供电的设备长期使用。

6.3.2　工业总线与工业以太网技术

工业总线被称为工业自动化通信的基石，它要满足智能制造领域对实时性、确定性、抗干扰能力与网络冗余性的严格要求，连接并协调工业现场的大量设备，确保数据与指令的高效、稳定传输。图6-12是典型的工业现场示意，存在大量影响通信质量的恶劣因素，例如，工业环境中常常存在大量的电磁干扰源，如电动机、变频器、大功率设备等，这些设备在运行时会产生强烈的电磁场，影响无线信号的稳定性和可靠性。工业现场通常布满了各种机械、设备和金属结构，这些物理障碍物会阻碍无线信号的传播，导致信号衰减或完全阻断。同时，许多工业环境的温度和湿度条件都非常极端，空气中可能含有腐蚀性气体或大量尘埃，工业设备运行产生的振动，以及物料搬运过程中可能发生的撞击，这些都可能影响现场网络设备的正常工作。

图 6-12　典型的工业现场示意

早期的工业现场主要采用现场总线如Profibus、DeviceNet、CAN（Controller Area Network）等，实现现场设备的低速数据交换。其中，CAN总线具有高度的可靠性和良好的错误检测功能，已经被广泛应用于汽车计算机控制系统和环境温度恶劣、电磁辐射强和振动大的工业环境，是国际上应用较广泛的现场总线。

由于以太网在商用领域的巨大成功，因此工业以太网（Industrial Ethernet）技术也得到了蓬勃发展。工业以太网是一种应用于工业环境中的局域网技术，它基于标准的以太网技术，但进行了一些改进和优化，以满足工业应用中对实时性、可靠性、耐用性和可扩展性的高要求。例如，工业以太网通过优化网络协议和调度算法，确保数据传输的低延迟和确定性，满足工业自动化对实时性的严格要求。工业以太网还采用加固的物理介质和冗余设计，提高网络在恶劣工业环境下的稳定性和抗干扰能力。工业以太网主要用于连接工业控制系统中的设备，如传感器、执行器、控制器和人机界面等，实现数据的高速传输和设备的远程监控与控制。

近年来，时间敏感网络（Time-Sensitive Network，TSN）的引入是工业网络技术的一次重大飞跃。TSN技术旨在解决以太网传输时延的不确定性和工业现场总线的复杂性问题，它通过一系列协议扩展，为工业以太网带来了时间同步、确定性传输和流量整形等关键特性，使其能够更好地服务于实时控制和高精度数据传输应用。

6.4　广域网

广域网是利用各种通信媒介将大量的局域网相互连接形成的网络，通常能够具有城市、地区、国家，甚至世界级的地理覆盖范围。广域网是物联网的重要基础设施，它使得大连接、跨区域的物联网服务成为可能，在智能电网、智能物流、智能交通领域具有重要的价值。

然而，广域网中不同物联网对网络的需求存在很大的差异，如图6-13所示。一些物联网应用强调大带宽和低时延，例如，城市中的视频监控应用；另一些物联网应用强调移动性，例如，车载导航、共享单车等，还有一些物联网应用对功耗非常敏感。本节将介绍移动通信网络和低功率广域网（Low Power Wide Area Network，LPWAN），它们是物联网领域最具代表性的广域网技术，具有不同的技术特点，能够满足不同应用的物联网组网需求。

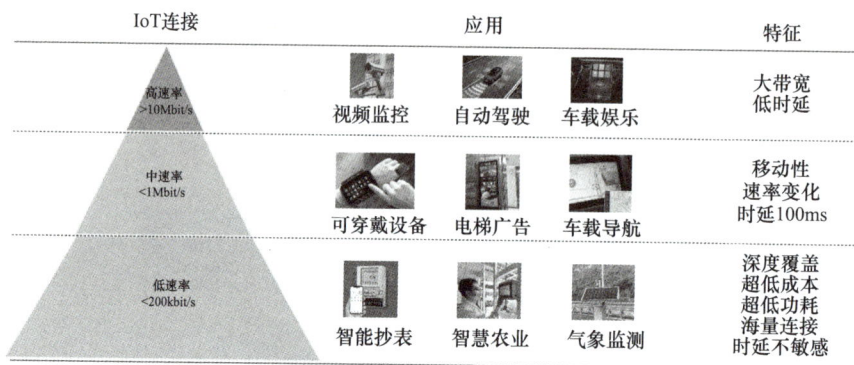

图6-13 广域网的应用场景及特征

6.4.1 移动通信网络技术

移动通信是指通信双方或至少一方在移动中进行信息交换的过程或方式，涵盖移动节点（如车、船、飞行器和人）与固定节点之间，以及移动节点之间的通信。它不受空间的限制，可以灵活、快速、可靠地实现信息互通。

移动通信需要应对一系列技术挑战。一方面，移动通信中信号传播条件恶劣、动态性强。由于地面建筑群和各种障碍物的存在，因此电波传播条件相对恶劣。电波会发生直射、折射、衍射等现象且在移动过程中动态变化，移动节点接收到的信号是上述信号的合成波。当移动节点处于不同位置和方向时，接收到的合成波信号强度会有显著起伏变化。电波在传播时还会受到许多噪声等因素的干扰，包括汽车点火、电动机启动、雷达等设备产生的高频电磁波干扰，以及移动通信自身频率复用导致的同频干扰、邻道干扰和多路干扰等。此外，当移动节点运动速度较快时，多普勒频移（Doppler Shift）现象会较为严重。另一方面，移动通信的频率资源稀缺受限。移动节点在通信时都需要占用一定的频率资源，在一定的空间范围内不宜重复使用，否则会形成信号间的干扰。频率资源是有限的，随着移动通信业务量的急剧增加，如何在有限的频段内满足更多的通信需求成为必须解决的问题。

移动通信组网主要包括大区制和小区制两种体制。大区制采用单个基站（Base Station，BS）覆盖整个服务区，服务区范围的半径通常为20～50km，如图6-14所示。为了实现大范围覆盖，基站发射机的功率较大，一般在100～200W，基站天线高度需要达到几十米以

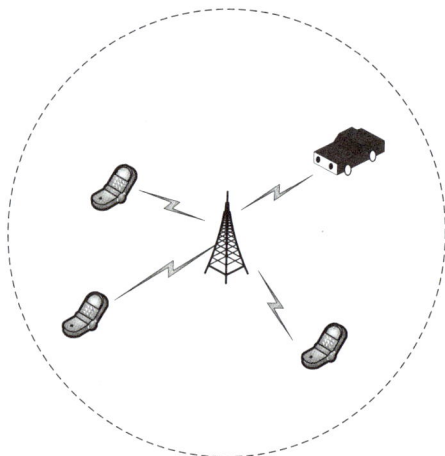

图6-14 移动通信网络的大区制示意

上。大区制通常用于集群通信，其优点是系统简单，但频率利用率低、能量效率低且难以扩展。

小区制是目前移动通信组网的主流技术。与大区制相比，小区制则将整个服务区划分成若干个小区，在每个小区中分别设置一个基站，负责该小区内的移动通信联络和控制，如图6-15所示。所有基站统一连接到一个中心进行协调工作，并与有线网相连接。在小区制中，同一频率可以在具有一定间隔的小区中重复使用，频率资源利用率高。小区制的覆盖范围在数百米到几千米，因而基站或移动节点的发射功率也可以显著降低，能量效率高。然而，当移动节点从一个小区移动到另一个小区时（见图6-15下方的车辆行驶路线），必须进行越区切换。此外，移动节点不仅要能在本服务区内通信，还要能在其他服务区内正常通信，即具有漫游功能。在小区制中，越区切换和漫游技术较复杂。

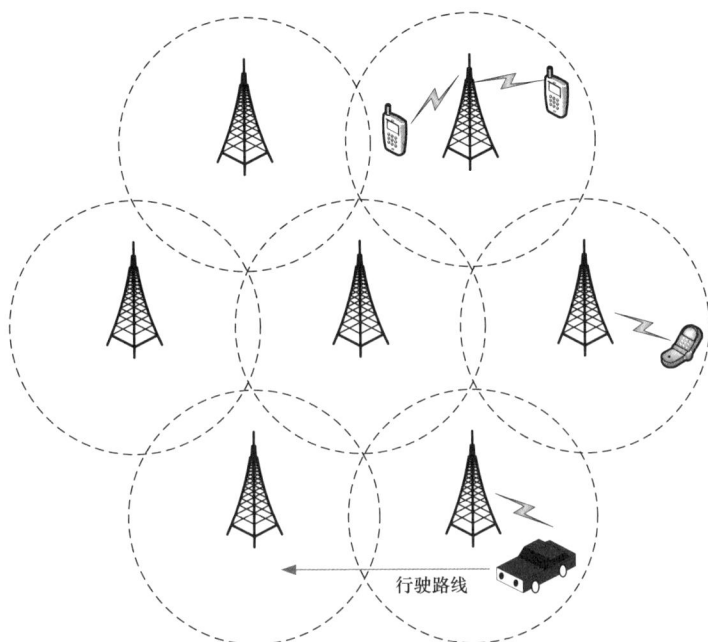

图 6-15　移动通信网络的小区制示意

在小区制中，正六边形的小区部署具有最优几何覆盖形态，因而小区制的移动通信网络也称为蜂窝网络（Cellular Network），它经历了从1G到5G的快速发展，每一代技术都在前一代基础上进行了改进和创新，如图6-16所示。

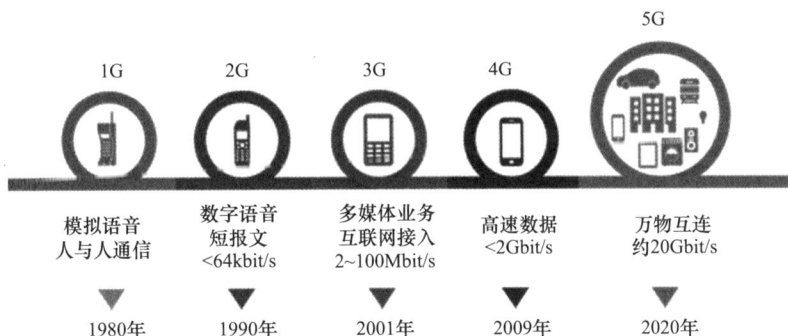

图 6-16　移动通信网络技术的发展

第一代移动通信系统（1G）诞生于20世纪80年代，主要支持人与人之间的模拟语音通信，采用了频分多址（Frequency Division Multiple Access，FDMA）技术，也就是把通信系统的总频段划分为若干个等间隔的频道分配给不同的用户使用，以频率区分信道，不同用户的频道互不重叠。1G系统存在诸多不足，如容量有限、制式多且互不兼容、保密性差、通话质量不高、不能提供数据业务、缺乏自动漫游等。

第二代移动通信系统（2G）形成于20世纪90年代，聚焦在数字语音传输。2G技术主要分为两类：一种是基于时分多址（Time Division Multiple Access，TDMA）技术的系统，将时间分割成周期性的帧，每帧再分割成若干个时隙，各用户在指定时隙发送信号，以全球移动通信系统（Global System for Mobile Communication，GSM）为代表；另一种是基于码分多址（Code Division Multiple Access，CDMA）技术的系统，主要基于扩频技术用高速伪随机码（Pseudo-Random Code）调制数据，接收端用相同的伪随机码解扩信号，以IS-95（CDMAOne）为代表。2G系统实现了数字语音业务，还能够支持少量的文本数据传输，即短报文服务（Short Message Service，SMS），其主要缺点包括带宽有限，各国标准不统一，无法实现全球漫游。2G系统支持的数据业务也很有限，速率也很低。

第三代移动通信系统（3G）形成于2001年前后，能够提供更大速率的数据业务，同时发送声音和信息，如电子邮件和实时通信等，实现互联网的接入。3G系统存在三种标准：宽带码分多址（Wideband Code Division Multiple Access，WCDMA）、CDMA2000和时分同步码分多址（Time Division-Synchronous Code Division Multiple Access，TD-SCDMA），三者均基于CDMA技术。由于采用了更高的频带和更先进的无线接入技术，因此3G在通信质量和网络容量上较2G有了显著提升，单位区域内的通话容量大大增加。

第四代移动通信系统（4G）形成于2009年前后，聚焦于更高速的数据业务，能够传输高质量的音频、视频和图像。4G系统有时分双工长期演进（Time Division Duplexing - Long Term Evolution，TDD-LTE）和频分双工长期演进（Frequency Division Duplexing - Long Term Evolution，FDD-LTE）两种制式，用户下载速度可达100Mbit/s以上，满足了绝大部分用户对无线数据传输服务的需求。4G系统的关键技术包括正交频分复用（Orthogonal Frequency Division Multiple Xing，OFDM）和多输入多输出（Multiple Input Multiple Output，MIMO）技术。MIMO通过在发送端和接收端使用多根天线，在收发之间构成多个信道的天线系统，极大地提升了传输速率和网络容量。

第五代移动通信系统（5G）形成于2020年前后，是目前大规模部署的最先进的商用系统。5G系统在多方面实现了重大技术创新。①得益于更高频谱的使用和更高效的编码技术，5G系统的理论峰值速率可以达到10Gbit/s以上。②5G系统的通信延迟可以低至1ms，而4G系统的典型延迟为30～50ms，这使得5G能够支持实时（Real Time）应用，如自动驾驶和远程手术。③5G系统能够支持每平方千米百万级的设备连接，比4G系统增加了数百倍，这就能更好地适应物联网设备数量的爆炸性增长。④5G还引入了网络切片技术，可以在同一个物理网络（Physical Network）上创建多个虚拟网络（Virtual Network），分别满足不同应用的需求（如高清媒体流、低延迟工业控制等）。⑤5G系统还能很好地支持边缘计算，具有计算和存储资源的服务器被部署到网络边缘，靠近用户和终端设备，极大地减少了延迟并提高了服务质量。

5G系统提供了三大应用场景，即增强移动宽带（Enhanced Mobile Broadband，eMBB）、超可靠低延迟通信（Ultra-Reliable and Low Latency Communication，URLLC）和大规模机器类通信（Massive Machine-Type Communication，mMTC），如图6-17所示。增强移动宽带可以支持超高

清视频流、虚拟现实（Virtual Reality，VR）和增强现实（Augmented Reality，AR）等需要高带宽的应用。超可靠低延迟通信适用于关键任务应用，如自动驾驶、远程手术、工业控制和智能电网。大规模机器类通信则能够支持海量的物联网设备连接，如智慧城市应用中的传感器网络、智能家居设备和农业监控系统。

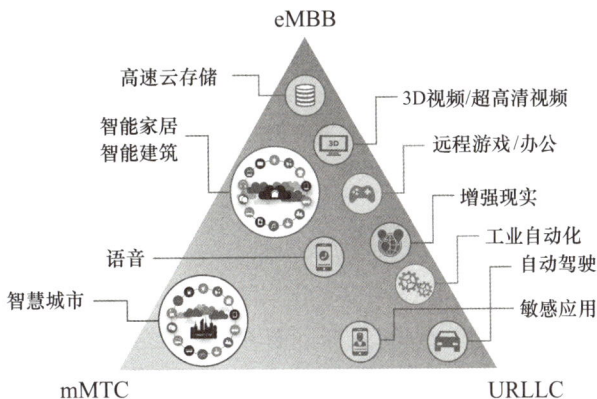

图 6-17　5G 系统的三大应用场景

5G 系统与物联网的关系非常密切，三大应用场景都与物联网应用有密切的关系。例如，在智慧城市中，5G 系统通过无缝连接各种传感器、摄像头和交通管理系统，可以实现更高效的城市管理和交通控制。在工业 4.0 中，5G 系统通过连接机器、机器人和传感器，实现生产过程的实时监控和优化。在远程医疗中，5G 系统具有高带宽和低延迟的优势，可以提高医疗资源的可及性和诊疗效率。

移动通信技术仍在快速发展，目前第六代移动通信技术（the Sixth Generation，6G）的研究方兴未艾，得到了世界各国的普遍重视。6G 系统的目标是实现比 5G 系统更大的数据传输速率，可能达到 Tbit/s（太比特每秒）的量级，从而使一些目前无法实现的高带宽应用成为现实，如 8K 视频流、全息图通信和超高分辨率的虚拟现实与增强现实体验。6G 系统尝试将网络延迟缩短到微秒级，为需要极高实时性的应用，如自动驾驶、工业控制和远程手术等提供更可靠的支持。6G 系统还将能够支持每平方千米千万级的设备连接，进一步推动物联网的发展，覆盖更多的设备类型，从智能家居、智慧城市到智慧农业和工业物联网。6G 系统实现全球无缝覆盖，包括地面、海洋和空中区域，这不仅涉及传统的地面基站，还可能包括卫星通信和高空平台系统（High Altitude Platform System，HAPS），确保在任何地方都能获得高质量的网络连接。为了支持可持续发展的目标，6G 系统将更加注重能源效率和环境保护，力求在提供更高性能服务的同时降低能耗和碳排放，通过先进的硬件设计和优化的网络管理实现绿色通信。

6.4.2　低功率广域网技术

物联网系统中的应用多样，存在着如森林火警监测、精准农业、城市噪声监测等一系列应用，它们具有两个共性特征：一是设备需要在电池供电的情况下长期运行，对功耗要求极其严格；二是设备分布在广阔的地域范围，如农田、森林、城市广阔区域等。低功率广域网技术为这些应用提供了很好的解决方案。

低功率广域网是一种专为物联网设备设计的无线通信网络，其关键特性在于低功耗、长距离

低功率广域网技术

传输和低数据速率，适用于需要长时间运行且不需要频繁传输大量数据的设备。低功率广域网设备通常具有极低的功耗，即使仅使用电池也可以运行多年，这对于分布在广泛区域的传感器设备尤为重要，因为频繁更换电池是不现实的。低功率广域网的单基站覆盖范围可以达到几km到几十km，能够在更大范围内实现设备连接，数据传输速率通常在1kbit/s左右。此外，低功率广域网具有很低的设备成本和运营成本。

窄带物联网（NarrowBand IoT，NB-IoT）和长距离无线通信（Long Range，LoRa）技术是两类较常见的低功率广域网技术。

1. NB-IoT技术

窄带物联网技术是重要的物联网广域网技术，专为低功耗、长续航和广覆盖的物联网设备设计。NB-IoT构建于现有的蜂窝网络，占用大约180kHz的带宽，这使得它能够直接部署于2G ~ 5G系统中，从而显著降低部署成本，实现平滑升级，降低新建网络的复杂性和成本。

NB-IoT的概念最早来自于2014年5月华为公司提出的窄带机器到机器技术（Narrow Band Machine to Machine）。2016年6月，3GPP发布了NB-IoT的核心标准（Release 13），这标志着NB-IoT技术正式确立。全球各大电信运营商和设备制造商开始积极部署NB-IoT。到2016年底，NB-IoT进入商用阶段。

NB-IoT无须独立建网，可以利用现有蜂窝网的天线和射频单元，使用运营商的授权频谱频段，其部署更加便捷、经济和高效。NB-IoT的另一个显著特点是低功耗特性，设备可以长时间运行而无须频繁更换电池。此外，NB-IoT在覆盖范围和信号穿透功能上也有显著优势，在地下车库、地下室、地下管道等信号难以到达的地方也能提供可靠的连接。这种深度覆盖功能拓展了NB-IoT的应用场景，使其在各种复杂环境中都能稳定运行。

2. LoRa技术

LoRa是另一种长距离、低功耗的无线通信技术，由法国旭月（Cycleo）公司在2009年推出。LoRa采用扩频调制技术，专为长距离传输和低能耗设计，在城镇市区的传输距离可以达到2km ~ 5km，在农村地区可以达到5km ~ 15km。

LoRa网络需要由用户自行创建，一个完整的LoRa网络包括LoRa基站与若干LoRa终端设备，如图6-18所示。

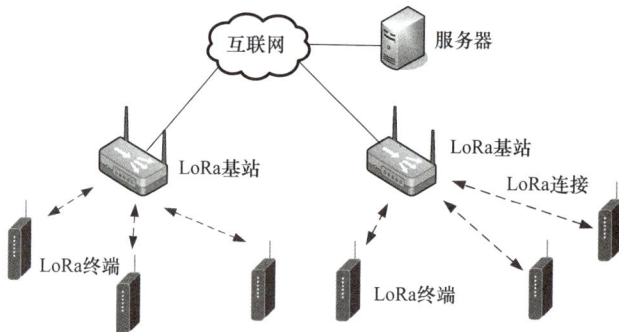

图 6-18　LoRa 网络的组成示意

LoRa基站，也称为LoRa网关，是LoRa组网的核心设备，它负责所覆盖区域内LoRa终端的数据接入，并将来自终端的数据转发到服务器。典型情况下，一个LoRa基站能够接入约2台LoRa终端设备。LoRa基站还可以支持终端的定位和测速，满足各种定位和跟踪需求。LoRa终端主要是低功耗的物联网设备，如传感器节点，通信速率为250bit/s ~ 50kbit/s，发射功率仅为

20mW左右，非常适合用于需要长时间运行的电池供电设备。LoRa通信可以进行多层加密，以确保数据传输的安全性。

3．NB-IoT与LoRa技术的比较

LoRa和NB-IoT作为两种主要的低功耗广域网技术，具有鲜明的特点，适合不同的场景。两者的比较如表6-2所示。

表 6-2　NB-IoT 与 LoRa 的比较

项目	LoRa	NB-IoT
网络部署	独立建网	使用运营商现有网络
频段	433MHz，868MHz，915MHz	运营商频段
传输距离	小于15km	约20km
速率	250bit/s ～ 50kbit/s	小于100kbit/s
连接数量	单基站20万～ 30万	单小区20万
运行成本	无须向运营商支付费用	需要向运营商支付费用

LoRa采用扩频调制技术，工作在免授权的ISM频段（Industrial Scientific Medical Band），具有良好的抗干扰能力和长距离传输能力。LoRa采用星形网络拓扑结构，终端设备与LoRa基站建立无线连接。LoRa需要独立建网，适合专用网络，后期无须向运营商支付费用，这使得其在成本敏感的应用中非常具有竞争力。

NB-IoT采用正交频分多址技术，工作在授权频段，具有高效的频谱利用率和良好的覆盖能力。它基于现有的蜂窝网络，终端设备通过基站与核心网连接，单基站覆盖距离数十千米，多个基站可以实现广阔区域的完全覆盖。NB-IoT在使用过程中需要向运营商支付费用，但费用很低，且依托于运营商网络基础设施，能够保障高可靠性和广覆盖的连接服务。

6.5　案例解析

物联网应用场景丰富，组网需求多样，因此在实践中需要结合具体情况，因地制宜，选择合适的网络技术，或者组合多种网络技术满足系统设计目标。本节选取了三类具有代表性的物联网应用，即远程抄表、共享单车与智能家居来分析其中的组网技术，它们涵盖了从个域网到广域网、从固定位置到快速移动、从单一技术到多种技术的组合等各类情况。

6.5.1　远程抄表

十余年前，家中电能表和水表的读取主要靠人工完成，电力公司或自来水公司的工作人员定期走访各个家庭或单位，直接读取安装在户外或易于访问位置的仪表上的数值。这种人工抄表的过程不仅耗时耗力，而且容易受到人为因素的影响，比如读数不准确、数据记录失误等。此外，这种抄表方式在数据处理和信息更新方面效率较低，难以实现实时监控和管理，给资源管理和计费带来了不少的挑战。随着网络技术的发展，电能表和水表数据通过网络自动地发送给企业后台成为了可能。

在抄表场景中，电能表和水表可能安装在城市和乡村的各个角落，地域分布很广泛。电能

表和水表不需要频繁读数，可能每周或每个月读取一次，每次要传输的信息量也很少。附着在电能表上的通信设备能够直接利用交流电供电，但附着在水表上的通信设备通常不方便外接电源，需要靠电池供电，因此要求功率比较低的通信设备。上述分析表明，低功率广域网技术非常适合远程抄表场景。以NB-IoT技术为例，基于NB-IoT技术的智能远程抄表系统组网结构如图6-19所示。

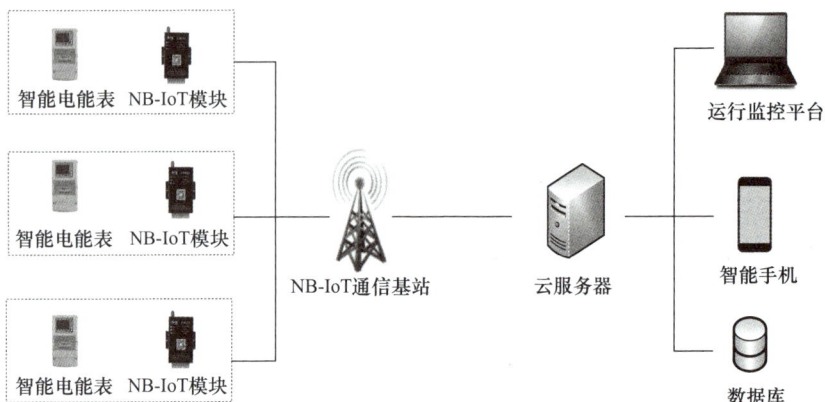

图6-19　基于 NB-IoT 技术的智能远程抄表系统示意

该系统主要由附带NB-IoT模块的智能电能表、NB-IoT通信基站、云服务器及运行监控平台等组成。智能电能表采集用电数据，通过NB-IoT模块与附近的NB-IoT通信基站建立连接，将采集到的数据上传至云服务器进行存储和处理。电网公司基于所获取的用电数据，可对用户进行阶梯调价控制，以实现更精确的电网调度和管理；用户也可以通过智能手机端随时查看用电量，及时充缴费用，避免因欠费而导致停电现象。

NB-IoT在智能抄表（水表、电能表）中的应用，显著提升了数据采集的自动化程度和准确性，降低了运营成本和设备维护的难度。通过广覆盖、低功率和大连接数等优势，NB-IoT为智能远程抄表系统提供了可靠的数据传输支持，大力推动了智慧城市的建设步伐和发展速度。

6.5.2　共享单车

伴随着人们对绿色出行、健康生活的追求，共享单车这一便捷、环保的出行方式应运而生。用户首先通过手机应用程序（Application，App）扫描单车上的二维条码，该二维条码包含特定单车的唯一标识信息。经后台应用服务器授权，用户可以手动开锁或自动开锁，随后开始骑行过程，并在行程结束后锁车归还。目前，共享单车已经广泛应用在我国的很多城市中。

共享单车场景对网络有特殊的要求。一方面，共享单车在使用过程中是典型的移动体，更严格地说，共享单车与骑乘人构成了一个移动整体，两者具有相同的时空轨迹。共享单车需要在运动过程中随时向后台服务器汇报它当前的位置，大概每若干秒将汇报一次当前时刻和地理位置（如经纬度数据）。另一方面，共享单车在闲置过程中会散布在城市的任意位置，它会每数十分钟向后台汇报自己的当前位置与电池电量等信息，数据传输速率低，但对通信功率有严格要求。因此，共享单车是非常典型的物联网应用的网络技术案例，它采取不同的技术来应对闲置过程和使用过程两类场景。

在共享单车应用中，主要采取广域网移动通信技术与个域网蓝牙技术相结合的方案，如图6-20

所示。在共享单车的智能车锁内，安装有移动通信模块，可以与移动通信网络系统连接，早期主要是 2G 系统中的通用分组无线服务（General Packet Radio Service，GPRS）模块，目前也常采用 4G 或 5G 系统模块。

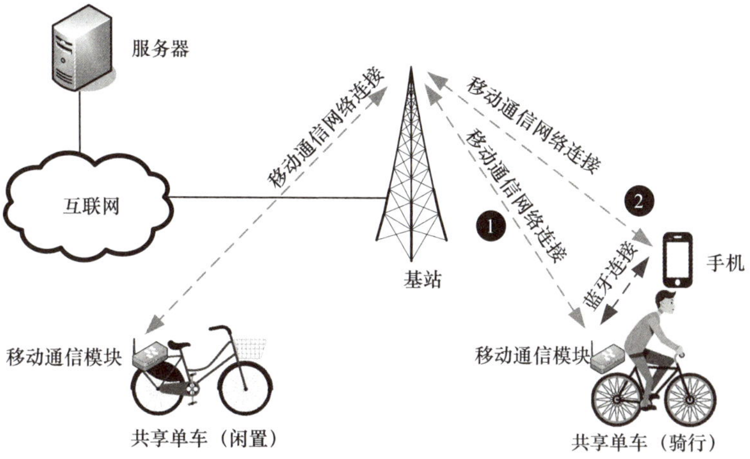

图 6-20　共享单车应用中的网络连接示意

在闲置情况下，共享单车监测自身的位置、电量与车锁状态信息，并将这些数据与自身的标识信息通过移动通信网络上传到服务器，存储在数据库中。服务器可以根据闲置车辆的位置和状态进行调度或维护工作。由于共享单车的智能车锁主要依靠电池供电，因此该阶段需要降低通信能耗以延长电池的使用寿命。通常，共享单车上会安装太阳能电池板，以提供长期闲置情况下的电能补充。

在骑行过程中，共享单车需要相对频繁地向后台汇报自身的位置信息，目前有两类解决方案。第一类方案相对直接，即仍然由智能车锁获取位置信息，并通过自身的移动通信模块上传至服务器，与闲置情况的通信方式基本一致。第二类方案是共享单车智能车锁与用户手机经蓝牙技术建立连接，然后智能车锁将需要上传的数据先传输到用户手机，然后由用户手机经基站传输到后台服务器。第二类方案中，用户手机起到了网关的作用，而智能车锁仅需要利用低功率蓝牙技术实现短距离数据传输，通信能耗很低。此外，共享单车上还会有一些特殊设计，将用户骑行时消耗能量的一部分转为电能存储起来。因此，在共享单车应用中，通过个域网与广域网技术结合的精巧设计，能够很好地满足特定场景的数据传输需求。

6.5.3　智能家居

传统的家用电器需要靠人工操作，自动化水平不足。随着科技的不断发展，人们对生活质量的要求也越来越高，大量的智能设备进入家居领域，如智能门锁、智能插座、智能开关、智能手环等，人们希望这些设备能够实现数据交换，从而构建出高度协同、智能化的家居生态系统。

智能家居应用从地理范围上大体属于局域网技术，但个别设备也会涉及个域网技术。智能家居中的设备类型多样。从能量供应上，有些设备有持续的电能供应，如智能冰箱；有些设备只能依靠电池供电，如智能手环。从通信速率的角度来看，有些设备需要很高的通信速率，如智能电视；有些设备只需要很低的通信速率，如智能门锁。因此，智能家居应用通常组合使用多种局域网或个域网技术，如图 6-21 所示。

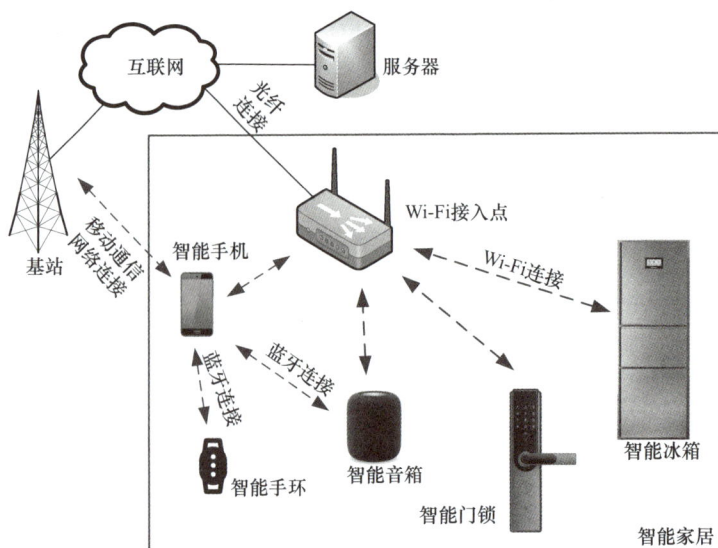

图 6-21　智能家居网络结构示意

　　在智能家居中，Wi-Fi 是主要的局域网技术，它提供了很大的传输带宽，大部分家用电器可以基于 Wi-Fi 连接。在智能家居生态系统中，智能音箱通常被视为中心节点，它方便用户通过语音命令控制家中的各种智能设备，如灯光、温度控制器、安全摄像头等，极大地提高了生活的便利性。智能音箱与家用电器可以基于 Wi-Fi 技术组成局域网实现信息互通。智能手环、智能耳机等设备通常与智能手机组成个域网，它们能够在相对短的距离进行数据传输，并保持较低的功耗。此外，以太网（Ethernet）、电力线载波（Power Line Carrier）通信也常用于智能家居网络中，用于连接由电力线供电且固定部署的家用设备。

　　智能手机在网络中的地位比较特殊，它在不同的网络中承担着不同的角色，有时候还会承担网关的功能。例如，它可以接入家庭的 Wi-Fi 网络，实现对家用电器的控制。它也可以通过蓝牙技术与智能手环或智能耳机进行连接，用于监测身体状况或播放音乐，还可以帮助智能手环接入互联网，实现固件升级等功能。同时，智能手机还持续与移动通信网络保持连接状态。

📝 拓展阅读：中国速度——从 1G 陪跑到 5G 领跑

　　近五十年来，移动通信技术经历了多次重大演进，每一次都给我们的生活带来了革命性的影响，并重塑了全球的通信格局。从 1G 的模拟信号到 2G 的数字信号，再到 3G、4G，乃至 5G 的高速数据传输，移动通信技术深刻地改变了我们生活的各个方面。在这一过程中，中国也从一个缺乏核心技术和话语权的参与者，逐步在国际舞台上展现出强大的竞争力，生动诠释了"中国速度"。

　　20 世纪 80 年代的 1G 时代，中国在移动通信领域几乎没有任何话语权，国内市场也几乎是一片空白。在 2G 时代，中国引入了 GSM 技术，初步构建了国内的移动通信网络，这标志着中国正式迈入移动通信时代，中国的移动通信用户的数量快速增加。从 3G 时代开始，中国进入并跑阶段，所提出的 TD-SCDMA 标准标志着中国在移动通信技术上取得了实质性的突破，使中国在移动通信技术发展中拥有了话语权。2010 年左右，随着 4G 时代的到来，中国以惊人的速度构建了全球领先的移动通信网络，用户数量和网络覆盖范围均达到了世界领先水平，华为等企业开始在国际市场上大放异彩，中国品牌在移动通信领域的影响力得到显著提升。

5G时代，中国已经成为移动通信领域的领跑者之一。中国企业和研究机构积极参与国际标准的制定，推动了5G技术的发展，例如，华为提出的多项5G技术标准被3GPP采纳，这标志着中国在全球5G技术发展中扮演着越来越重要的角色。中国还迅速部署了广泛的5G网络，截至2023年年底，中国5G基站总数达到337.7万个，5G网络规模和质量居于世界领先地位。全国移动电话用户规模达17.27亿户，移动电话用户普及率达到122.5部/百人，较全球平均水平（107部/百人）高出14.5%。行业共发展5G虚拟专网数量3.16万个，行业应用从点状示范向部分领域规模化复制演进，5G应用案例数超9.4万个，已融入97个国民经济大类中的71个，覆盖近七成大类行业，并在采矿、电网、港口等行业规模化复制。

回望1949年前后，全国电话用户总数21.8万户，电话普及率仅0.05部/百人，通信设备研制能力几乎是一张白纸。一代又一代通信人坚韧不拔、奋发图强，克服重重困难在祖国大地上留下了一幅筚路蓝缕、艰苦奋斗的创业图。时至今日，信息通信业得到了跨越式发展，建成了全球最大的移动通信网络和固定宽带网络，信息通信业在经济社会发展中发挥了基础性、战略性、先导性作用。信息通信业的中国速度，不仅仅是技术发展的速度，更是国家综合实力与创新能力的集中体现，预示着中国将在全球科技舞台上扮演着更加重要的角色。

📝 本章小结

网络是物联网中信息流转的通道，具有不可替代的作用。然而，物联网中"物"之间的网络与一般意义上的网络仍存在一定的差异。首先，物联网中的"物"处于物质世界，它们具有一定的空间分布特征。有些物联网应用中，它们彼此距离很近，而在另一些物联网应用中，它们可以分散在很远的地方。有些物联网应用中，物固定放置在特定位置，而在另一些物联网应用中，物可能进行高速或低速移动。有些物联网应用中，物对通信速率要求很高，但对功耗要求不高，而在另一些应用中，物对通信功耗要求很严格，但对通信速率要求很低等。

本章主要围绕物联网的网络技术展开。考虑到物质世界的"物"组网的基本因素就是它们的地理分布，因此我们按照网络覆盖范围的线索依次讨论了个域网、局域网和广域网三类技术。大量的物联网应用需要部署灵活或支持可移动性，因此以无线网络为主，兼顾了少量的有线网络。

我们还选取了远程抄表、共享单车与智能家居三类物联网应用作为案例，分析其中的组网技术，指出在物联网实践中，应因地制宜选择合适的一种或多种网络技术以满足系统设计目标。

网络技术仍在快速发展，6G技术将提高空、天、地、海的全面覆盖能力，星闪（Near Link）技术融合蓝牙和Wi-Fi的技术特点，实现了速率、时延、传输距离、安全性和可靠性方面的全面提升。网络技术的发展将为万物互联提供更好的信息流转功能，万物互联将为网络提供更广阔的发展空间。

📝 习题

1.（选择题）某小型城市需要收集所有水表的读数到位于市中心的服务器，假设在约5 000个水表上安装通信模块，它们依靠电池供电，那么比较合适的网络技术是＿＿＿＿。

A．Wi-Fi　　　　B．BlueTooth　　　　C．ZigBee　　　　D．LoRa

2．（选择题）NB-IoT技术属于_____。

A．无线个域网　　　B．无线局域网　　　　　C．无线城域网　　　　　　D．无线广域网

3．第五代移动通信技术的三大应用场景包括_____、_____、_____。

4．网络有哪些分类方式？

5．Wi-Fi网络中，若采取基于基础架构的基本服务集，设网内存在两个终端A和B，则A向B发送数据时，A检测B是否在通信范围内，如果在，则直接发送；否则通过AP转发。上述说法是否正确？为什么？

6．常见的低功率广域网技术有哪些？请从应用技术、组网技术和使用场景等方面阐述它们的区别。

7．有线网络与无线网络各自的优缺点有哪些？请举例说明物联网的应用场景（其中同时需要使用有线网络与无线网络）。

8．蓝牙技术的主要作用和使用场景是什么？

9．ZigBee网络有几种常见的拓扑结构？

10．Wi-Fi技术能否覆盖一个校园？如何在其中实现漫游？

11．工业现场常见的网络技术有哪些？它们需要满足什么需求？

12．简述移动通信网络的发展历程。

13．调研虚拟现实技术，讨论虚拟现实在物联网中的应用，并分析虚拟现实对网络有哪些性能要求。

14．在地下停车场，对每个车位安装传感器检测车位是否被占用，采取哪种组网方式比较合理？为什么？

15．调研最新的可见光无线通信（Light Fidelity，Li-Fi，又称光保真）技术，分析它在物联网中有哪些作用。

第 **7** 章

计算

物联网中海量的"物"能通过网络彼此建立连接，它们共享和交换着海量和丰富的信息，也迫切需要符合物联网应用需求的海量和丰富的计算能力，这对物联网中计算能力、计算类型、计算效率提出了极高且差异化的要求。

本章将从计算层级与计算主体两方面系统性地阐述物联网计算技术的体系和发展脉络。从计算层级上，本章将介绍端计算（Device-Side Computing）、云计算（Cloud Computing）及边缘计算（Edge Computing）。在计算主体上，本章将讨论人计算（Human Computation）、社会计算（Social Computation）及人机协同（Human-Computer Collaboration）计算。

7.1 计算技术概述

计算是信息空间上的映射，它是对输入的信息按照一系列步骤与规则进行处理并在有限时间内获得输出信息的过程。具体来说，计算可以是求得若干温度传感器数据的最大值，或者对温度数据的时间序列进行傅里叶分析（Fourier Analysis），也可以是在视频监控图像数据中识别车牌号码，还可以是在一组风景图片中找出给定规则下最"美"的那一幅。计算是物联网应用逻辑得以实现的基石，其核心是统筹组织具有计算能力的对象协作地完成计算任务。

物联网的设备数量极大，设备种类繁多，所产生的数据量是海量的，而且数据类型十分复杂。相应地，计算任务存在高度差异化的需求。我们可以将物联网中的计算任务分为多个类别，例如，需要快速响应的低延迟任务、需要处理大量数据的高吞吐量任务、对稳定性要求极高的高可靠性任务、对安全性要求极高的高安全性任务、对持续运行能力要求高的高可用性任务，还有对能耗要求严格的低功耗任务等。

单一的技术难以有效应对如此复杂多样的计算任务。因而，物联网中的计算呈现出多层次、多主体的特征，如图7-1所示。

物联网终端设备是计算任务源，终端本身也具有一定的计算能力。如果它的计算能力与计算任务相适配，就可以在本地进行计算，这就是端计算。如果自身计算能力与计算任务不适配，它还可以将计算任务委托给邻近终端位置的具有计算能力的对象，如果这个对象是计算机，那就属于边缘计算的范畴。如果再将计算任务委托给更远的但具有更强大计算能力的计算机集群，那就属于云计算的范畴。对某些物联网中的计算任务，人类的直觉和判断力往往能提供超出机器的精度和灵活性，这时候也可以委托给人来进行计算，这就是人计算。如果进一步将计算任务委托给一群人，这就是社会计算。因此，物联网中的计算在距离上呈现出本地、近端、远端的距离层次，在执行主体上既可以是计算机，也可以是人，这样就可以组合衍生出极为丰富的计算方式。

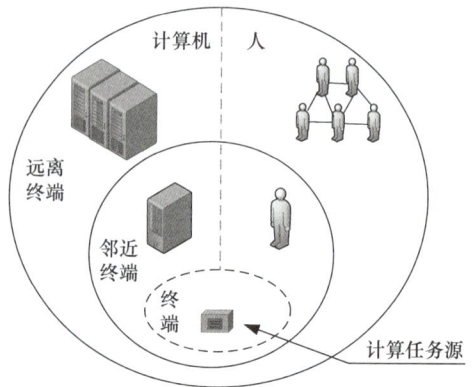

图 7-1　物联网中的多层次多主体计算示意

7.2　物联网中的层级计算

在物联网中，计算设备的角色和位置决定了它们如何处理数据。按照与计算任务源的距离，我们可以将其划分为三个层级，即端计算、边缘计算与云计算。

通常，端计算是指在网络的终端设备上进行的计算，这些终端设备包括智能手机、传感器、平板电脑、家用电器、虚拟现实设备、机器人等，如图7-2所示。端计算的核心思想是在数据产生的地方即时处理数据，提高数据处理的实时性，同时减轻对网络带宽的需求。在终端设备计算能力充分时，端计算方式甚至能够在离线情况下提供快速响应。

图 7-2　典型的物联网终端设备示意

边缘计算是一种分布式计算框架，它将具有计算能力的服务器部署在网络边缘，即邻近终端设备（数据源）的位置。在边缘计算框架中，数据处理任务可以从终端设备转移到边缘服务器完成。边缘服务器通常较终端设备具有更高的计算能力，因而能够显著减少计算任务的完成时间。同时，边缘服务器与终端设备距离较近，网络延时比较小，数据转移引起的延时增长有限。综合起来，经过通信延时与计算延时的权衡，边缘计算有可能提供更低的数据处理总延时，这在终端设备计算能力不足时尤为明显。此外，由于边缘服务器与终端设备间的网络传输路径很短，因此边缘计算还能提供较好的隐私性和安全性。

云计算是一种基于互联网服务的计算模式，它允许终端设备通过网络远程访问共享的计算资源池，如服务器、存储器、数据库、网络、软件、应用程序等。这些资源可以按需快速提供，通常是按使用量付费的。云计算的计算能力通常由部署在数据中心的大规模的硬件和软件基础设施提供，能够提供几乎无限的计算和存储能力。在云计算框架中，终端设备将数据处理任务提交给云计算服务器，计算延时很小，但终端设备与云计算服务器间的通信延时可能较大。因此，云计算更适合于对计算能力要求很高，但对延时要求不严格的场景。

端计算、边缘计算和云计算这三种计算方式共同构成了以机器为主体的物联网计算架构，它们协同工作，为物联网提供了一个从端到云的计算连续流，适合不同的计算需求。表7-1展示了三种计算方式的对计算能力、通信需求、特点和适用场景的比较。

表 7-1　端计算、边缘计算和云计算的比较

计算方式	计算能力	通信需求	特点	适用场景
端计算	利用设备本身的算力处理数据	无	数据处理延时由本地计算能力决定，无须网络支持，可以离线实现数据处理，隐私性高	隐私性要求高，可离线运行
边缘计算	利用距数据源较近的边缘服务器处理数据	终端设备与距离较近的边缘服务器传输数据	通常能够降低数据处理总延时，以提升数据的处理速度	终端设备计算能力有限且对延时有很高的要求
云计算	利用远程数据中心的大规模服务器处理数据	终端设备与距离较远的云计算服务器传输数据	具有强大的计算和存储能力，高度可扩展，便于管理和维护	海量计算需求，但对延时要求不高

7.2.1　端计算

端计算，也称本地计算，是指由物联网设备本身执行计算任务。这些设备范围广泛，包括但不限于传感器、智能手环、嵌入式系统，以及自动售货机。端设备数据处理对算力的需求存在巨大差异，可以进行从每秒几十万到几千万次的浮点运算（Floating-Point Operations Per Second，FLOPS）。

由于物联网计算任务存在显著的差异性，因此理论上应该对具有不同计算需求的物联网设备选用不同计算能力的微处理器，配置存储空间和开发不同的操作系统或应用软件，我们称之为"定制化方案"。然而，如果对每一种物联网计算任务开发一类终端设备，就会造成"碎片化"，即形成大量的软件、硬件或系统不兼容的设备类型，不同设备或系统之间难以无缝协作，软硬件的开发和适配的成本急剧增加。因而，工业界基于工程实践的考虑，希望用一类或尽可能少的几类软硬件来承载丰富的物联网应用，我们称之为"通用化方案"。定制化方案能够针对特定计算需求优化硬件和软件设计，从而降低设备成本、体积和功耗；通用化方案则采用标准化的软硬件方案承载多种应用场景，具有很好的灵活性和可扩展性。表7-2展示了定制化方案与通用化方案的特点和优缺点。

表 7-2　定制化方案与通用化方案的特点和优缺点

端计算方案	特点	优点	缺点
定制化方案	为特定应用或任务设计，包括专用硬件和软件优化	能效比高、在大规模部署时设备成本极低	碎片化、灵活性弱
通用化方案	标准化的硬件和软件元件，适用于多样化任务	灵活性强，可扩展，研发与维护成本低，兼容性好	存在过度设计和资源浪费，能效比较低

端计算拥有多项显著优势。首先，它在端设备上直接处理数据，从而规避了因网络传输而产生的延迟，在本地计算能力充足时能够实现更快的计算速度和更短的响应时间。其次，数据在物联网设备上被处理并保留，无须上传至边缘计算或云计算服务器，显著降低了用户隐私数据被泄露的风险。再次，端计算可以不依赖于网络连接，这使得即使在网络不可用的环境下也能持续进行计算和数据处理。最后，端设备拥有对自身计算资源的完全控制，可根据需求灵活安装和卸载应用程序，进行个性化配置。

端计算也面临一些挑战，主要是端设备搭载的处理器通常性能有限，存储空间也往往较小，这使得它们在处理大规模数据或执行复杂计算任务时可能"力不从心"。此外，许多端设备是靠电池供电的，计算任务的增加可能会导致电量迅速被消耗，从而缩短设备的使用寿命。此外，在处理复杂计算任务时，端设备可能会遇到性能瓶颈。面对这一挑战，升级硬件以提高计算能力当然是可行的，然而这种做法可能会导致计算资源在非高峰时段的大量闲置，以及由于更高性能硬件导致的更大功耗。此外，频繁进行软硬件升级也可能引入额外的经济成本和维护的复杂性。

综上所述，针对定制的、确定的计算需求可以对端系统进行充分优化，实现很低的设备成本与设备功耗。然而，面对未知的、未来可能出现的复杂计算、存储需求，则可能存在性能不足的问题。若在终端设备采用高性能处理器，则大部分情况下性能闲置，成本、体积、功耗存在浪费。因此，端计算难以实现灵活的、可伸缩的、按需提供的计算能力。

7.2.2　边缘计算

边缘计算的提出要晚于云计算。当时，云计算已经能够为物联网终端提供强大的计算能力，然而终端与云计算之间距离较远，网络传输延时较大，导致终端产生的信息难以得到及时处理，在需要快速决策的物联网应用如车辆自动驾驶和智能制造等场景中云计算的应用受到很大的限制。因此，学术界与工业界希望将云计算的能力向终端侧推移。2009年，美国卡内基梅隆大学的马哈德夫·萨蒂亚纳拉亚纳（Mahadev Satyanarayanan）教授团队提出了Cloudlet（意译为"小云"）概念，这是一种部署在网络边缘、资源丰富的可信计算环境。随后在2011年，思科公司引入了"雾计算（Fog Computing）"这一概念，它依托"云在天外、雾在身边"的意象，尝试在云计算与端计算之间提供一个中间层次，实现距离终端设备更近的计算服务。2013年，美国太平洋西北国家实验室在报告中首次使用了"边缘计算"这个术语，强调了在网络边缘部署计算和存储资源的重要性。因此，边缘计算从诞生时就与端计算和云计算有着千丝万缕的联系，它强调将计算任务、数据处理、服务和应用程序部署在网络边缘的服务器。

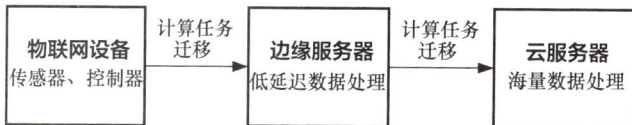

图 7-3　边缘计算系统架构图

边缘计算是介于端计算与云计算之间的计算模式。在边缘服务器上，如图7-3所示，部署着强大的计算与存储资源，包括但不限于CPU、图形处理器（Graphics Processing Unit，GPU）或专用的硬件加速器，能实现低延迟数据处理。同时，边缘服务器还具备设备管理、资源调度、服务部署和自动化维护等功能。将物联网终端的数据在边缘服务器进行处理，能够显著缩短数据远程传输带来的延迟，提升事件响应速度。此外，边缘服务器还可以将其处理的结果提交给云服务器进行进一步处理，此时待传输的信息量通常被极大地压缩了，能够减少网络的传输负载。

边缘计算通常还具有良好的安全性，这是因为数据仅在物联网设备与边缘服务器之间进行传输，从一定程度上降低了数据被拦截或被泄露的风险。同时，边缘计算还部署着一系列安全措施，包括数据加密、访问控制和防火墙等，以确保数据的安全和用户的隐私不会被泄露。即使数据需要进一步从边缘服务器上传到云服务器，由于边缘服务器有较强的计算能力，能够对传输的数据进行高强度加密，也能够提升数据的安全性，如图7-4所示。

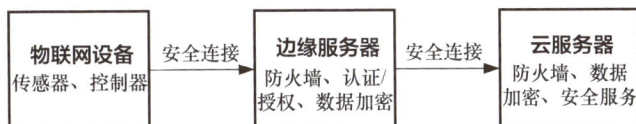

图 7-4　边缘计算安全架构示意

计算卸载（Computation Offloading）是边缘计算中的关键概念，是指将数据处理任务从物联网终端设备转移至边缘服务器的计算资源上进行，其目的是利用边缘服务器的计算资源来执行复杂的计算任务，缩短数据处理的延时，同时节省物联网终端设备自身的能量消耗。

通常，计算卸载的决策包括以下三种方案：①本地执行（Local Execution），即整个计算任务在物联网的本地设备上完成；②全卸载（Full Offloading），即整个计算任务转移到边缘服务器上处理；③部分卸载（Partial Offloading），即计算任务分割后，一部分在物联网本地设备上执行，另一部分卸载到边缘服务器上处理。在做出卸载决策时，需要综合考虑物联网设备的能耗、任务完成所需的延时、物联网设备和边缘设备的计算能力，以及任务的大小等因素，合理选择计算卸载方案，从而满足任务需求。三种卸载方案如图7-5所示。

边缘计算广泛应用在很多物联网领域。在智慧城市中，边缘计算能够处理来自交通摄像头和环境监测传感器的大量数据，通过实时分析这些数据以优化交通流量和减少交通拥堵，同时减轻中心云服务器的计算压力。在工业物联网中，边缘计算使得机器的实时监控和预测性维护成为可能，通过分析传感器收集的数据（如温度、振动等），可以预测设备故障并提前进行维护，从而避免因停机而带来的损失。在智能家居系统中，边缘计算可以实现快速自动化响应，如根据居住者习惯自动调节室内温度，而不依赖中心云服务器。在远程医疗中，边缘计算可以实时分析患者的生理数据，确保关键的健康信息能够及时传达给医生，同时保护患者的隐私。

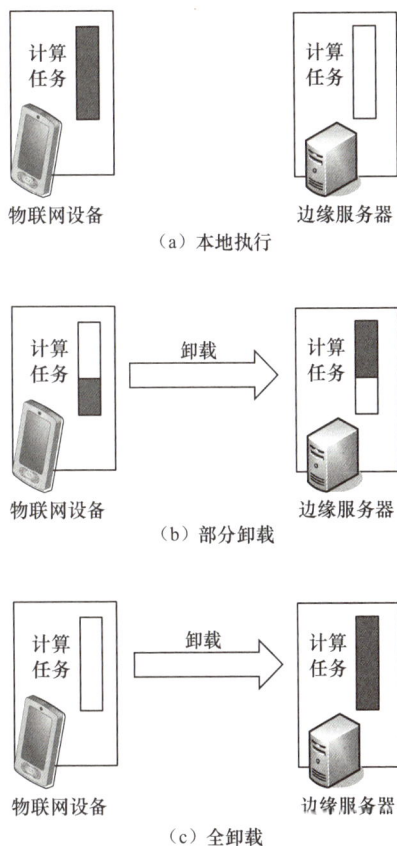

图 7-5　边缘计算方案

7.2.3　云计算

云计算是一种通过互联网提供计算资源和服务的技术，该思想最早可以上溯

至20世纪60年代，本节将详细讨论云计算的概念、服务模式和优势。

1. 云计算的概念

云计算的历史可以追溯至1960年左右提出的"时间共享"和"分时系统"，即允许多个用户同时使用一台大型计算机资源。2006年，亚马逊（Amazon）公司在2006年推出了弹性计算云（Elastic Compute Cloud，EC2）服务，允许用户租用虚拟服务器资源来运行计算机应用程序，这通常被认为是商业云计算服务的开端。随后，云计算迅速发展成为信息行业的一个重要分支，在大数据分析、电子商务、金融服务、医疗保健、企业信息平台等领域取得了极为广泛的应用。

云计算被定义为一种基于互联网的计算方式，它通过将计算资源（包括服务器、存储、数据库、网络、软件、分析等）提供为服务，使得用户能够按需获取和使用这些资源，如图7-6所示。这种模式支持用户通过网络从共享的资源池中快速获取和释放资源，资源的提供和管理工作通常由第三方服务商提供。

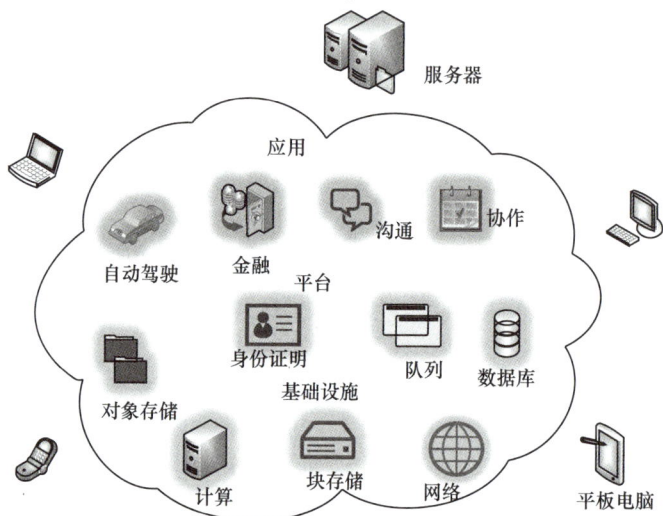

图 7-6　云计算示意

云计算可以用自来水厂进行类比，如图7-7所示。在我们使用自来水时，不需要自己挖井，而只需要打开水龙头就可以使用，使用多少水靠自己控制，按照使用量付费即可。我们并不关心自来水厂在什么地方，只需要知道通过管线能够获得自来水即可。云计算也是类似的，在我们需要使用计算服务时，不需要自己购置设备并进行安装部署，而是直接通过网络使用云计算服务器提供的计算服务，根据使用量向云计算的服务方付费。我们也不需要关注云计算服务器到底在哪里，只需要知道通过网络能够访问到这些服务器即可。因此，云计算是商业模式的巨大变革，消费者和企业从购买信息类软硬件产品转向购买信息服务。

图 7-7　云计算与自来水厂的类比

云计算之所以被称为"云"是因为它和自然界的"云"有相似之处：不透明、动态伸缩和可达性。

（1）云计算具有一种"不透明"的特性，正如我们不能看透云层后面的天空，使用云计算的用户也不需要理解云计算背后的技术细节或具体实现方法。用户只需要知道自己的数据在"云"中被存储和处理，而不必知道具体是在哪一台服务器上，从而集中精力于其业务本身，而无须关注设备管理等细节。

（2）云计算具有非常灵活的可伸缩性，就像天空中的"云"可以变化，时而扩大，时而收缩，云计算资源也能够根据用户的需求进行动态的调整。如果用户需要更多的计算和存储资源时，服务商可以迅速增加分给该用户的服务器数量或存储设备来满足这一需求。相应地，当用户的计算和存储资源的需求减少时，服务商也可以降低分给该用户的服务器数量或存储设备以满足用户需求。

（3）云计算具备随时随处可达的远程访问能力。自然界的"云"虽然遥不可及，但随时仰望天空都可以看到。类似地，虽然云计算的资源实际上存放在远程服务器上，用户却可以通过互联网随时随处使用，而无须直接接触到这些硬件。

2．云计算的服务模式

在云计算领域，存在三种主要的服务模式，通常以"XaaS"形式表示，其中"X"代表服务模式的不同类型，分别是基础设施即服务（Infrastructure as a Service，IaaS）、平台即服务（Platform as a Service，PaaS）和软件即服务（Software as a Service，SaaS），如图7-8所示。

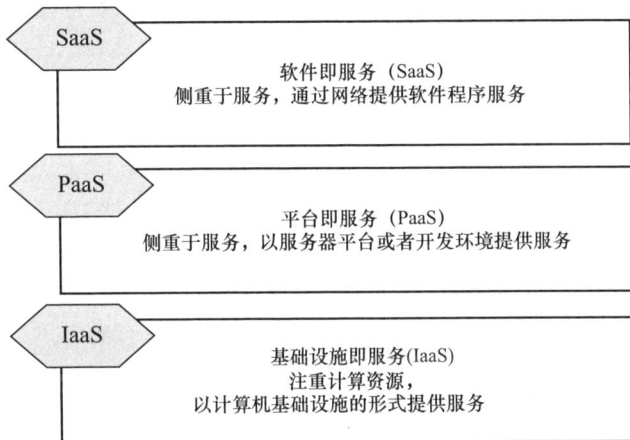

图 7-8　云计算的三种服务模式

在基础设施即服务中，用户获得的是一台虚拟的计算机硬件，需要自行安装操作系统和应用软件，云服务提供商只为用户提供虚拟化的计算资源，如CPU、内存、存储和网络带宽等。用户可以根据自己的需求选择合适的硬件配置，并按月或按使用量支付费用。

在平台即服务中，云服务提供商不仅提供基础硬件资源，还提供操作系统、数据库、开发工具等平台层的服务。用户可以在这些预装的平台上开发、部署和管理自己的应用程序。

在软件即服务中，云服务提供商为用户提供完全开放的应用程序，用户无须自己开发或维护软件；用户通过互联网访问这些应用程序，并通常基于订阅模式支付费用。在此模式下，用户能够享受到持续更新的软件服务，这种模式有时被称为"永远的Beta版"。与传统的软件购买方式相比，在软件即服务模式下，服务提供商持续在后台开发和更新软件，确保用户每次使用时都能接触到最新的版本。

3．云计算的优势

云计算是计算服务模式的重大创新，它的优势主要体现在下列几个方面。

（1）具备超大规模的计算与存储能力。大型的云服务提供商如亚马逊（Amazon）、微软（Microsoft）和谷歌（Google）的云计算数据中心遍布全球各地，每个数据中心可能拥有数万台到数十万台服务器，能够提供超大规模的计算能力，满足物联网海量数据的处理需求。

（2）按需付费，降低企业运营成本。云计算采用按需付费模式，用户只需为实际使用的服务支付费用，这样用户不再需要支付巨大的一次性信息设备购置费用，也节约了安装和管理软硬件的费用，从而降低了前期投资和运营成本。

（3）提升资源利用率，推动绿色发展。在云计算平台上，大量企业和个人用户的业务系统共用云计算服务的全部计算能力，不同的业务具有不同的时间变化规律，在总体上消峰填谷，总的计算业务处于相对稳定的水平，资源利用率可达80%以上。相比而言，个人计算机的计算能力在大部分时间都是闲置的，资源利用率只有10%左右。因此，云计算有助于提升资源利用率，推动绿色可持续发展。

（4）可伸缩性和弹性。云服务提供了高度的可伸缩性，使企业或个人用户能够根据业务需求快速扩展或缩减资源。这种灵活性解决了物联网终端计算能力固化的问题，确保能够根据物联网应用程序和工作负载需求提供不同的计算能力。

（5）灾难恢复和业务连续性。云计算服务提供了数据备份和存储解决方案，确保关键数据的安全和可恢复性。即使个别服务器软硬件出现故障，云计算中心也可以提供连续的可靠服务。

综上所述，云计算以其超大规模计算能力、按需付费、绿色发展、灵活伸缩和安全可靠方面的优势，为物联网信息处理提供了强大的算力支持。

7.2.4 云边端协同计算

端计算、边缘计算及云计算各有其优缺点，单独依赖其中一种计算模式很难满足物联网中复杂多变的计算需求。因此，我们可以考虑同时将物联网中的三个层级的计算资源进行有机融合，构成云边端协同的三级协同计算架构，以充分挖掘物联网中的计算潜力。

当单独依赖云计算时，系统会显得较为僵化，反应迟缓。此外，一旦网络通信或服务器出现故障，服务将立即中断。引入边缘计算之后情况有所改善，能够充分发挥边缘服务器的计算能力，能在一定程度上更为快速地做出智能判断和行动决策，同时只需将部分经过筛选的关键信息上传到云服务器即可。若进而与端计算结合，将进一步释放终端设备的潜力，使每台终端都能积极参与，从而大幅缓解网络通信的压力，即使在和服务器暂时失去联系的情况下，也能由终端自主做出部分决策。

因此，物联网中的计算模式通常采取端计算、边缘计算和云计算相结合的方式，如图7-9所示。端计算是在本地设备进行的计算，边缘计算是在接近数据源的网络边缘进行的计算，而云计算则是在远程数据中心进行的计算。这种混合计算架构能够根据任务的复杂性和实时性要求，灵活分配计算资源。

云边端协同的计算架构构建了高效、灵活的计算资源调度模型。然而，为了充分发挥这一模型的潜力，还需要借助相关的支撑技术，如云边端协同调度等。利用精细化协同网络的管理和调度策略，可以最大化地利用和分配云边端的计算资源，包括跨云边端的协同计算方法、端到端跨域保障机制，以及资源管理和任务调度策略等。

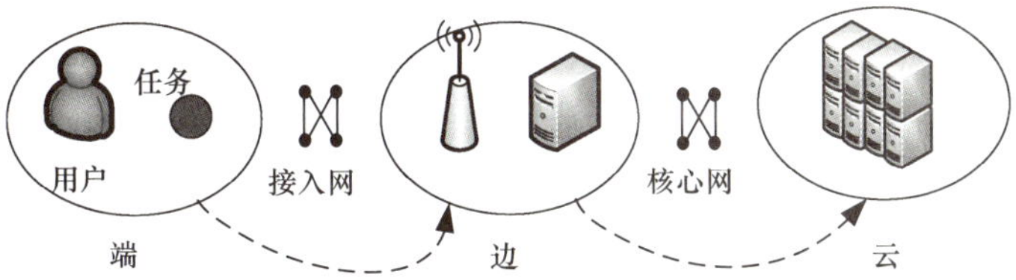

图 7-9　云边端协同计算

云边端协同调度技术的关键在于不同计算层级的任务分配，尤其是根据设备的计算能力和资源利用率进行智能分配，以支持计算密集型或数据密集型等不同类型的任务。此外，通过任务分解和并行处理，可以进一步提高资源利用率和系统效率。

端到端跨域保障机制致力于缩短延迟和提高服务质量，确保系统高效、稳定运行。它涵盖了对网络延迟的优化和对服务质量的持续保证，两者相辅相成，共同提升系统的整体性能。

资源管理和任务调度是云边端协同网络中的核心，旨在优化系统性能和服务质量。资源管理的目标是实现资源的高效利用，包括云服务器、边缘服务器和网络带宽的合理分配，而任务调度则侧重于根据任务的特性和执行环境，制定任务分配和执行顺序的策略。

云边端协同计算并不单纯追求某一端的计算能力，而是通过合理分配计算任务，充分发挥云计算的强大计算能力、边缘计算的快速响应能力，以及端计算的便捷性。这种协同计算的具体计算能力，取决于协同计算网络中各节点的硬件配置、软件优化，以及整个网络的优化程度。通过高效的管理和资源分配，云边端协同计算可以实现比单一计算模式更高的计算效率。

7.3　物联网中的人机协同计算

在物联网中，人扮演着多重角色，他/她可以作为主体扮演使用者的角色，也可以作为客体承担计算任务。特别是在处理复杂决策和需要道德判断的场景中，人的计算与决策能力是物联网计算中不可或缺的一部分，这促使了物联网的计算模式逐渐从以机器为中心向人机协同方式转变，在此过程中产生了许多关于人的计算技术，其中典型的技术包括人计算、众包计算（Crowd Sourcing Computation）、社会计算，以及人机协同计算，如表7-3所示。

表 7-3　以人为中心的计算技术

典型技术	特点
人计算	将人视为计算设备
众包计算	通过互联网将工作分包给大众，运用群体智慧
社会计算	利用计算技术模拟、分析、理解和促进人的社会互动和群体合作
人机协同计算	实现人机之间的智能匹配和优势互补

人计算强调计算任务以人类为承载者，将人作为计算系统的一部分。它涉及设计、开发和评估那些旨在理解人类计算能力、改善人机交互，以及运用人类计算能力的计算技术和系统。

众包计算侧重于通过计算技术将任务分配给大量用户，利用他们的智慧和资源来完成。它虽然也涉及社会互动，但更强调任务的分布式解决和人计算资源的有效利用。众包计算可视为人计算的群体形态，后文不再详细展开。

社会计算则着重于利用计算技术模拟、分析、理解和促进人的社会互动，包括社交网络分析、集体智能、多智能体系统等，旨在通过计算技术支持群体协作、决策制定和知识创造。

人机协同计算强调的是人和机器之间的一种协作关系，旨在实现人机之间的智能匹配和优势互补。在这个框架下，计算机不仅执行指令，还通过人工智能等技术主动提供帮助和支持，与人类用户共同解决问题。

7.3.1 人计算与社会计算

2005年，路易斯·冯·安（Luis Von Ahn，1980—）提出了人计算的概念，它利用人类在处理模糊、不完全或非结构化数据方面的优势来解决复杂和多变的问题。

如图7-10所示，人计算最大的原则是不改变用户行为，或轻微改变用户行为，同时将系统意图隐藏在人机交互过程中。要实现人计算，首先需要了解用户参与计算的动机，然后利用这些动机实现人计算，一般包括以下几种方式：通过有奖问答、积分送礼等物质奖励的方式调动用户的积极性；利用志愿者、趣味游戏等形式将用户参与意愿和系统结合起来；将人

图7-10 人计算示意

计算的目的巧妙融入用户自身的工作及需求中，如在工作过程中加入少量不影响正常工作但具有人计算目的的数据或操作。

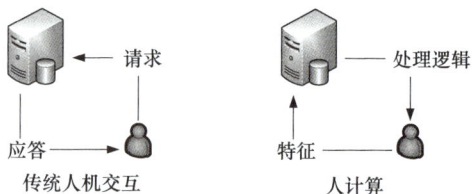

人计算系统是一种特殊的群体系统，它遵循一定的设计流程和设计方式。人计算流程包括以下几步。①分析人计算的逻辑。既然假设人是类似CPU的计算能力提供者，那么必然存在"指令集"。人计算要关注用户的思维活动和行为特征，并以这些思维活动和行为特征为基础设计合理的业务逻辑。②设计系统业务。系统业务需要兼顾常规业务需求和人计算的特性，为人计算提供相应的空间、入口及出口。③设计用户处理逻辑。人性化的用户处理逻辑是人计算是否可行的根本，用户的主动参与，无论是知识思维，还是无意识、潜意识的参与，都能显著提升人计算系统处理不确定性的能力。④收集并分析用户处理特性。通过分析大量用户对相同计算的处理结果，提取相关性、相似性和共同特征，从而得出有价值的结论。

通常，人计算将任务分配给大量人力来完成。这些任务可能包括数据输入、问卷调查、客户服务等。值得注意的是，人计算不包括所有通过计算机辅助的人类协作技术，例如，在线讨论或创意项目，这些活动更多地依赖于参与者的灵感，而非预定计划驱动。

社会计算是一种多学科交叉的技术领域，它涵盖了利用技术方式来促进人与人之间的社交互动。这些互动通过技术平台进行，其中包括但不限于博客、在线社区等平台，它们允许用户以多媒体信息的形式进行交流和集体行动，从而促进知识的累积、共享和互动决策，如图7-11所示。

社会计算的应用和服务不仅促进了集体行动和社交互动，还推动了集体知识的丰富和演化。在社会计算中，用户参与的动机可能更加多样，包括社交、娱乐、信息分享等，而在人计算中，用户的参与则更多为了完成特定的任务或计算目标。

然而，社会计算也面临诸多挑战。在社会计算平台中，用户可能遭遇信息过载，如何有效管理和过滤信息成为一大难题。随着社交互动的增加，保护用户的隐私和数据安全变得尤为重要。此外，如何管理和分析社交网络的结构和动态，以及它们如何影响信息传播和集体行为，也是亟待解决的问题。

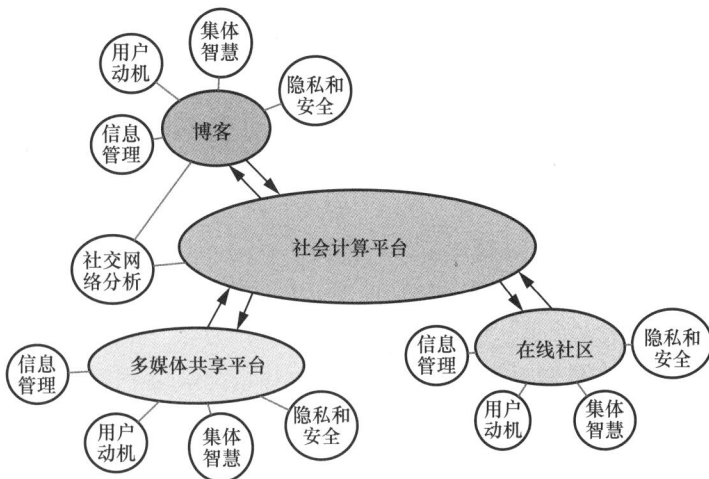

图 7-11　社会计算平台

社会计算是一个多学科交叉的研究领域，它结合了计算机科学、社会学、心理学和信息科学等多领域的理论和方法，旨在理解和设计能够促进人类社交互动和集体智慧的技术系统。随着技术的发展和社会媒体的普及，社会计算将继续在数字社会塑造和物联网决策中发挥重要作用。

7.3.2　人机协同计算

人机协同是一种工作模式，它强调人类和计算机系统（尤其是人工智能系统）之间的紧密合作，以共同完成特定的任务或解决复杂的问题。

从20世纪50年代人工智能的诞生到当前机器学习和深度学习的进步，人工智能经历了多个里程碑式的发展历程。虽然人工智能的能力呈指数级增长，但其重点已经从单纯以取代人工为目标的自动化转向人机共生双赢的新范式。只有当人工智能与人类能力相结合时，人工智能真正潜力才能得到释放。人机协同计算同时增强了人类能力和计算机的能力，能够以令人难以置信的速度处理数据并做出决策。这种方法的转变将改变各行业利用人工智能的方式，并以前所未有的方式推动创新。

在人机协同的计算模式中，人工智能系统承担数据分析、模式识别、计算预测等任务，而人类则负责提供创新思维、道德判断、情感理解和战略决策等。这种协同工作模式旨在结合人和机器各自的优势，以弥补单一智能体的不足，提高效率、准确性和创新能力。

人机协同表现为三种关键形式：增强、自动化和放大。

（1）增强：利用人工智能来提升人类的决策和执行任务的能力。在这种形式下，人工智能通常作为辅助工具，提供信息、建议或分析，帮助人类做出更好的决策。增强可以应用于医疗诊断、财务分析、工程设计等领域，其中人工智能系统提供辅助信息，而最终决策由人类专家做出。例如，医生使用人工智能驱动的诊断工具来辅助从医学影像中识别疾病。

（2）自动化：人工智能系统独立完成特定任务，无须人类直接干预。这种形式的人工智能通常用于重复性高、规则性强的任务，如数据录入、订单处理或生产线自动化。自动化可以显著提高效率，减少人为错误，并允许人类专注于更复杂或更具创造性的工作。

（3）放大：人工智能系统可以扩展人类的能力，使其能够处理更大规模或更复杂的任务。这种形式通常涉及人工智能系统与人类团队合作，共同解决问题或完成任务，其中人工智能负责处理大量数据或执行复杂计算。例如，在金融领域，人工智能驱动的算法可以分析市场趋势，为财务顾问提供投资建议。

在实际应用中，这三种形式并不相互排斥，而是可以根据具体任务和需求相互结合，以实现最佳的协同效果。例如，在某些复杂的决策过程中，可能同时需要人工智能的增强和自动化功能，以提高决策的质量和效率。

人机协同三种形式可以应用到物联网的多个领域。在医疗保健领域，人工智能可以通过仔细检查医学影像和患者的数据，成为医生诊断的助手，助力实现更精确、更便捷的诊断。在制造业领域，工业机器人的应用能够辅助人类执行任务，提升生产效率，同时确保作业安全。在服务业领域，基于人工智能的聊天机器人可以促进客户服务，即时响应客户的疑问并提高整体满意度。在金融领域，利用人工智能驱动的算法来剖析市场趋势，最终为财务顾问提供投资建议。随着人工智能生成内容与设计辅助工具的日益普及，创意产业也正向这一趋势靠拢。

人机协同计算在提高决策和任务执行效率的同时，也面临一系列挑战和问题。例如，人工智能系统可能存在算法偏差、透明度不足、可解释性差等问题，可能由此引发人机协同计算的结果出现偏差。此外，当人机协同计算的决策出现偏差时，责任的界定也成为一个复杂的难题。如何在保护隐私的同时，充分利用物联网的海量数据，也是需要深思的议题。

人机协同计算是一个动态的、不断发展的领域，它启发我们在制订物联网决策的过程中充分考虑到人的因素，确保决策能够符合人类的道德判断和最佳利益。

7.4 案例解析

本节我们将深入探讨自动驾驶、智慧医疗两类典型物联网领域的计算技术，分析不同场景计算任务的需求，以及如何设计合理的计算方式来满足任务目标。

7.4.1 自动驾驶

自动驾驶汽车是集高精度定位、环境感知、决策规划、车辆控制等技术于一身的复杂系统，它通过安装在车辆上的传感器和摄像头收集周围环境的数据。这些数据包括道路状况、交通信号、行人、其他车辆、障碍物等信息。车辆需要实时处理这些数据以进行导航、避障、加速或减速等。

在自动驾驶场景中，仍然存在一些问题难以解决，包括实时数据处理需求高，延迟必须极低以确保安全；数据量巨大，需要大量计算资源；需要高度可靠和安全的通信。

自动驾驶场景包括以下几个约束条件：①低延迟，对于自动驾驶汽车来说，任何处理的延迟都可能导致安全事故的发生。②高带宽，传感器产生的数据量巨大，需要高带宽以进行实时传输。③计算能力，自动驾驶需要强大的计算能力来处理和分析数据，以做出驾驶决策。能耗也是计算过程需要优化的目标，以维持电动汽车的续航里程。④安全性，数据传输和处理需要高度安全，防止被恶意攻击。

因此，可以使用端计算（车载计算单元）、边缘计算（路边单元或近地云服务器）和云计算（远程数据中心）的组合来解决问题，如图7-12所示。

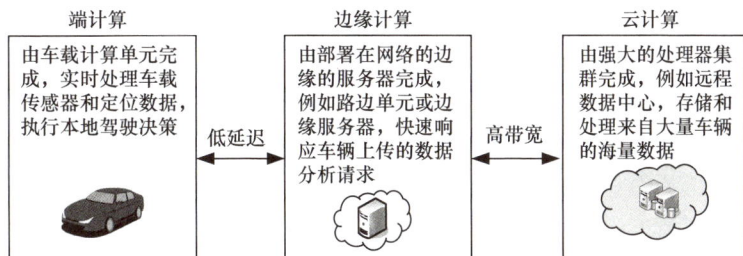

图 7-12 自动驾驶用例场景示意

1．端计算（车载计算单元）

端计算直接集成在车辆内部。它通过车载处理器实时处理传感器和摄像头收集的数据，执行紧急避障、实时行车决策和即时反应等关键功能。端计算的设计注重快速响应和能效，确保在不依赖外部网络连接的情况下，汽车能够独立做出安全的导航决策。这一层级的计算资源以最大化电池续航并保持高性能运算能力为优化目标。

2．边缘计算（路边单元或边缘服务器）

边缘计算作为端计算的补充，它部署在网络的边缘，如通信基站或专设的边缘服务器，以减少数据传输距离和时间。边缘计算节点处理从车辆传来的数据进行初步的分析和预处理，以减轻云端的负担，并快速响应车辆的需求。这一层级的计算能力也用于执行延迟敏感的任务，如实时交通管理和智能路由建议，通过数据加密等来保护传输中的信息，以增强数据的安全性。

3．云计算（远程数据中心）

云计算代表着自动驾驶系统中的中央大脑，拥有强大的数据处理和存储能力。它负责处理大规模数据集，训练机器学习模型，并提供长期存储服务。在云平台上，可以分析成千上万辆汽车的累积数据，以优化自动驾驶算法，并通过OTA（Over-The-Air）更新将改进的模型推送到各车辆。此外，云计算还支持车辆间的通信，允许数据共享和集群智能，提高整个自动驾驶系统的智能化水平。

7.4.2　智慧医疗

设想一个智慧医疗诊断系统，医生与人工智能助手合作，共同基于物联网长期监测的患者健康数据完成对患者病情的评估和诊断。在这个场景中，医生负责临床评估和决策，而人工智能助手提供数据分析、病例对比和治疗建议。

人机协同计算的基本元素包含人类角色（医生）和机器角色（人工智能助手）。医生利用多年的临床经验和医学知识进行诊断和治疗。最终的医疗决策权在医生手中，他们可以考虑人工智能助手的建议，但有权做出最终判断。医生负责与患者进行沟通，提供人性化的关怀和解释人工智能助手难以传达的复杂医疗信息。人工智能助手快速处理大量患者的数据，包括医学影像、实验室结果和电子病历。通过机器学习模型，人工智能助手能够识别病症模式，提供诊断建议。此外，人工智能助手还可以访问最新的医学研究和临床试验数据，提供基于前沿研究成果的治疗建议。

在这种人机协同计算模式中，人类医生和人工智能助手共同工作，发挥各自的优势。医生提供临床洞察并给予患者人文关怀，而人工智能助手则负责辅助诊断和处理大量数据。例如，当遇到一个复杂的病例时，医生可能会询问人工智能助手关于类似病例的相关信息，人工智能助手可以迅速提供历史数据、统计分析和相关文献，帮助医生做出更加全面和精准的决策。

智慧医疗用例场景示意如图7-13所示。在这个模式中，医生和人工智能助手之间存在持续的双向交流。医生根据人工智能助手提供的数据和建议来指导诊断和治疗，同时，医生的专业判断和患者反馈又会作为输入数据反馈给人工智能助手，帮助其不断学习和优化。这种人机协同计算方式旨在将人类的智慧和创造力与机器的计算能力相结合，以达到更高效和更精准的医疗目的。

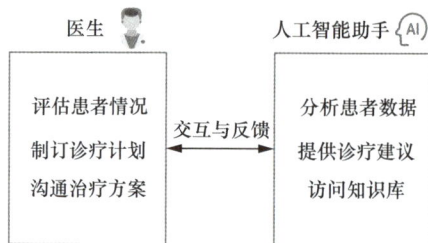

图 7-13　智慧医疗用例场景示意

拓展阅读：东数西算——国家数字经济均衡发展

在数字化转型的浪潮中，计算能力已成为推动生产力进步的新引擎。中国的"东数西算"工程，即将东部地区产生的大数据向资源丰富的西部地区转移并进行处理与分析，体现了对国家数字经济均衡发展的深刻洞察。该工程充分发挥了区域条件优势，旨在实现经济发展的区域平衡，并通过集约化利用资源，推动可持续发展。

在党中央的指导下，东数西算工程的实施不仅促进了数据流与算力的高效对接，还激活了数字经济的新动能。国家发展和改革委员会等部门的联合行动，确立了京津冀、长三角、粤港澳大湾区等八个地区作为国家算力枢纽节点，并规划了十大国家级数据中心集群。东数西算工程覆盖范围广泛，任务重大，对于促进区域协调发展和数字化转型具有重要意义。

贵州省和内蒙古自治区乌兰察布市是西部地区算力中心的典型代表，其凭借自然资源优势，打造大数据产业，吸引众多科技巨头落户，分别建立了国家级大数据综合试验区和国家绿色数据中心，推动了数据中心的绿色化、低碳化运营。随后，基础电信运营商优化网络架构，提高了数据传输效率和算力调度的灵活性。至2024年，中国不仅加强了国内的算力布局，还在国际舞台上推广了该工程，并吸引了国际合作伙伴的关注与投资。

至2022年年底，中国的算力总规模已达到令人瞩目的180 EFLOPS（ExaFlops，为10^{18}次浮点运算/s），年均增速超过30%，居全球第二。特别是中西部地区的算力设施建设和应用取得了显著成就，占全国总量的39%以上，数据中心的能源效率指标（Power Usage Effectiveness，PUE）已达到国际先进水平。

展望未来，中国将持续推进算力基础设施建设，深化国际合作，分享发展经验，共同推动全球数字经济的共赢与繁荣。通过这种前瞻性的布局，中国不仅优化了自身的算力资源配置，更为全球数字经济的发展树立了新标杆。

本章小结

物联网是数字经济的引擎，物联网能够重塑人们生产生活方式，这与海量丰富物联网数据的利用密不可分。物联网中的计算呈现出多层次、多主体的特征，按照距离计算任务源的远近进行分类，有端计算、边缘计算和云计算三个层级；按照计算主体进行分类，有计算机与人两大主体。不同层级与主体的组合形成了物联网中丰富的计算方式，涵盖了计算机与计算机的合作、人与人的合作，以及人与计算机的合作等各种情形，以应对物联网中复杂多样的计算任务。

面向海量和高度复杂的信息处理任务，合作是物联网计算的主题。在物联网时代，人与计算机的关系更为丰富，人与计算机的合作出现了新的范式。理想的人机关系中，计算机既不是人类的替代品，也不是与人类对抗的对手，而是作为协同合作者和增强者的角色出现。未来，物联网计算的发展应该着眼于从人类群智中汲取灵感，构建人机和谐共生的关系。

📝 习题

1. 什么是端计算？它有哪些优点和缺点？

2. 什么是云计算？云计算有哪些优势？

3. 为什么说云计算是技术与服务的双重创新？

4. 什么是边缘计算？它适合物联网中的哪些场景？

5. 边缘计算的卸载方式有几种？分别是什么？

6.（单选）关于边缘计算和云计算的论述中，正确的是_____。

A. 边缘计算具有比云计算更强的计算能力

B. 边缘计算具有比云计算更高效的资源利用率

C. 边缘计算具有比云计算更低的信息传输延时

D. 边缘计算提供定制服务，云计算提供公有服务

7. 分析端计算、边缘计算和云计算各自的优势与不足，讨论三者如何结合使用。

8. 云计算与虚拟化的关系是怎样的？

9. 云计算的三种服务模式是什么？

10. 根据你对云计算服务模式的理解，分析物联网即服务（IoT as a Service，IoTaaS）的含义。

11. 人计算与传统人机交互的区别是什么？

12. 人机协同计算有哪几种形式？

13. 阐述一种物联网计算任务，其中人的计算能力高于计算机设备的计算能力。

14. 未来你认为人与计算机将是怎样的关系？

15. 在人计算中，由于人类的精力与能力有限，可能会给出不正确的结果，甚至会存在恶意结果，如何利用先进的技术手段避免错误的人计算结果造成的影响。

第 **8** 章

大数据与人工智能

物联网中海量的物将产生海量的数据，这些数据既是挑战，也是财富。一方面，海量规模、动态产生和复杂类型的数据使传统的采集、存储与挖掘技术面临严峻挑战，推动了一系列"大数据"技术的发展。另一方面，物联网的海量数据中蕴含着反映物质世界运行的宝贵信息与规律，为构建智能和个性化的服务提供了支撑。

本章将首先介绍大数据的概念，具体讨论物联网中大数据的采集、存储和挖掘技术；其次将介绍人工智能的概念，以及物联网中具体的人工智能技术；最后还将介绍物联网中大数据与人工智能的应用案例。

8.1 大数据的概念

数据（Data）是描述事物的符号或数值，它可以表现为各种形式，包括文字、数字、图像、音频、视频等。其中，最常见的数据是数值型数据，例如温度传感器返回的温度值为25℃，车辆行驶速度为40km/s等，但数据并不限于数值，常见的如文字、图像、图形、动画、富文本、语音、视频、多媒体等也都是数据，如图8-1所示。

大数据的概念

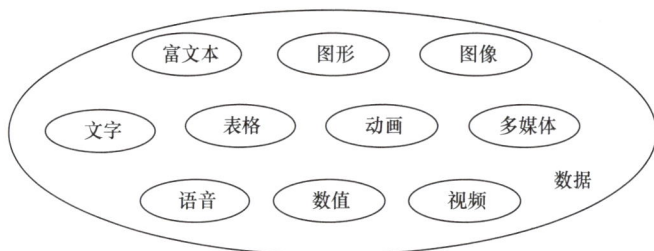

图 8-1　常见的数据形式

从古至今，人类一直在以不同的方式记录、存储和运用着数据。在文字出现之前，上古的人类已经运用结绳记事来记录重要事件。在文字出现之后，人类还能够在甲骨、石头或金属上刻字，以记录更复杂的信息。随着时间的推移，纸质的文档、表格与图片成为数据最重要的载体。在1946年计算机问世之后，数据逐渐以电、光、磁介质作为主要承载媒体，以便于计算机系统识别、存储和处理。

计算机的出现极大地推动了数据处理的自动化，人们创建数据的方式产生了重大转变。尤其在互联网诞生与发展过程中，人们可以接入互联网通过写作、录音、拍摄视频等方式在线创建和分享数据。例如，互联网上全球每秒大约发送300万封电子邮件，微信每日大约产生500亿条消息和4亿次语音呼叫信息，搜索引擎每日产生约100亿次访问请求信息等。互联网终端背后数以亿计用户的参与使得数据呈现爆发式增长。在1990年前后，互联网的数据量已经超过了传统来源的数据量。2010年左右，随着物联网概念的日渐成熟与产业的飞速发展，"物"成为数据的又一重要来源，例如，传感器产生的感知数据、阅读器产生的标识数据、卫星导航定位终端产生的时空数据等。一方面，"物"的数量远超过人类；另一方面，不少"物"所产生的数据量是惊人的，例如，输出视频码率为6Mbit/s的摄像头24h的数据总量约为65GB，一辆联网的自动驾驶汽车每运行8h大约产生4TB的数据。因此，物联网的数据量呈现出更为快速的增长趋势，在2015年左右就已经超过了互联网，成为人类社会数据最主要的来源，如图8-2所示。未来，物联网数据量应该能达到互联网数据量的20倍以上。

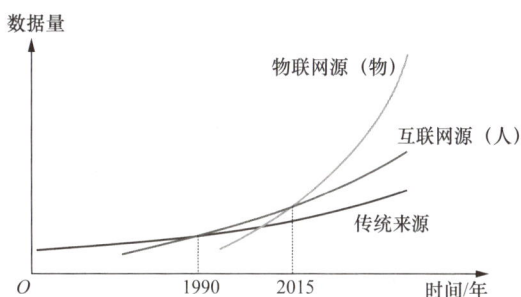

图 8-2 不同来源数据量的发展趋势

在21世纪初，互联网数据的迅速增加已经为传统的计算机数据库技术带来了严峻挑战，大数据的概念逐渐形成。大数据是指规模巨大的数据集合，以至于其获取、存储、管理、分析方面大大超出了传统数据库软件工具能力范围，需要新的信息处理模式才能挖掘数据价值。通常认为大数据应具备五个主要特征，简称为"5V"，如图8-3所示。

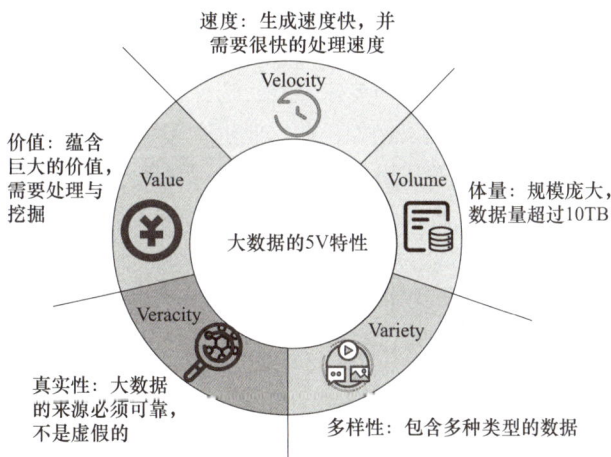

图 8-3 大数据的 5V 特征

"5V"描述了大数据在数据体量、数据产生速度、数据类型、数据真实性和数据价值方面的特征。第一，数据体量（Volume）大，大数据的数据量巨大，目前通常认为超过10TB的数据量可以称为大数据。处理如此庞大的数据量需要依赖云计算等技术。第二，数据产生速度（Velocity）快，大数据的生成和处理速度非常快。例如，物联网中的传感器会持续不断地产生数据，这要求后端具有实时或近实时的数据处理能力。第三，数据类型多样（Variety），大数据包含多种类型的数据，可以有数值型数据，也可以有图像、文本和语音等。第四，数据来源真实（Veracity），即大数据的来源必须可靠。数据的真实性是后续数据分析和数据挖掘准确性的前提。数据可以有误差，但不能是虚假的。第五，数据价值（Value）巨大，是指大数据中蕴含着巨大的价值，但这些价值往往不易直接获得，需要通过新的技术和方法进行深入挖掘。

大数据的应用范围非常广泛，包括金融分析、自动驾驶、智能制造、精准农业等。大数据带来了人类观察与理解世界方式的重大变化。由于大数据中蕴含着物质世界中全面、准确和真实的信息，可以帮助人们更深入地分析问题，理解事物之间的关联，发现事物运行发展的规律性特征。因此，大数据是未来的重要资产，被称为数字经济时代的"石油"资源。

8.2 物联网中的大数据技术

大数据技术主要可以分为数据采集、数据存储、数据挖掘等。在物联网中，我们通常由大量的传感器获得数据，对所收集到的数据进行存储，并进而开展挖掘分析以支持应用决策。因此，大数据伴随着物联网信息处理的全流程，通过创新性地运用大数据技术，有助于开发出智能高效的物联网解决方案。

8.2.1 数据采集

数据采集是物联网大数据的源头，源头数据的质量对物联网应用的成败具有基础性的影响。数据分析领域常常提及GIGO（Garbage In，Garbage Out）原则，即"输出的质量由输入的质量决定"，低质量的数据输入会导致偏颇甚至错误的结论输出，因而为了获得正确的结论并对物质世界施加正确的引导，合理的、准确的数据采集是极为重要的，并且在工程实现中也要求数据采集是低成本的。

在物联网应用中，应该结合应用需求与专家经验，选择和部署合理的传感器。其中，较简单的情况是能够直接采集应用所需的数据。例如，在农业生产领域，如果能够获得与农业生产有关的数据，就能够很好地指导耕作。经验告诉我们，为了实现智慧农业，我们必须获得相应的田间信息，包括农田周围环境信息、位置信息、农作物产量信息、农作物生长信息和土壤属性信息等。需要优先考虑的是农作物苗情分布信息、土壤压实、土壤水分、土壤养分、农作物病虫草害和耕作层深度等。因此，我们可以通过部署固定或移动的传感器来实现上述目标，如图8-4所示。

在图8-4的智慧农业应用中，我们可以在农田附近部署传感器，实时监测农田的土壤湿度、温度、风速等数据，这些传感器通过无线网络将上述数据传输到后端云计算平台。无人机具有良好的可移动性，通过在无人机上安装视频或红外采集装置，可以快速地对广阔区域中的农田进行巡查。无人机可以通过无线网络将数据发送到后端，也可以在降落后通过线缆连接到有线网络传输数据。

物质世界中的事物间存在密切的联系，在难以对所需要的数据进行直接采集时，也可以考虑与之存在密切关联的其他事物，采集相关事物的数据并通过数据分析间接获得结论。例如，在图8-5的物联网辅助智能驾驶应用中，识别驾驶人员的疲劳程度缺乏直接的数据采集方法，因而主要采用间接的方法，如通过驾驶人员前方安装的摄像头或者在座椅上安装压力传感器。

（a）固定部署在田间的传感器

（b）部署在无人机上的传感器

图 8-4 智慧农业中的数据采集

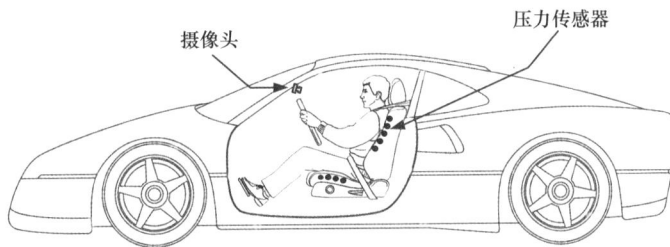

图 8-5 智能驾驶中的数据采集

摄像头可以采集驾驶员的人脸图像，从中可以提取面部特征点，如眼睛、鼻子、嘴巴等，通过分析眼睛的状态（如眨眼频率、眼睛闭合时间等）有助于判断驾驶员是否疲劳。例如，如果眼睛闭合时间过长或者眨眼频率异常，可能表示驾驶员正在打瞌睡。此外，还可以分析驾驶员的头部姿态，进一步判断其注意力是否集中在驾驶上。例如，如果驾驶员的头部长时间向下倾斜，可能表示其注意力不集中。类似地，如果在汽车座椅上安装足够多的压力传感器，就可以测量驾驶人员对椅子施加压力的方式，这同样能够用来判断驾驶人员是否疲劳。

从工程视角考虑，无论是直接还是间接采集数据，物联网中的数据采集都需要综合考虑可部署性与成本。基于电力铁塔或者移动通信基站塔的数据采集是非常典型的例子。图8-6中电力铁塔上可以安装温度、湿度、风力、风向、降水等气象

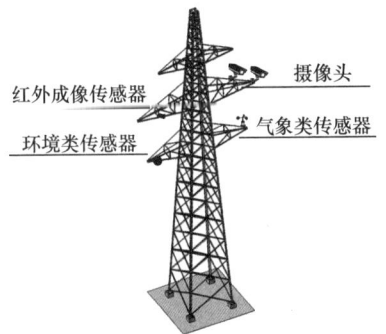

图 8-6 基于电力铁塔的综合数据采集

类传感器，CO_2、SO_2、烟雾等环境类传感器，以及摄像头、红外成像传感器，就能实现对附近区域进行综合监测，例如，发现火情、分析农作物长势等。由于电力铁塔或移动通信基站塔大概每几百米就能间隔出现，也易于提供电源和接入网络，因此这是一种非常可行的综合监测系统。

8.2.2　数据存储

物联网中数以亿计的"物"将产生海量的、多样的、真实的数据，这对数据的存储提出了巨大挑战，推动了数据存储与数据库技术的发展。

在计算机技术发展的早期，硬件存储设备只有纸带、卡片和磁带等，程序员需要直接规定数据的逻辑结构与物理结构。由于数据的组织面向应用程序，因此不同的应用程序之间不能共享数据。从20世纪50年代中期开始，硬盘（Hard Disk）等大容量存储设备出现，数据开始以文件的形式储存在硬盘等存储设备上，但数据的逻辑结构仍然面向程序，数据难以维护与管理。

数据库的概念始于20世纪60年代中期，那时计算机已经广泛用于数据管理，基于文件的数据存储方式已经不能满足人们的需求，数据库管理系统（DataBase Management System，DBMS）应运而生（见图8-7），它可以创建、维护和使用数据库，具备用户并发存储、检索、更新和管理数据的能力，还能确保数据的完整性、安全性和可用性。

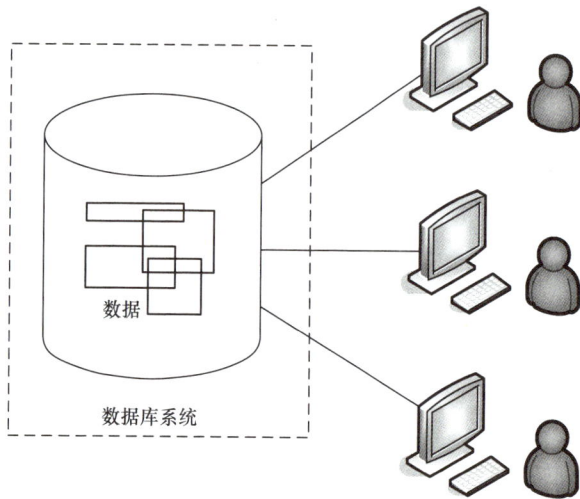

图 8-7　数据库管理系统示意

最早出现的数据库是层次模型和网状模型数据库，它们假设数据具有层次或网状结构，使用指针来表示数据之间的关系，很好地解决了数据的集中和共享问题。然而，由于数据通过指针相互串联起来，为了访问到所需的内容，可能需要遍历整个数据库，因此数据查找操作效率很低。

1970年，埃德加·弗兰克·科德（Edgar Frank Codd，1923—2003）发表了题为"大型共享数据库的关系模型"（"A relational model of data for large shared data banks"）的论文[13]，提出了"关系模型"的概念与基础理论。关系模型简单、明晰且具有坚实的数学理论支持，因而受到了学术界和产业界的高度重视和广泛响应，关系数据库（Relational Database）很快成为数据库技术的主流。

在大数据时代，关系数据库仍发挥着重要作用，然而由于大数据的类型非常多样，并非所有的数据都能以关系模型进行描述，因此也催生了非关系数据库（Non-Relational Database）的发展。

1. 关系数据库

关系数据库通过二维表格的形式组织数据，如表8-1所示。表格中的每一行称为一条记录（Record），每一列称为字段（Field）。表8-1中的SensorID、Longitude和Latitude字段分别表示传感器编号、所部署的经度与纬度，其中SensorID字段取整数值，Longitude和Latitude取浮点数值。注意，在关系数据库中，记录的顺序是无关紧要的。

表 8-1　传感器部署位置的关系数据表

SensorID	Longitude	Latitude
1	116.35377	39.99152
2	116.35376	39.99162
3	116.35376	39.99133
4	116.35377	39.99124
5	116.35372	39.99188

表8-1中记录了各温度传感器的部署位置坐标。可以观察到，这些传感器的位置坐标数据的格式非常统一，具有固定的格式，每个字段都有明确定义的数据类型和可能的取值范围，具有上述特点的数据称为结构化数据（Structured Data）。由于结构化数据具有上述特点，关系数据库能够对数据的存储和组织进行很好的优化，在增、删、查、改操作上具有显著的优势。

结构化查询语言（Structured Query Language，SQL）是一种用于管理关系数据库的标准编程语言，它包括一系列命令，允许用户进行查询数据、更新数据、插入新数据，以及修改现有数据结构等操作。SQL的语法非常直观，并得到了几乎所有关系数据库管理系统（Relational Database Management System，RDBMS）的支持，用户可以基于SQL实现复杂的查询和数据操作，满足各种业务需求。例如，若表8-1在数据库中表格名为SensorData，则可以通过下列语句获得编号为3的传感器的经度：

SELECT Longitude FROM SensorData WHERE SensorID=3

关系数据库是目前主流和成熟的数据库系统，适合物联网中结构化数据的存储。

2. 非关系数据库

在物联网中存在大量的非结构化数据，例如，摄像头产生的视频数据就难以采用表格方式进行存储，再如，物联网设备生成的日志数据是变长的符号序列，其格式和内容并不统一，也不易直接用关系数据库表格形式进行存储。此外，物联网数据是流式持续产生的，还需要进行实时处理，这些也都为关系数据库带来了严峻的挑战。因此，非关系数据库（Non-Relational Database）在近年来得到了迅速发展。

非关系数据库也称为NoSQL（Not only SQL），即"不仅仅是SQL"。它主要用于超大规模数据的存储，这些数据并不要求具备固定的模式。非关系数据库并没有统一的解决方案，目前基本认同将非关系数据库分为四类，即键值（Key-Value）数据库、列存储（Wide Column Store/Column-Family）数据库、面向图（Graph-Oriented）的数据库及面向文档（Document-Oriented）的数据库，其中每一种类型的数据库都能够解决一些关系型数据库不能解决的问题。不过在实际应用中，非关系数据库间的分类界限并不明显，往往会是几种类型的复合体。

键值数据库是一种非关系数据库，它以键值对的形式存储数据，简单、高效。这种数据库适用于存储不涉及复杂关系的大量数据，如缓存和实时监控系统。它们提供了快速的读写功能，但不支持通过值查询数据，也不适合存储数据间的关系和事务操作。

列存储数据库存储数据采用与列相关的架构，特别适用于批量数据处理和即时查询。与行式数据库相比，列存储数据库在处理大规模数据和进行数据聚合操作时更高效。然而，它们不适合小数据量的处理。

面向图的数据库使用图结构来存储实体和实体间的关系，非常适合表示复杂的关系网络，如社交网络。这种数据库支持快速的邻近节点查询和路径查找，具有很高的灵活性。但是，它对节点、关系和属性数量进行限制，不易于进行分布式集群处理。

面向文档的数据库适用于存储半结构化或非结构化的数据，通常以JavaScript对象表示法（JavaScript Object Notation，JSON）或可扩展标记语言（Extensible Markup Language，XML）格式存储。它提供了数据结构的灵活性，无须预定义表结构，易于扩展和兼容历史数据。面向文档的数据库适合处理复杂的数据结构，如内容管理系统和信息管理系统，但不支持复杂查询和高级事务特性。

关系数据库与非关系数据库的比较，如表8-2所示。关系数据库需要预定义的模式，而非关系数据库不需要固定模式。关系数据库通常支持结构化查询语言（SQL），但非关系数据库缺乏声明性查询语言。在一致性上，关系数据集非常成熟，具有严格的数据完整性要求，满足以下ACID四个要素，即原子性（Atomicity），事务是最小的不可分割的工作单位，整个事务中的操作要么全部完成，要么完全不执行；一致性（Consistency），事务应确保数据库从一个一致性状态转变到另一个一致性状态，此处一致性状态指的是数据遵循预定的规则和约束；隔离性（Isolation），是指并发执行的事务是相互隔离的，一个事务的中间状态对另一个事务是不可见的；持久性（Durability），是指一旦事务被提交，它对数据库所做的更改就是永久性的，即使在系统崩溃或发生其他故障的情况下也是如此。非关系数据库不支持事务，也不能支持ACID四个要素的严格一致性，仅能支持最终一致性，即允许在一定时间内数据的不同副本之间存在差异。

表8-2 关系数据库与非关系数据库的比较

数据库类型	关系数据库	非关系数据库
模式	预定义的模式	没有预定义的模式
查询语言	结构化查询语言（SQL）	没有声明性查询语言
一致性	严格一致性	最终一致性
事务	支持	不支持
扩展	垂直扩展，即向服务器添加更多计算与存储资源	横向扩展，将数据库工作负载分配到多个节点

非关系数据库很容易进行横向扩展，即将数据库工作负载分配到多个节点，这使得它们可以通过增加节点应对海量的数据存储。关系数据库的横向扩展相对困难，主要是垂直扩展，即向服务器添加更多计算与存储资源，面向海量数据的存储需要易出现瓶颈。

综上，关系数据库适合需要复杂查询和严格事务管理的应用，而非关系数据库更适合快速读写、大规模数据处理和实时分析的场景，两者在物联网中均有广泛应用。

8.2.3 数据挖掘

数据挖掘（Data Mining）是从大量数据中通过算法寻找隐藏模式、未知关联、事物发展趋势，以及其他有价值信息的过程。作为知识发现（Knowledge Discovery）的核心环节，数据挖掘是物联网中大数据的价值得以实现的关键。

数据挖掘的流程示意如图8-8所示。在开展数据挖掘任务之前，用户需要明确目标，即预期

可以从数据中洞察到哪些模式或知识。根据目标设定，用户需要对数据进行理解，并明确数据挖掘过程中的具体技术思路。数据挖掘主要包括数据选择、数据清洗（Data Cleaning）、数据集成、数据变换、数据分析与模式提取、数据可视化、评估决策等阶段，每一阶段的输出是下一阶段的输入。

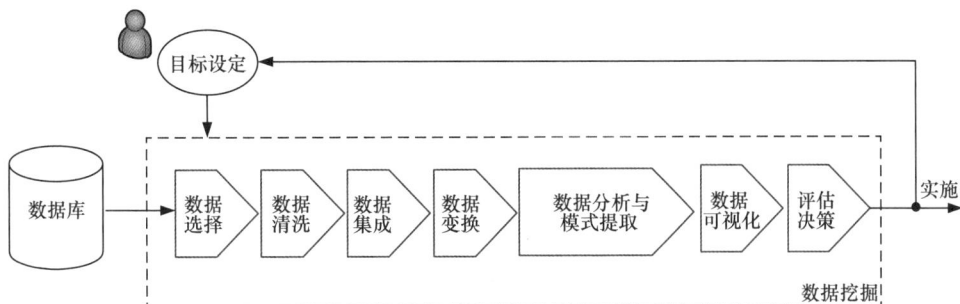

图 8-8 　数据挖掘流程示意

在数据选择阶段，我们从数据库中查找并获得与任务相关的数据。由于原始数据可能存在缺失甚至错误，因此需要进行数据清洗以提升数据质量。在数据清洗阶段，我们检测原始数据中的缺失值，并根据不同的任务目标对缺失值进行处理，或者删除整条记录或使用平均数、中位数、众数或其他统计方法填充缺失值；我们也会检测原始数据中的异常值，并根据任务目标对异常值进行删除或修正。在数据集成阶段，我们将合并多个数据源形成支持挖掘任务的完整数据，并解决数据冗余和多来源数据的不一致问题。在数据变换阶段，我们对数据实施变换，以将其转换成适合挖掘的数据形式，可以包括类型转换、单位统一及数据编码等。以上步骤都可以归入数据预处理（Data Preprocessing）过程。

数据分析与模式提取是数据挖掘最核心的阶段，我们利用各种数据分析与数据处理技术，尝试提取数据中有用的信息与模式，这一阶段常见的分析算法包括但不限于分类（Classification）、回归（Regression）、聚类（Clustering）、关联规则学习（Association Rule Learning）和序列模式发现（Sequential Pattern Discovery）等。在数据可视化（Data Visualization）阶段，我们将所获取的有用的信息或模式通过视觉元素（如图表、图形、地图和动画等）进行表达，从而充分利用人类视觉系统的能力，帮助我们更容易地理解数据中的趋势、模式和异常值等。在最后的评估决策阶段，我们需要结合可视化的结果，对模式进行评估，以确定哪些模式是真正有用和有效的，并判断数据挖掘任务是否达到了设定的目标。如果目标没有达到，我们可能需要多次调整与迭代上述过程，以达到满意的最终效果。

从目标上进行分类，可以将数据挖掘分为描述性分析、预测性分析与指导性分析三种基本类型，如图 8-9 所示。

描述性分析（Descriptive Analysis）侧重对已经发生的事件进行总结和描述，如计算数据平均值、方差、相关系数等统计指标，侧重

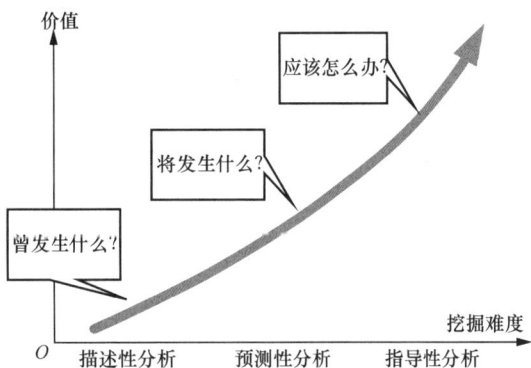

图 8-9 　数据挖掘的三种分析类型

于发现数据表面之下的历史规律或模式。常见的描述性分析有关联分析、聚类分析（Clustering Analysis）、因果分析（Causal Analysis）等。例如，在精准农业中，分析土壤pH值与西瓜产量的

关系就是一种描述性分析。描述性分析是对已存在的数据的统计和总结，帮助我们理解已经发生的事情，为更深入的数据分析提供基础。

预测性分析（Predictive Analysis）是指基于历史数据对未知的或未来将发生的事件进行预测。预测性分析通常使用统计模型、机器学习算法或其他数据分析技术来识别数据中的模式，并基于这些模式进行预测，常见的预测性分析包括分类、回归、离群点分析（Outlier Analysis）、演化分析（Evolution Analysis）等。分类是指根据数据特征将其归入预定义的其中一种类别，例如，根据摄像头获取的图像将植物归入农作物或杂草。回归是根据数据特征预测连续值的输出，例如，根据农田的降水情况、pH值等预测农作物的最终产量。离群点分析旨在识别和处理数据中的异常值或离群点（Outlier），此处的离群点是指那些与数据集中的大多数其他数据显著不同的数据点，它们可能因测量错误、数据录入错误或实际的异常情况产生。在工业控制中，离群点分析有助于识别机器的异常工况。演化分析关注事物、系统或现象随时间变化的过程和模式，如预测传感器时间序列的未来趋势等，帮助我们理解事物是如何随时间发展和变化的。

指导性分析（Prescriptive Analysis）在描述和预测数据中的模式与趋势的基础上提供决策建议以优化或改善结果。指导性分析具有给定的业务目标，如提高农作物产量或降低车间生产成本。根据目标需求，我们会采用优化算法寻找最佳解决方案，并可能使用模拟技术来预测这些解决方案的潜在影响，从而提供操作性建议，指导用户如何进行优化以获得更好的结果。例如，通过指导性分析，我们建议将农田的pH值降低0.1来取得最优的农作物产量。

不同的数据挖掘方法具有不同的挖掘难度和潜在价值。描述性分析相对容易，但无法提供对未来的预测与指导。预测性分析要复杂一些，能够提供预测功能，但仍不能提供具体操作建议。指导性分析是最难的，但能够给出优化的决策方案。

8.3 人工智能的概念

智能（Intelligence）是一个多维度的概念，通常是指生物体（尤其是人类）理解复杂环境、解决问题、学习经验、适应新情况、规划未来、使用工具和语言进行交流的能力。人工智能（Artificial Intelligence）是计算机科学的一个分支，旨在让机器通过模拟、延伸和扩展人类的智慧来完成通常需要人类智慧才能完成的任务。在物联网中，人工智能的应用领域非常广泛，它是物联网提供智慧服务的关键决策环节。

为了判断机器是否具有了类似人的智慧，图灵（Alan Turing，1912—1954）提出了一个著名的理想实验，即图灵测试（Turing Test），如图8-10所示。假设在房间内可能是一个真人，也可能是一台计算机，测试者需要判断房间内到底是真人还是计算机。但是，测试者与被测试者（人或计算机）被隔开，测试者只能通过一些装置（如键盘）向被测试者随意提问。进行多轮提问与回答之后，如果测试者无法判定对面到底是计算机还是人，那么就认为这台计算机通过了测试，即它具备类似于人类的智慧。

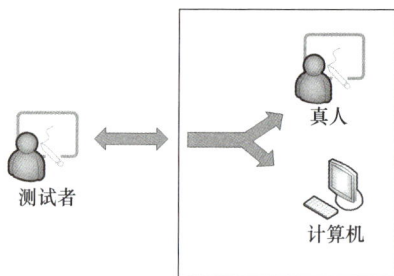

图 8-10 图灵测试示意

人工智能自诞生以来，历经了符号主义、连接主义到行为主义的变迁，这些研究从不同角度模拟人类的智慧，在各自的领域中都取得了巨大的成就。

图8-11展示了不同流派的区别。

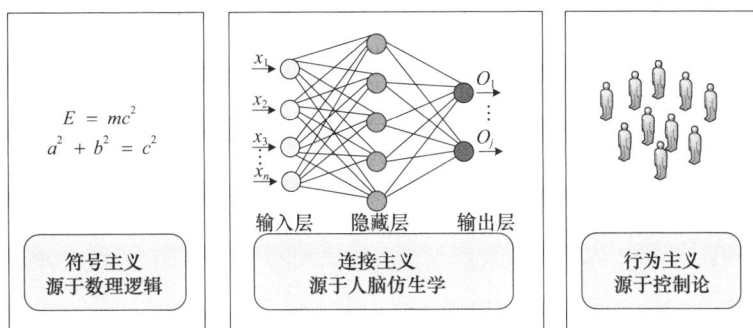

图 8-11 人工智能中的符号主义、连接主义和行为主义流派

符号主义又称为逻辑主义、心理学派或计算机学派，其原理为物理符号系统假设和有限合理性原理。符号主义认为人工智能源于数理逻辑，人的认知基于符号，因此着重分析人类认知功能和机能，用计算机进行模拟。但符号主义的主要困难是符号系统组合爆炸问题，以及对人的基本常识理解不足。符号主义取得的主要进展有专家系统、逻辑推理、知识表示、自动规划、自然语言处理等。

连接主义又称为仿生学派或生理学派，其原理是神经网络及神经网络间的连接机制与学习算法。连接主义认为人工智能源于仿生学，特别是人脑模型研究，着重于研究结构模拟，即模仿人脑生理神经网络结构。结构和智能行为密切相关，可以通过改变神经元连接强度来控制神经元的活动，实现感知和学习，如模式识别、联想记忆。连接主义的主要困难表现在知识获取技术上的障碍，以及模拟人类心智方面的局限。连接主义取得的主要进展包括机器学习、深度学习、强化学习等。

行为主义又称为进化主义或控制论学派，其原理是控制论，认为智慧取决于感知和行动。通过"感知—动作"模式，其智慧不需要知识、表示和推理。人工智能可以像人类一样逐步进化，智慧行为在现实世界与周围环境交互作用。行为主义在以下方面取得的主要进展包括机器人学、自适应系统、进化计算等。

近年来，大数据的发展推动着人工智能技术的快速进步。大数据提供了海量且多样化的数据，这对于训练复杂的人工智能模型至关重要。物联网中大量传感器提供的实时数据使人工智能系统具有持续学习和适应的能力。人工智能与数据挖掘存在密切的关系，如图8-12所示。

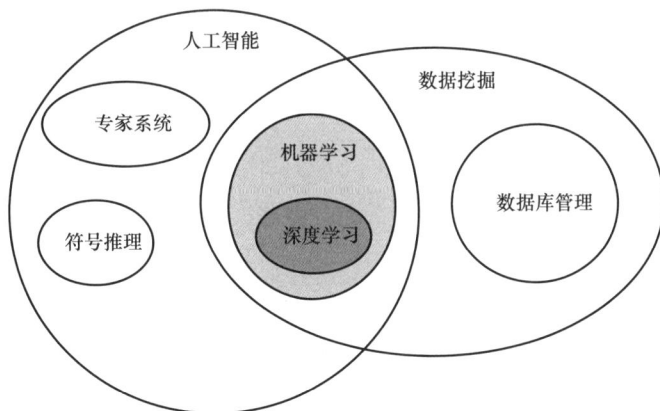

图 8-12 人工智能与数据挖掘的关系

人工智能强调让机器的行为看起来像人所表现出的智慧行为一样，而数据挖掘是从数据中寻找隐藏的模式、知识和规律。人工智能中专家系统或符号推理可以不基于数据实现，而数据挖掘也存在一些与人工智能无关的如数据库管理方面的操作。然而，大数据的诞生与发展将两类技术紧密联系起来，通过挖掘物质世界的海量数据就有可能使得机器展示出"智慧"。机器学习属于人工智能与数据挖掘的交集，侧重于基于计算机自动从数据中分析获得规律，然后利用规律进行预测和指导。在众多的机器学习算法中，深度学习（Deep Learning）是目前最成功和广受关注的技术。结合物联网大数据的特征，人工智能与数据挖掘经常相互交织，相辅相成，共同推动物联网智慧服务的实现。

8.4 物联网中的人工智能技术

人工智能技术有很多种类型，其中与物联网大数据存在密切关系的是机器学习。事实上，机器学习模拟了人的学习，两者具有非常相似的理念。人类每天都会接触很多数据，根据数据进行学习或训练（Training），在大脑中构建知识库。在遇到未知的事物或问题时，人类可以利用已有的知识进行解决并得出结论，如图8-13（a）所示。

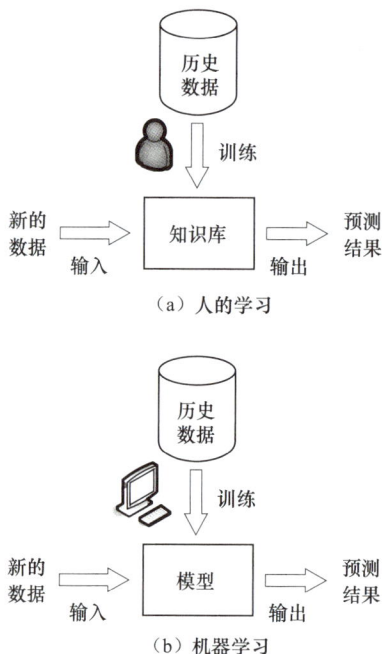

图 8-13 人的学习与机器学习比较

机器学习也是类似的，由计算机自主地从历史数据中学习和训练，并构建模型（类似于人的知识库）。在遇到未知事物时，机器能够根据模型对输入的数据做出预测或决策。第4.4节提及的最近邻算法就是一种典型的机器学习技术。本节将在人工神经网络的基础上讨论深度学习，这是目前人工智能最主流的技术之一，近年来活跃的大语言模型（Large Language Model，LLM）、生成式人工智能（Generative Artificial Intelligence，GenAI）都是深度学习的应用。

8.4.1　人工神经网络

人工神经网络（Artificial Neural Network，ANN）是受生物神经系统启发的一种计算模型，主要用于模拟人脑的神经元连接和信息处理方式。它通过大量的简单处理单元（神经元）和连接（权重）构成的网络来实现对分类或回归问题的建模和求解。

为了训练人工神经网络模型，我们需要准备充分的数据，称为训练数据集（Training Dataset），其中的每条记录包括若干特征与对应的标签。通过训练，我们希望建立一个人工神经网络模型，使之将输入的特征准确地映射到相应的标签，如图8-14所示。本节将详细介绍人工神经网络中的神经元与层（Layer）、激活函数（Activation Function）以及前向/反向传播的概念。

1. 神经元与层

神经元是ANN中的最小构成单元，它是对生物神经元的计算机模拟。生物神经元有如下特点：①单个神经元有兴奋和抑制两种状态；②当兴奋时就会向相连的神经元（经轴突）发送化学物质，从而改变这些神经元的电位；③神经元（经树突）收集外部刺激，一旦神经元的输入电位达到阈值，它就会被激活（兴奋）。

类比生物神经元，沃伦·麦卡洛克（Warren McCulloch，1898—1969）和沃尔特·皮茨（Walter Pitts，1923—1969）于1943年提出了神经元网络模型。具体来说就是神经元连接多个输入信号，这些输入信号通过带有权重的连接进行传递，传递后与阈值进行比较，经激活函数$\delta(\bullet)$处理后产生输出[14]。图8-15展示了单个神经元输入和输出的映射过程，这里考虑了n个输入$x_1 \sim x_n$，神经元采用n个权重$w_1 \sim w_n$将其组合起来，然后通过激活函数$\delta(\bullet)$映射，最后得到输出y，整个过程可表达为

$$y = \delta(\sum_{i=1}^{n} w_i x_i + b)$$

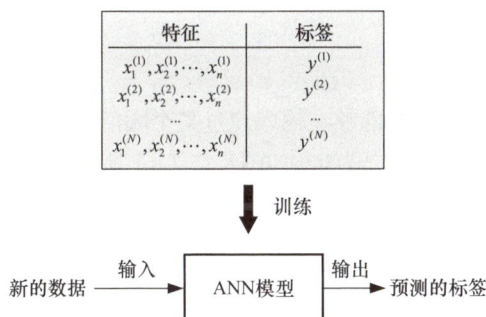

图 8-14　人工神经网络模型的训练与使用示意　　　　图 8-15　单个神经元示意

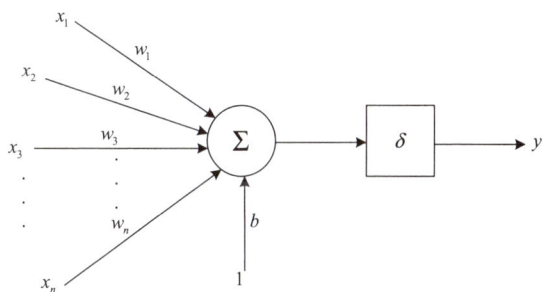

其中，w_i被用作衡量不同输入信息的重要程度，重要的信息被期望赋予较大的权重。b为偏置，它是一个标量，可以理解为阈值，其存在的意义为将$\sum_{i=1}^{n} w_i x_i$与该值进行比较，如果大于$-b$，则神经元处于激活状态；反之，则处于抑制状态。$\delta(\bullet)$为激活函数，在后文会有详细介绍。注意，这里的w_i和b均为可学习的参数，其更新方式在后文进行讨论。

神经网络由很多神经元彼此连接构成，其中最常见的连接形态是层次结构，即神经元组织为一系列的层级，第一层神经元的输出连接到第二层神经元的输入，第二层神经元的输出连接到第三层神经元的输入，依次类推，直到最后一层。同层的神经元之间没有连接关系，不相邻层级的神经元之间也没有连接关系。这种情况下，数据流在神经网络中从第一层按层级顺序单向流动到最后一

层，称为多层前馈神经网络（Feed-forward Neural Network，FNN），也称为多层感知机（Multi-Layer Perceptron，MLP）。多层前馈神经网络的每个层级通常由多个神经元排列组成，这些层可以分为输入层、隐藏层、输出层三类。输入层接收输入信号，如图像中的像素、自然语言的单词，以及房价预测问题中房屋的位置和面积等信息，每个神经元搭载一种信息，该层并不改变输入信号。

隐藏层的每一个神经元均由上文介绍的神经元组成，该层的输入为输入层或者上一个隐藏层的输出，隐藏层主要负责对输入信号进行加工。

输出层的每一个神经元均由上文介绍的神经元组成。在获得加工后的信号后，输出层对该信号进行总结映射，从而获得我们关心的参量（即标签），比如，房屋的价值、邮件是否为垃圾邮件、图片的类别等。与隐藏层不同的是，输出层的神经元个数往往与实际问题相关，比如，房价预测问题中输出层仅含有一个神经元，神经元的输出值即为房价；再比如分类问题中，输出层的神经元个数等于类别数，每个神经元的输出值与属于该类别的概率直接相关。图8-16展示了一个简单的三层神经网络，其中包括一个输入层、一个隐藏层和一个输出层。

2．激活函数

激活函数是人工神经网络中的一个关键元件，用于引入非线性特性，使网络能够学习和表示复杂的数据模式。激活函数应用于每个神经元的输出端。

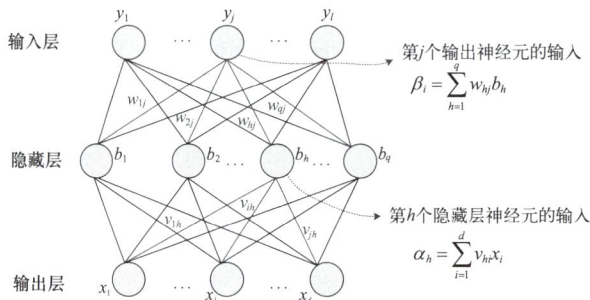

图 8-16　三层神经网络

在神经网络中，一个较为理想的激活函数是阶跃函数，它能够在输入超过某个阈值时激活神经元，输出为1，而在输入低于该阈值时，神经元不激活，输出为0，如图8-17（a）所示。这种阶跃函数也称为门限函数，它能够实现从非激活状态（0）到激活状态（1）的跃迁，即从不兴奋到兴奋的转变。

阶跃函数的优点在于其简单性和明确的界限，但它的缺点在于不可导性。在数学上，不可导意味着在阶跃点处无法求得微分。为了解决这个问题，通常使用另一种函数：S型函数，也称为sigmoid函数，如图8-17（b）所示。S型函数在输入超过某个阈值后逐渐被激活，输出值从0逐渐增加到1，而在输入低于该阈值时，输出值从1逐渐减少到0。这种函数使得神经网络中的神经元在达到激活阈值时能够平滑地从非激活状态过渡到激活状态，从而避免了阶跃函数的不可导现象。S型函数可表示为

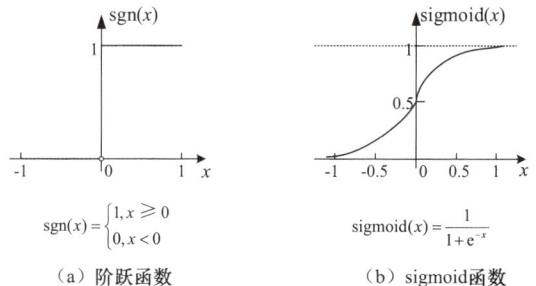

$$sgn(x) = \begin{cases} 1, x \geq 0 \\ 0, x < 0 \end{cases}$$

$$sigmoid(x) = \frac{1}{1+e^{-x}}$$

（a）阶跃函数　　　　（b）sigmoid函数

图 8-17　激活函数示意

$$sigmoid(x) = \frac{1}{1+e^{-x}}$$

使用 S 型函数作为神经元的激活函数，神经网络能够在处理数据时，逐渐从非激活状态过渡到激活状态，以相对平滑的方式实现信息的传递和处理。

3．前向与反向传播

本节将介绍人工神经网络的前向传播和反向传播过程，其中前向传播是指数据从输入层流向输出层，从而获得预测值，如图 8-18（a）所示；反向传播是指从输出层到输入层进行梯度计算，从而更新网络权重，如图 8-18（b）所示。

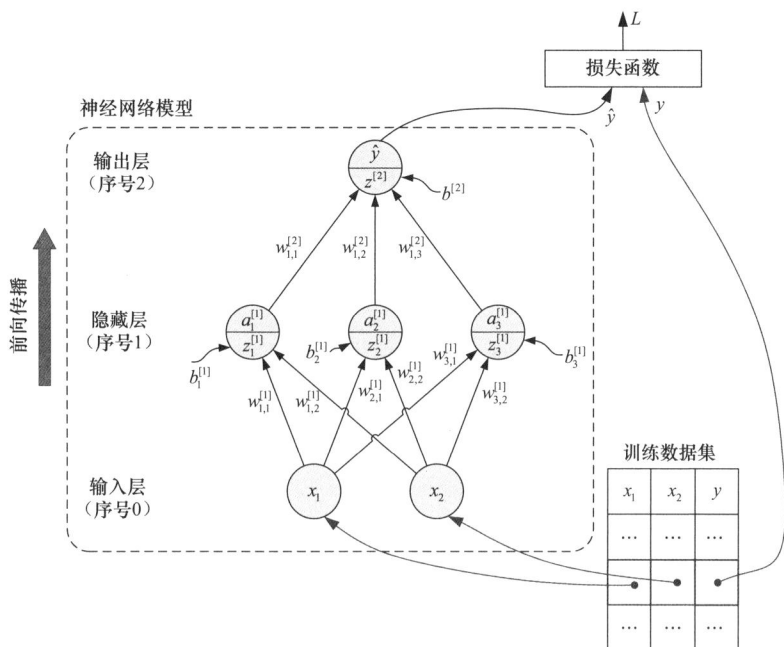

（a）前向传播

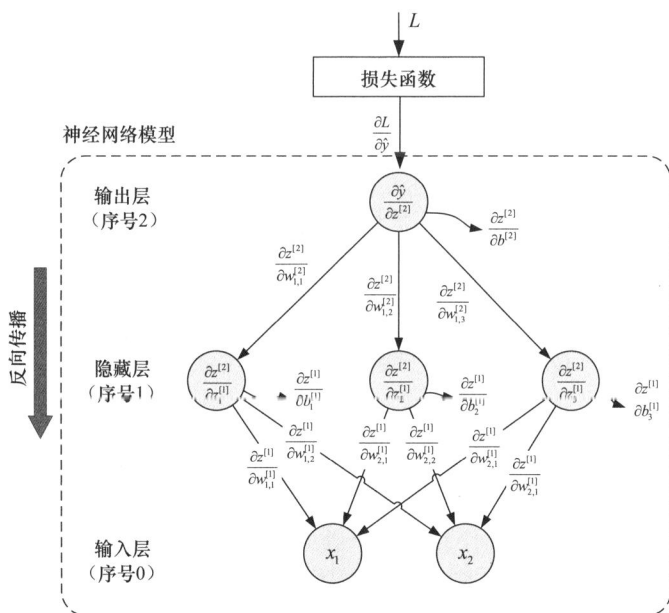

（b）反向传播

图 8-18　神经网络的前向传播与反向传播示意

以三层神经网络为例，该网络由1个输入层（包含2个输入节点）、1个隐藏层（包含3个隐藏节点）和1个输出层（包含1个输出节点）组成。令符号x_1与x_2表示输入数据，y表示对应输出的真实值，$\hat{y}$表示神经网络对输出的预测值。如图8-18（a）所示，在前向传播过程中，令$\boldsymbol{x} = \left[x_1, x_2\right]^{\mathrm{T}} \in \mathbf{R}^{2 \times 1}$表示输入向量，定义输入层到隐藏层连接权重和偏置为：

$$\boldsymbol{W}^{[1]} = \begin{bmatrix} w_{1,1}^{[1]}, w_{1,2}^{[1]} \\ w_{2,1}^{[1]}, w_{2,2}^{[1]} \\ w_{3,1}^{[1]}, w_{3,2}^{[1]} \end{bmatrix} \in \mathbf{R}^{3 \times 2}$$

$$\boldsymbol{b}^{[1]} = \left[b_1^{[1]}, b_2^{[1]}, b_3^{[1]}\right]^{\mathrm{T}} \in \mathbf{R}^{3 \times 1}$$

注意，此处上标代表本层的索引号，第1个下标代表本层神经元的索引号，第2个下标代表对应连接的源神经元索引号。因此，可以得到隐藏层的输入向量：

$$\boldsymbol{z}^{[1]} = \boldsymbol{W}^{[1]} \boldsymbol{x} + \boldsymbol{b}^{[1]} = \left[z_1^{[1]}, z_2^{[1]}, z_3^{[1]}\right]^{\mathrm{T}} \in \mathbf{R}^{3 \times 1}$$

然后，将$\boldsymbol{z}^{[1]}$馈至激活函数，并得到隐藏层的输出：

$$\boldsymbol{a}^{[1]} = \delta^{[1]}\left(\boldsymbol{z}^{[1]}\right) = \left[a_1^{[1]}, a_2^{[1]}, a_3^{[1]}\right]^{\mathrm{T}} \in \mathbf{R}^{3 \times 1}$$

其中$\delta^{[1]}$表示隐藏层节点的激活函数。

对于输出层，我们定义其权重和偏置为：

$$\boldsymbol{W}^{[2]} = \left[w_{1,1}^{[2]}, w_{1,2}^{[2]}, w_{1,3}^{[2]}\right] \in \mathbf{R}^{1 \times 3}$$

$$b^{[2]} \in \mathbf{R}$$

则可以得到该输出层的输入为：

$$z^{[2]} = \boldsymbol{W}^{[2]} \boldsymbol{a}^{[1]} + b^{[2]}$$

该标量通过激活函数得到最终输出：

$$\hat{y} = \delta^{[2]}\left(z^{[2]}\right)$$

其中$\delta^{[2]}$表示输出节点的激活函数。

在已知权重和偏置的条件下，通过前向传播过程能够求得神经网络的输出。然而，神经网络内部权重和偏置通常是未知的，它们是在训练过程中不断迭代更新获得的。初始情况下，权重和偏置通常是随机设置的，因而预测结果并不准确。为了衡量预测值与真实值之间的差异，常常引入损失函数，这里我们考虑均方误差损失，即$L = \dfrac{1}{2}(y - \hat{y})^2$。损失函数值越小，说明预测值与真实值越接近；反之，损失函数值越大，说明预测值与真实值越远离。神经网络训练过程就是不断调整权重与偏置，使得损失函数值最小。

反向传播就是计算损失函数对权重与偏置的梯度的过程，通过在梯度的反方向调整权重与偏置，降低损失函数值，最终实现最小化损失函数的目标。这一过程本质上是复合函数链式求导法则的应用，它首先计算损失函数对网络中的输出层参数（含权重与偏置）的梯度，并逐层反向传播到网络各层，如图8-18（b）所示。具体而言，首先计算输出层到隐藏层间的权重和偏置的导数：

$$\frac{\partial L}{\partial \boldsymbol{W}^{[2]}} = \left[\frac{\partial L}{\partial w_{1,1}^{[2]}}, \frac{\partial L}{\partial w_{1,2}^{[2]}}, \frac{\partial L}{\partial w_{1,3}^{[2]}}\right]$$

$$= \left[\frac{\partial L}{\partial z^{[2]}}\frac{\partial z^{[2]}}{\partial w_{1,1}^{[2]}}, \frac{\partial L}{\partial z^{[2]}}\frac{\partial z^{[2]}}{\partial w_{1,2}^{[2]}}, \frac{\partial L}{\partial z^{[2]}}\frac{\partial z^{[2]}}{\partial w_{1,3}^{[2]}}\right]$$

$$\frac{\partial L}{\partial b^{[2]}} = \frac{\partial L}{\partial z^{[2]}}\frac{\partial z^{[2]}}{\partial b^{[2]}}$$

其中 $\dfrac{\partial L}{\partial z^{[2]}} = \dfrac{\partial L}{\partial \hat{y}}\dfrac{\partial \hat{y}}{\partial z^{[2]}}$。

随后，反向传播计算 L 对前一层权重和偏置的导数，具体表达式为：

$$\frac{\partial L}{\partial \boldsymbol{W}^{[1]}} = \begin{bmatrix} \dfrac{\partial L}{\partial w_{1,1}^{[1]}}, \dfrac{\partial L}{\partial w_{1,2}^{[1]}} \\ \dfrac{\partial L}{\partial w_{2,1}^{[1]}}, \dfrac{\partial L}{\partial w_{2,2}^{[1]}} \\ \dfrac{\partial L}{\partial w_{3,1}^{[1]}}, \dfrac{\partial L}{\partial w_{3,2}^{[1]}} \end{bmatrix} = \frac{\partial L}{\partial z^{[2]}} \begin{bmatrix} \dfrac{\partial z^{[2]}}{\partial z_1^{[1]}}\dfrac{\partial z_1^{[1]}}{\partial w_{1,1}^{[1]}}, \dfrac{\partial z^{[2]}}{\partial z_1^{[1]}}\dfrac{\partial z_1^{[1]}}{\partial w_{1,2}^{[1]}} \\ \dfrac{\partial z^{[2]}}{\partial z_2^{[1]}}\dfrac{\partial z_2^{[1]}}{\partial w_{2,1}^{[1]}}, \dfrac{\partial z^{[2]}}{\partial z_2^{[1]}}\dfrac{\partial z_2^{[1]}}{\partial w_{2,2}^{[1]}} \\ \dfrac{\partial z^{[2]}}{\partial z_3^{[1]}}\dfrac{\partial z_3^{[1]}}{\partial w_{3,1}^{[1]}}, \dfrac{\partial z^{[2]}}{\partial z_3^{[1]}}\dfrac{\partial z_3^{[1]}}{\partial w_{3,2}^{[1]}} \end{bmatrix}$$

$$\frac{\partial L}{\partial \boldsymbol{b}^{[1]}} = \left[\frac{\partial L}{\partial b_1^{[1]}}, \frac{\partial L}{\partial b_2^{[1]}}, \frac{\partial L}{\partial b_3^{[1]}}\right]^{\mathrm{T}}$$

$$= \frac{\partial L}{\partial z^{[2]}}\left[\frac{\partial z^{[2]}}{\partial z_1^{[1]}}\frac{\partial z_1^{[1]}}{\partial b_1^{[1]}}, \frac{\partial z^{[2]}}{\partial z_2^{[1]}}\frac{\partial z_2^{[1]}}{\partial b_2^{[1]}}, \frac{\partial z^{[2]}}{\partial z_3^{[1]}}\frac{\partial z_3^{[1]}}{\partial b_3^{[1]}}\right]^{\mathrm{T}}$$

此时，已经计算得到 L 对所有层参数（含权重与偏置）的偏导数，可以根据梯度信息更新参数。对每个权重和偏置，最常见的更新公式如下：

$$\boldsymbol{W}^{[2]} \leftarrow \boldsymbol{W}^{[2]} - \eta\frac{\partial L}{\partial \boldsymbol{W}^{[2]}}$$

$$\boldsymbol{b}^{[2]} \leftarrow \boldsymbol{b}^{[2]} - \eta\frac{\partial L}{\partial \boldsymbol{b}^{[2]}}$$

$$\boldsymbol{W}^{[1]} \leftarrow \boldsymbol{W}^{[1]} - \eta\frac{\partial L}{\partial \boldsymbol{W}^{[1]}}$$

$$\boldsymbol{b}^{[1]} \leftarrow \boldsymbol{b}^{[1]} - \eta\frac{\partial L}{\partial \boldsymbol{b}^{[1]}}$$

其中 η 是步长，通常取一个小的正常数。

在训练神经网络时，我们通常使用大量数据对网络进行训练，以调整网络中的权重参数。这个过程涉及使用梯度下降算法来优化网络的性能。梯度下降算法通过计算损失函数的梯度，指导网络参数朝着使损失函数最小的方向进行调整。当训练结束后，神经网络的权重不再更新，后续的前向传播过程就能对数据进行准确的预测。

8.4.2　深度学习

"深度学习"这一术语的流行部分原因在于神经网络结构的演进。在过去，神经网络的设计倾向于拥有较少的层数，但每一层包含大量的神经元，以期通过增加宽度来提高网络的计算能力。然而，随着技术与算力的进步，学术界发现深度神经网络（即拥有更多层数的网络）相较于宽度更大的网络，在处理复杂任务时表现更为出色。图8-19展示了深度神经网络，它通常包含很多个隐藏层。

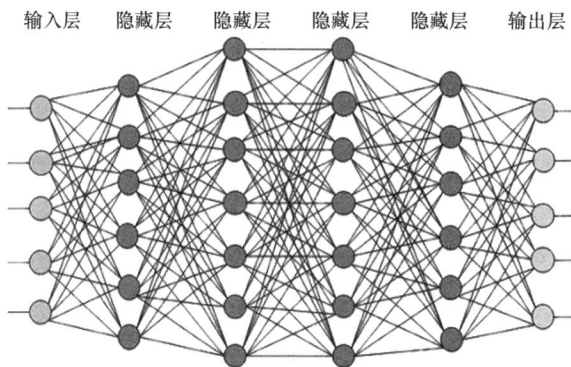

图 8-19　深度神经网络示意

这种深度神经网络的设计理念使得网络能够通过多层结构的组合，逐步抽象和提取数据中的特征。每一层神经网络都能够捕捉到不同层次的信息，从基础的纹理和形状识别，到更高级的空间和物体识别。这种层次化的特征提取能力，使得深度神经网络在如图像识别、语音识别等任务上取得了显著的进步。

图8-19展示的示例采用的是全连接方式，即每层神经元与前一层所有的神经元相连接，在网络层数加深后，全连接方式会使得模型参数量剧增，不利于训练。为了解决这一问题，卷积神经网络被提出。卷积神经网络在计算机视觉领域表现尤为出色，被广泛应用于图像分类、目标检测、图像分割等任务中。图8-20展示了卷积操作，3×3的卷积核在输入数据上滑动，通过与输入数据的局部区域进行点积运算提取特征。该操作的参数量只由卷积核的大小决定，与输入输出的大小无关，图8-20中的卷积核的大小为9。对比来说，如果采用全连接方式，对于输入为6×6个神经元，输出为4×4个神经元的案例，参数量则高达6×6×4×4=576，远高于卷积核的参数量。

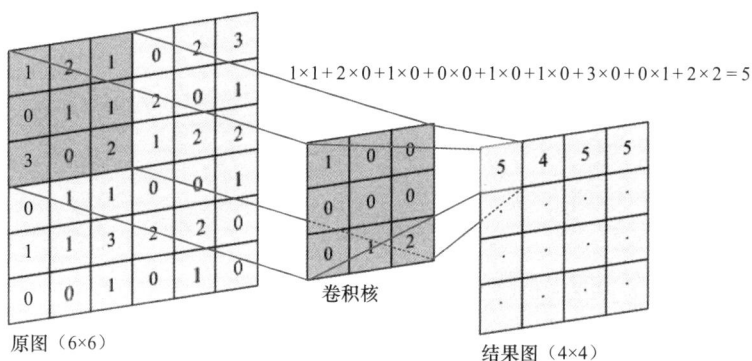

$$1 \times 1 + 2 \times 0 + 1 \times 0 + 0 \times 0 + 1 \times 0 + 1 \times 0 + 3 \times 0 + 0 \times 1 + 2 \times 2 = 5$$

原图（6×6）　　　卷积核　　　结果图（4×4）

图 8-20　卷积操作

杨立昆（Yann LeCun）等人在1998年提出了卷积神经网络模型LeNet-5（见图8-21），用于手写数字识别任务[15]。它是较早成功应用于图像识别的深度学习模型之一，特别是在MNIST[①]数

---

① MNIST 全称为 Modified National Institute of Standards and Technology Database，是一个大型手写数字数据库，包含60 000 个训练样本和 10 000 个测试样本，这些图像的大小都是 28 像素 ×28 像素，每个像素的值介于 0 ～ 255，代表图像中该点的灰度。

据集上的应用取得了很好的效果。

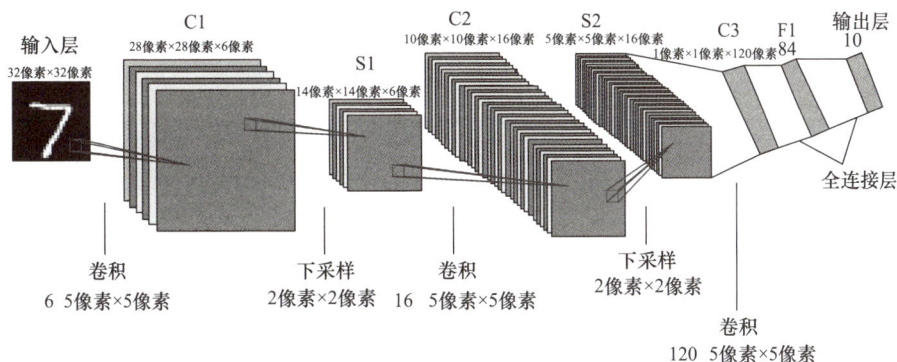

图 8-21 用于手写数字识别的 LeNet-5 深度学习网络

LeNet-5 的架构可以分为以下几层。

1. 输入层

输入为一个 32 像素 ×32 像素的灰度图像，通常是手写数字的图像。

2. 卷积层 1（见图 8-21 中的 C1）

（1）6 个卷积核，窗口大小为 5 像素 ×5 像素。

（2）输出特征图的大小为 28 像素 ×28 像素 ×6 像素。

（3）使用 S 型函数作为激活函数。

3. 池化层 1（见图 8-21 中的 S1）

（1）窗口大小为 2 像素 ×2 像素，步长为 2，采用平均池化。

（2）输出特征图的大小为 14 像素 ×14 像素 ×6 像素。

4. 卷积层 2（见图 8-21 中的 C2）

（1）16 个卷积核，窗口大小为 5 像素 ×5 像素。

（2）输出特征图的大小为 10 像素 ×10 像素 ×16 像素。

（3）使用 S 型函数作为激活函数。

5. 池化层 2（见图 8-21 中的 S2）

（1）窗口大小为 2 像素 ×2 像素，步长为 2，采用平均池化。

（2）输出特征图的大小为 5 像素 ×5 像素 ×16 像素。

6. 卷积层 3（见图 8-21 中的 C3）

（1）120 个卷积核，窗口大小为 5 像素 ×5 像素。

（2）输出特征图的大小为 1 像素 ×1 像素 ×120 像素。

（3）使用 S 型函数作为激活函数。

7. 全连接层 1（见图 8-21 中的 F1）

84 个神经元，使用 S 型函数作为激活函数。

8. 输出层

（1）10 个神经元，对应 10 个类别（数字 0 ~ 9）。

（2）输出各类别的概率。

注意，这里的池化是一种下采样操作，它采用一定大小的窗口在输入特征图上滑动，平均池化计算出窗口内的平均值作为输出，最大池化则是选取窗口内的最大值作为输出。它的作用是在减少数据量的同时保留有用信息。池化操作中的步长是指池化窗口在输入特征图上移动的步幅。

LeNet-5是非常基础和典型的深度学习模型，在此基础上，根据物联网的应用需求可以举一反三地设计更为复杂的深度学习模型。

8.5 案例解析

在物联网中，大数据与人工智能技术的应用非常广泛，本节以智能电网中的"数字观冰"与智慧交通中的信号灯倒计时为例进行介绍，前者强调充分运用各类传感器采集数据进行挖掘与智能处理，后者强调运用大数据构建观察世界的新视角。

8.5.1 数字观冰

雨雪冰冻天气是电网安全运行的大敌，它会引起电网覆冰，严重时甚至会导致电网大面积停电。2008年1月，我国南方发生特大冰雪凝冻灾害，冰雪天气使19个省区遭到了半个世纪以来最大的自然灾害，其中电力系统受损尤为严重。如何准确定位出结冰位置并进行融冰是抗冰的关键环节，然而传统的人工巡线、观冰站等监测方法效率低且费时费力，运维人员也面临较大的安全风险。

大数据与人工智能的发展为准确预测电网结冰并采取措施提供了解决方案，如图8-22所示。在2012年，我国逐渐开始发展"数字观冰"技术，在重要线路和电力铁塔上安装摄像头及相关的传感器，这些数据都汇交到后台数据库。随着无人机技术的成熟，无人机也被引入电力系统中。无人机上安装了摄像头，在进行电力线路巡检过程中，不同地理坐标的电力线路图像也被传输到后台数据库。通过对这些数据的分析和挖掘，充分利用深度学习技术，可以准确地进行预测性分析和指导性分析，预判未来是否会结冰，何时结冰，以及通知操作人员如何除冰、何时除冰等。目前，我国电网的重要线路上都已经部署了覆冰监测预警系统，实现了未来3天覆冰的准确预测，为精准开展融冰除冰提供了有力的技术支撑。

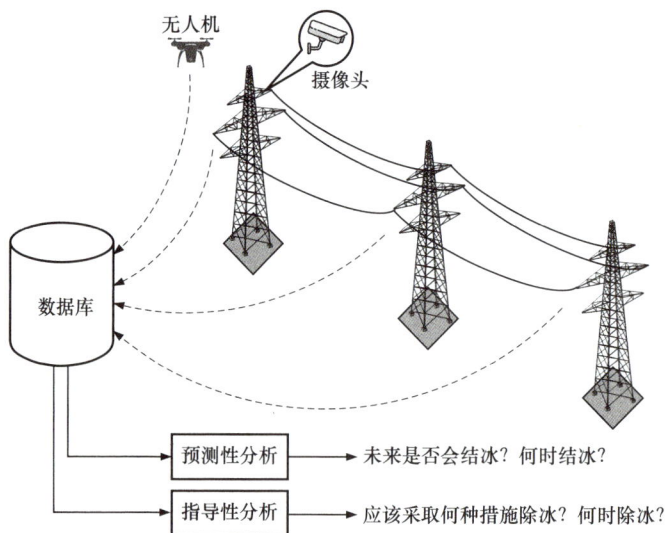

图 8-22　基于物联网、大数据与人工智能的电网"数字观冰"

8.5.2　智慧交通中的信号灯倒计时

车辆导航是物联网智慧交通应用中的重要内容。在道路行驶过程中，驾驶人员如果能够准确知晓绿灯何时变红灯，有助于减少因突然变灯导致的急刹车或冲灯行为，降低发生交通事故的风险。反之，在路口等待时，驾驶人员如果能够准确知晓红灯何时变绿灯，则能够降低等待时的焦虑感。

为了在车载导航软件中显示信号灯倒计时信息，比较直接的方案是将信号灯接入物联网中，由信号灯将其切换时间发布给附近的车辆。然而，目前不少信号灯还无法实现连网功能。大数据与人工智能为路口信号灯倒计时提供了新的解决方案，如图8-23所示。

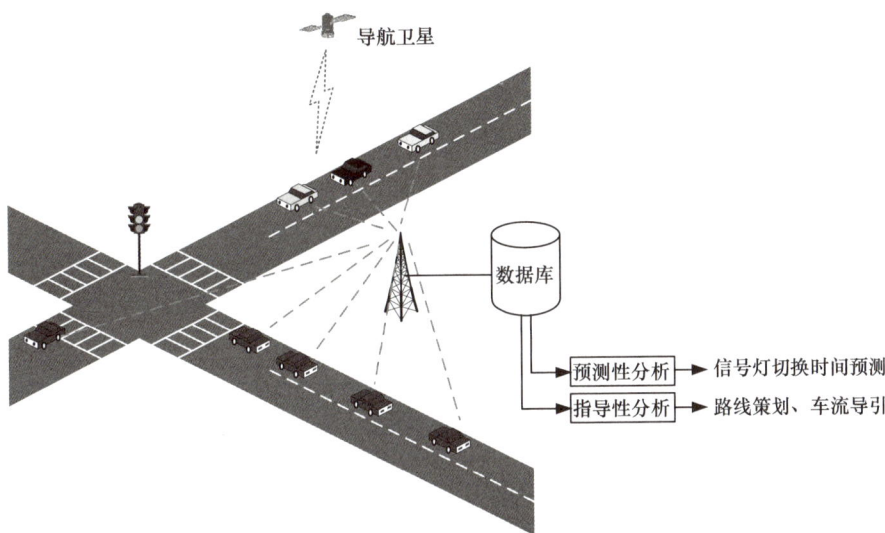

图 8-23　智慧交通中的信号灯倒计时示意

大量的车辆使用导航软件，后台数据库能够收集到成千上万辆车的时空轨迹，海量车辆长期积累的历史数据中蕴藏着路口红绿灯的切换规律。从车辆轨迹数据中，能够通过人工智能算法挖掘出车辆在路上是停下来还是直接通过，如果停下来，等待了多久，进而推算出信号灯的切换时间。如果进一步挖掘，系统还能告诉驾驶员应该如何行驶才能够通过更多的绿灯，以缩短通行时间。

一辆车的时空轨迹存在很多片面性与偶然性，我们很难将其与信号灯的切换建立强关联；海量车辆的时空轨迹能够全面地描写道路的车流情况，大数据的统计分析结果摒除了少数车辆的偶然性，因此能够极为准确地预测信号灯的切换时间。

维克托·迈尔·舍恩贝格尔（Viktor Mayer-Schönberger）在《大数据时代：生活、工作与思维的大变革》中指出，就像望远镜让我们能够感受宇宙、显微镜让我们能够观测微生物一样，大数据正在悄然改变我们的生活以及理解世界的方式。信号灯倒计时就是大数据技术的典型应用，它与人工智能的结合给人们观察世界的崭新视角。

📝 拓展阅读：从"中国制造"到"中国智造"

制造业是国民经济的主体，是立国之本、兴国之器、强国之基。自18世纪中叶开启工业文明以来，世界强国的兴衰史和中华民族的奋斗史一再证明，没有强大的制造业，就没有国家和民族的强盛。约70年前，新中国工业几乎一穷二白，通过数代人艰苦奋斗、砥砺奋进，我国建立了门类齐全的现代工业体系，跃居成为世界第一工业制造大国，其中钢铁行业更是制造业发展的支柱，从机器设备到汽车轮船都离不开钢铁。

1952年，由天津大学、清华大学等6所国内著名大学的矿冶系科组建成为北京钢铁工业学院（现为北京科技大学），是新中国建立的第一所钢铁工业高等学府。1952年9月，太原钢铁厂成功冶炼出新中国第一炉不锈钢。在随后的二十余年间，我国钢铁工业得到发展迅速，钢铁产量平均每年递增12.9%，产值每年递增11.8%，在极其困难的情况下有效地化解了当时西方国家对我国"卡脖子"的危机，保证了国家的安全和经济社会的稳定。

自改革开放以来，随着我国整体经济实力的增强，我国钢铁工业进入稳步较快发展阶段，1996年我国粗钢产量突破亿吨，超过日本和美国，成为世界第一产钢大国，奠定了我国钢铁大国的基础。2010年，中国粗钢产量接近全球产量的50%，第一次在世界钢铁工业中占据绝对规模地位。钢铁工业为"中国制造"提供着源源不断的原材料，支撑着整个制造业的发展，"中国制造"（Made in China）遍及全球。然而，制造业自主创新能力不足，关键核心技术受制于人，品牌质量水平不够高，产业结构不尽合理，仍然"大而不强"。

2015年，国务院印发了《中国制造2025》，提出以加快新一代信息技术与制造业深度融合为主线，以推进智能制造为主攻方向，坚持创新驱动，推动从"中国制造"到"中国创造"的转变。钢铁行业是智能制造降本增效、节能降耗的重要着力点。

2022年，北京科技大学（原北京钢铁工业学院）建校70周年，习近平总书记给北京科技大学的老教授回信指出"北京科技大学自成立以来，为我国钢铁工业发展作出了积极贡献。""民族复兴迫切需要培养造就一大批德才兼备的人才。希望你们继续发扬严谨治学、甘为人梯的精神，坚持特色、争创一流，培养更多听党话、跟党走、有理想、有本领、具有为国奉献钢筋铁骨的高素质人才，促进钢铁产业创新发展、绿色低碳发展，为铸就科技强国、制造强国的钢铁脊梁作出新的更大的贡献！"

2024年，来自天南海北的学子即将踏入北京科技大学的校门，他们收到的本科生录取通知书的主体采用薄如蝉翼、光似镜面的蝉翼钢制作而成。这种蝉翼钢由北京科技大学教师团队和首钢校友团队共同研发，厚度最薄可达0.07mm，主要为5G基站信号接收器、信号发射滤波器、集成电路板等用钢。北京科技大学教师团队和首钢校友团队携手研发、持续攻坚，打破国外技术垄断，采用了全球首创大宽厚比超薄低碳钢带制造工艺，实现了连轧机组钢带厚度世界最薄，展现了大国钢铁的创新实力和智能制造水平。录取通知书记载着北京科技大学"因钢而生，依钢而兴"的历史征程，展现着铸就科技强国、制造强国的钢铁脊梁的精神力量。

📝 本章小结

物联网连接了物质世界的"物"，每时每刻每个物的身后都拖曳着一条长长的类似于111101011110……的数据尾迹，海量物的感知信息、标识信息和时空信息等在信息世界就呈现为"大数据"的形态。因而，物联网中的"物"与"数据"是一体两面，"物"是"数据"在物质世界的原像，"数据"是"物"在信息世界的像。物联网中的感知技术、标识技术、空间定位与授时技术实现了从物质世界到信息世界的映射。

在信息世界，数据需要进行存储。根据数据类型的不同，结构化的数据可以存储在关系数据库中，非结构化的数据可以存储在非关系数据库中。数据挖掘是对原始数据进行加工的方式，其目标是提取其中的模式和有价值的信息，从而获得对物质世界更深刻的洞察。根据数据挖掘的目标进行分类，有描述性分析、预测性分析与指导性分析三种基本类型。由于数据的规模极大，因此通常需要采用云计算实现数据挖掘任务。

来自物质世界大数据的积累与智慧服务的需求推动了人工智能技术的快速发展。以深度学习为代表的机器学习属于人工智能与数据挖掘的交叉领域，强调以数据为驱动，在无须人工参与的情况下获取数据中的模式进行预测性分析或指导性分析。人工智能最终输出决策和控制指令，反馈在物质世界的"物"上，向人类提供智慧服务。

物联网、大数据、云计算与人工智能的关系如图8-24所示。物联网是大数据的主要来源，云计算为大数据提供了算力支持，而人工智能是物联网大数据价值实现的关键。

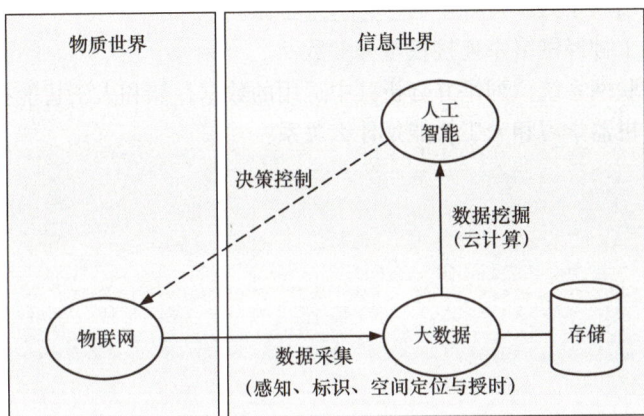

图 8-24　物联网、大数据、云计算、人工智能的关系示意

从物质世界到信息世界、再从信息世界到物质世界的数据采集到智慧决策全过程（如图8-24所示），涵盖了物联网技术的所有功能域。物联网智慧服务能否最终实现，依赖于创新和全景式的系统设计与物联网信息流转的全链条，其关键恰是充分挖掘物质世界的"物"映射入信息空间的大数据的价值。

📝 习题

1. 讨论物联网与大数据的关系。
2. 简述大数据有哪些特征。
3. 简述在物联网中数据采集的基本思路。
4. 分析和对比各种数据库的类型及其优缺点。
5. （多选）关于关系数据库论述中，正确的是_____。
   A. 关系数据库的逻辑比非关系数据库更简单
   B. 关系数据库的增、删、改操作复杂
   C. 关系数据库适用于集中式存储
   D. 关系数据库适合存储大规模结构化数据

6. 哪些物联网数据适合使用非关系数据库存储，为什么？

7. 关系数据库与非关系数据库有哪些差别？分别适合什么数据类型？

8. 通过具体案例讨论物联网、大数据、云计算与人工智能的关系。

9. 数据挖掘有哪些步骤？各步骤的作用是什么？

10. 数据质量的好坏对数据挖掘的结果有没有影响？如果数据不准确，甚至存在错误，将会产生什么后果？

11. （单选）基于大数据，获取城市中两条道路拥堵程度间的关联属于_____。

A. 描述性分析　　　B. 预测性分析　　　　C. 指导性分析　　　　　D. 诊断性分析

12. 什么是人工智能？

13. 什么是图灵测试？在物联网中使用通过图灵测试的智能体进行决策，能否表明物联网是"智能"的？

14. 人工神经网络属于人工智能中的_____学派。

15. 如何确定人工神经网络中连接权重等参数？

16. 任选一种物联网系统，列举并分析其中运用的数据存储和人工智能技术。

17. 数据挖掘、机器学习和人工智能是什么关系？

第 **9** 章
安全与隐私保护

随着物联网技术的成熟和大规模应用，安全与隐私问题日益凸显。一方面，大量物联网设备收集、传输和处理物质世界中个人和环境数据，例如，智能家居中扫地机器人安装有摄像头能获取家庭中的隐私图像，可穿戴智能手表能获得佩戴者的健康信息，工业现场的大量传感器有生产的全过程数据，存在大量信息安全与隐私问题。另一方面，通过对物联网设备的控制能够对物质世界施加影响，能够产生极为严重的现实问题，例如，控制家庭的电子门锁会造成个人安全问题，控制工业现场的电动机可能造成生产安全问题。因而，物联网在推动社会经济发展和为人们带来便利的同时，也面临着巨大的安全和隐私挑战。

本章将讨论物联网的安全和隐私保护的基本概念和技术原理，并结合实际案例讨论如何提高物联网应用的安全性并保护用户隐私。

9.1 物联网安全与隐私保护概述

物联网的广泛应用极大地提升了生产力和生活便利性，但也带来了前所未有的安全和隐私挑战，本节将讨论物联网的安全和隐私保护，分析物联网安全与隐私保护的概念、风险与研究价值。

物联网安全概述

9.1.1 物联网安全概述

安全（Security）是指目标对象、设备或数据免受未经授权的访问和攻击的状态。物联网安全是指物联网系统中的物、设备、数据和服务能够免受未经授权的访问和攻击，如确保设备正常运行，保护网络免受未经授权的访问，防止数据泄露、篡改或破坏，避免物联网系统的服务中断或功能失效等。

物联网的产生源自于多个线索，它是在信息技术驱动与传统产业转型的共同作用下逐渐形成与发展的，与信息技术的诸多领域存在千丝万缕的联系。物联网安全同样不是一蹴而就的，它也与信息安全的发展有密切关系，但也存在其自身独有的特征。

1949年，香农在论文《保密系统的通信理论》（*Communication Theory of Secrecy Systems*）中提出了保密系统的数学模型、随机密码、纯密码、完善保密性、理想保密系统、唯一解距离、理论保密性和实际保密性等重要概念，为现代密码学与通信安全夯实了基础。20世纪70年代，随着计算机的广泛应用，为了满足多个用户访问同一台计算机时的权限管控、数据保护等需求，计算机安全技术也得到了长足发展。在20世纪80年代以后，互联网逐步发展起来，计算机病毒、木马、钓鱼网站等成为网络安全威胁的主要来源，催生了防病毒软件、防火墙、虚拟专用网络（Virtual Private Network，VPN）的发展。

到了21世纪初，"物"逐步接入网络中，物联网的概念逐渐形成并取得了快速发展。物联网正在智慧城市、智能交通、智能生产和智能家居等领域取得日益广泛的应用，据市场研究公司（Omdia）估计，到2023年年底，全球物联网设备安装量接近380亿台，到2030年将达到820亿台。随之而来的是物联网安全事件在近年频发。2013年，美国著名黑客萨米·卡姆卡尔（Samy Kamkar）展示了一项名为SkyJack的技术，能够用自己的无人机定位并控制飞在附近的其他无人机，组成一个可远程操控的"僵尸无人机战队"。2014年，西班牙的大量智能电表被发现存在严重的安全漏洞，入侵者可以利用该漏洞进行电费欺骗，甚至可以直接关闭相应的电力供应。2016年，一场超大规模的分布式拒绝服务击垮了美国大部分的互联网，而发动攻击的来源是由150万台网络摄像头设备组成的"僵尸网络"。2018年，比利时研究人员发现，只需要大约价值600美元的射频发射装置和树莓派设备就能攻击Pektron遥控钥匙系统。2019年，安全领域专家克雷格·杨（Craig Young）对UltraLoq智能门锁进行测试后，发现其存在严重的安全问题，攻击者可以通过技术方法物理定位，甚至远程控制连接到智能门锁供应商云平台的任何锁，对使用该智能门锁的用户造成了巨大的安全威胁。2020年6月，德国一家安全公司发现全球最大信号灯控制器制造巨头SWARCO存在严重漏洞，黑客可以利用这个漏洞破坏交通信号灯，甚至随意切换红绿灯，造成交通瘫痪，乃至引发交通事故。

物联网近年频繁出现的安全问题，与传统信息安全问题有相似之处，但也存在显著差异，尤其在安全边界、安全风险、攻击方式与攻击结果上呈现出独有的特点。

（1）物联网的安全边界弥散，打破了传统信息安全的防御界限。从近年物联网的安全事件来看，既有在信息世界对通信链路、云计算方面的攻击，也有在物质世界对物理设备的直接攻击，安全边界从信息世界中相对确定的防御点扩散到接入物联网中的各类"物"。

（2）物联网中的"物"存在极高的安全风险。物联网中"物"的类型多样，差异巨大，其中大量的物由于成本、体积或能耗的限制，没有很强的计算能力，因此容易受到威胁。更为严重的是，大量的物联网设备暴露在广阔的户外环境中，很容易被劫持或破坏。

（3）物联网系统遭受攻击的方式多种多样。在物联网业务流程中，存在从物质世界到信息世界再到物质世界的典型工作流程，任何环节都有可能遭受攻击，而在攻防对抗中，一点突破，满盘皆输，这使得物联网的安全形势极为严峻。

（4）物联网被攻击的后果极为严重。物联网被部署在很多对国计民生具有重大影响的领域，如智能电网、智能交通、智能家居等，一旦出现安全问题，将直接对物质世界的生产生活造成巨大影响，严重情况下将威胁个人生命财产安全，甚至国家安全。

综上所述，物联网领域存在严峻的安全态势。我们在探索发展物联网产业时，绝不能忽视其背后的安全问题，物联网安全技术的研究与安全防护体系建设具有极为重要的价值。

9.1.2　隐私保护概述

隐私（Privacy）是指自然人的私人生活安宁和不愿为他人知晓的私密空间、私密活动、私密信息等。个人隐私是每个人的基本权利，必须得到充分的尊重和保护，隐私保护的重要性不言而喻。

隐私与安全是两个密切相关但有所区别的概念。隐私主要关注个人私密数据的保护，确保个人信息不被未经授权的收集、使用或公开。隐私保护的目的是让用户对自己的个人信息拥有控制权，包括谁可以访问这些信息及如何使用这些信息。安全则更侧重于保护系统、网络和数据不受攻击、破坏或未经授权的访问。安全措施旨在防御各种威胁，如病毒、木马、黑客攻击等，以维护数据的完整性、可用性和保密性。安全与隐私存在一定的重叠，如果系统的安全措施不足，那么存储在系统中的个人数据就容易被泄露，进而侵犯用户的隐私。同样地，如果没有足够的隐私保护措施，即使系统本身安全无虞，用户的个人信息也可能被不当使用或公开。因此，在物联网系统中，需要同时考虑隐私保护和安全措施。

隐私保护技术可以追溯到20世纪60年代末期，随着计算机更多地被用于商业和政府机构中处理大量数据，人们开始意识到需要保护这些数据中的个人信息不被滥用。在20世纪70年代，随着计算机网络的发展，密码成为保护数据传输安全的重要工具。加密技术被用来保护数据在传输过程中的安全，阻止未经授权的访问。从20世纪90年代起，互联网和电子商务的兴起使得在线收集个人信息变得极为方便，给用户带来了严重的隐私风险，从而催生了针对网络隐私保护的技术，如匿名浏览、Cookie管理工具等。从21世纪初开始，社交媒体的兴起和大数据技术的发展极大地增加了个人数据的收集和使用范围，学术界发展了更为复杂的隐私保护技术，包括差分隐私（Differential Privacy）、同态加密（Homomorphic Encryption）、安全多方计算（Secure Multi-Party Computation，SMC）等。各国开始制定相关法律来保护个人隐私，如欧盟2016年制定了《通用数据保护条例》（General Data Protection Regulation），我国2021年颁布了《中华人民共和国个人信息保护法》，美国则在2022年发布了《美国数据隐私和保护法》草案。

尽管政府、学术界与工业界对隐私问题给予了充分重视，但物联网的隐私问题仍非常严峻，近年与隐私相关的风险事件频发。

2016年11月，布吉岛（Bouvet）服务器公司对包括凯拉（Cayla）娃娃在内的三款主流智能玩具的安全性能进行技术分析，发现这些智能玩具缺少有效的网络安全防护体系，可轻易被黑客非法远程控制以作为监听设备，在用户不知情的状况下，记录、窃取儿童及其家人的敏感信息。2017年1月，螺旋玩具（Spiral Toys）旗下的CloudPets系列动物填充玩具遭遇数据泄露事件。这种玩具能够允许儿童和亲属之间收发语音信息，最终导致这些音频数据和用户的私人信息成为了入侵者的目标，泄露了超过200万名儿童及其父母的语音信息，以及超过80万封电子邮件和密码。2017年11月，捷邦（Check Point）软件公司研究人员表示乐金（LG）公司智能家居设备存在安全漏洞，黑客可以远程利用该漏洞控制LG SmartThinQ智能家居设备，包括冰箱、干衣机、洗碗机、微波炉和吸尘机器人等，并将它们转换为实时监控设备。2020年，一系列从低角度拍摄的照片被泄露，其内容全是家庭生活场景，包括家具的陈列、电视机播放的节目内容，甚至连家庭成员的脸都看得一清二楚，其元凶则是艾罗伯特（iRobot）机器人公司的Roomba J7系列扫地机器人。2023年，丰田汽车发现由于后端云平台存在安全漏洞，大约有215万名用户的实时位置数据遭到泄露，时间长度达10年之久。2024年2月，美国智能摄像头品牌Wyze陷入安全漏洞风波，导致约1.3万名用户在查看自家监控录像时，意外地看到了其他用户的图像或视频片段。

这些隐私问题只是冰山一角，广泛应用在智能家居与办公场景的大量物联网设备随时可能成为泄露个人隐私的"监控器"，例如，摄像头能够泄露私密的视频数据、智能音箱能够泄露私密的语音数据等，智能手表能够泄露私密的位置与个人健康信息等。即使那些看起来与隐私关系不大的物联网数据，在大数据与人工智能的助力下也能挖掘出私密的个人信息。例如，香港大学研究人员发现，如果能够获取智能手表中移动加速度传感器收集的数据，那么就能对用户的击键行为进行成功预测。类似地，通过智能插座的用电量就能够推断与其连接的计算机上运行的程序。

综上所述，存在于个人私密空间中的物联网设备能够轻易地获取用户的敏感信息，如生活习惯、健康状况等。如果没有适当的隐私保护措施，这些信息一旦被泄露或被滥用，将对用户的个人隐私造成严重威胁，甚至可能影响个人人身自由和引发社会信任危机。因此，加强物联网隐私保护对于维护用户正当权益、促进科学技术健康发展，以及构建安全可信的物联网智慧服务至关重要。

9.2 物联网安全技术

物联网安全是一个涵盖多方面的复杂领域，其目的是确保物联网设备、网络、数据、服务和系统的整体安全。根据物联网的参考模型，物联网安全体系可以分为设备安全、信息安全和应用安全，如图9-1所示。

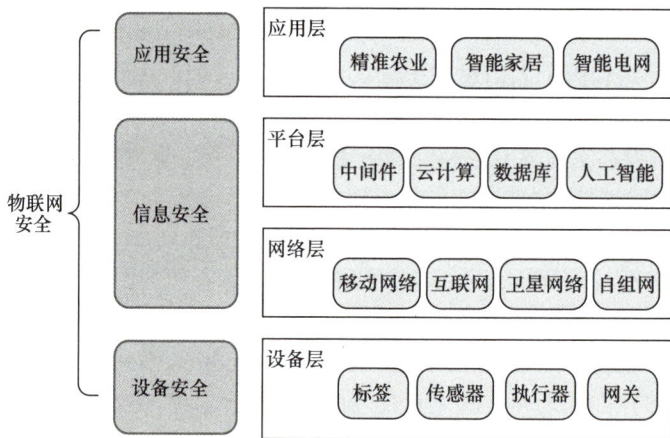

图 9-1 物联网安全体系

设备安全主要解决设备层的安全问题，应对物联网设备被物理篡改、破坏、劫持等攻击。信息安全主要解决网络层与平台层的安全问题，确保物联网信息传输与处理过程中的机密性、完整性和可用性。应用安全主要解决应用层的安全问题，保障物联网系统安全与服务的实现。

9.2.1 设备安全技术

设备安全在物联网安全中扮演着基石的角色，是保障物联网系统整体安全的第一道防线。设备安全技术可以有效防范物理攻击、破坏行为、监视探测、非法入侵等威胁，确保物联网设备的稳定运行和附属数据的安全性。

物联网的设备安全领域面临多重风险，需要采取有针对性的措施，如图9-2所示。

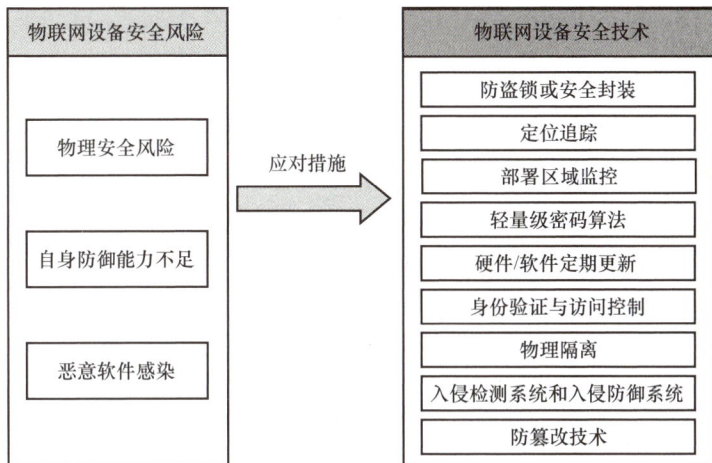

图 9-2 物联网设备安全风险应对措施

物联网设备首先面临着物理安全风险。由于物联网设备通常部署在户外环境或无人值守的环境中，因此在这些并不安全的物理环境中有可能被偷盗，也有可能被非法移动或遭到人为破坏。物理安全的主要应对措施包括：①使用防盗锁或安全封装来固定设备，防止或延缓设备的物理移动；②在设备上安装定位装置，以便在设备被移动时能够追踪其位置；③使用视频监控系统监视设备部署区域，及时发现异常移动或企图盗窃的行为，一旦检测到设备被移动或存在安全威胁，立即启动响应程序，包括通知相关人员、尝试远程锁定或清除敏感数据等。

物联网设备还经常存在自身安全防御能力不足的问题。例如，通常在传感器阶段由于计算资源和存储资源的限制，无法拥有完备的安全防护能力，缺乏相应的安全防护体系，这使得感知设备易遭到攻击和破坏，存在的软件漏洞风险极高。为此，主要的应对方案包括：①采取轻量级密码算法，在计算能力受限的设备上提供一定程度的安全等级防护体系；②定期检查并使用设备制造商发布的固件（硬件）和软件更新，及时修复已知的安全漏洞等。

物联网设备还容易遭受恶意软件的攻击并导致被感染。一旦这些设备被物理俘获或逻辑攻破，攻击者可利用简单的工具分析出设备所存储的机密信息。攻击者还可以利用设备的漏洞进行木马、病毒的攻击，并以此设备作为跳板来获取未授权的访问，或者对物联网的其他部分实施攻击。因此，主要的应对方法包括以下几种。①强化身份验证和访问控制：实施多因素认证和强密码策略，确保只有授权用户才能访问设备。限制对设备的物理和网络访问，减少攻击面。②物理隔离：将物联网设备部署在相对封闭的物理环境或独立网络中，避免直接连接到主要的企业或个人网络。③部署入侵检测系统和入侵防御系统，监控设备的可疑流量以识别和阻止潜在的恶意活动。④防篡改技术：对设备的硬件和软件进行保护，防止被攻击者恶意篡改，如采用硬件加密技术保护设备的存储器和处理器，使用安全启动技术确保设备在启动时加载正确的软件，对设备的固件进行签名和验证防止被恶意篡改等。

总体上，物联网设备安全技术涉及多个方面，从设备加固、部署区域监控到防篡改技术，需要采取综合性的措施来确保物联网设备的安全和稳定运行。

9.2.2　信息安全技术

物联网信息安全是指一系列策略和技术的集合，它们共同作用于保护物联网中的通信网络与计算系统，防止遭受恶意攻击和未授权的访问，避免相关的硬件、软件及其承载的数据遭受意外或蓄意行为的损害、被篡改与泄露，保障信息服务的不间断性和可靠性。

物联网信息安全主要包括三个基本点（CIA），如图9-3所示。

（1）机密性（Confidentiality）：机密性是指严密控制各个可能泄密的环节，使信息在产生、传输、处理和存储的各环节中不泄露给非授权的个人和实体。

（2）完整性（Integrity）：完整性是指信息在存储或传输过程中保持不被修改、不被破坏、不被插入、不延迟、不乱序和不丢失的特性，保证真实的信息从真实的信源无失真地到达真实的信宿。

图 9-3　信息安全的 CIA 要素

（3）可用性（Availability）：可用性是指保证信息确实能为授权使用者所用，即保证合法用户在需要时可以使用所需的信息。

物联网信息安全技术的基本技术包括密码技术、信息隐藏技术和访问控制技术，它们各有所长，相互补充，在物联网信息安全技术中扮演着重要的角色。

1．密码技术

密码与数据加密/解密的概念古已有之。早期的密码构造往往依赖于设计者的直觉和对潜在对手策略的推测。例如，著名的凯撒密码（Caesar Cipher）采用将字母表中的每个字母按照固定位数进行前后移动的方法来实现加密。香农于1949年发表的论文《保密系统的通信理论》为密码学打下了坚实的理论基础，推动了密码学的蓬勃发展，以惠特菲尔德·迪菲（Whitfield Diffie）和马丁·爱德华·赫尔曼（Martin Edward Hellman）提出的公钥密码学理论和美国制定的数据加密标准（Data Encryption Standard，DES）为标志，使得密码学的应用范围和应用深度均得到了极大的拓展。

自1997年以来，随着互联网的广泛普及和电子商务的飞速发展，密码学的应用变得更广泛且多样化。它不仅用于保障信息的机密性，还涉及数据的完整性、身份认证及信息的不可否认性等多个方面。同时，随着计算能力的飞跃式发展，早期的加密算法如数据加密标准（Data Encryption Standard，DES）已逐渐被更为安全的新一代算法——高级加密标准（Advanced Encryption Standard，AES）所替代。此外，为了应对未来量子计算机可能带来的安全威胁，量子密码学和后量子密码学的研究也在不断深入，以确保密码学能够持续适应新的技术挑战和威胁。总体来说，密码学的发展是一个不断进步的过程，它随着技术的演进不断适应新的挑战，并持续为信息安全提供坚实的保障。

一个完整的密码体制也称为密码系统，通常包括以下五个部分，即明文空间 P、加密算法 E、密钥空间 K、密文空间 C，以及解密算法 D。

（1）明文是指待加密的信息或数据，通常是以人类可读的形式存在。为了保护明文不被未授权的个体所读取，它需要通过加密转换成密文。

（2）密钥是一个参数，它决定了加密算法如何将明文转换成密文，以及解密算法如何将密文转换回明文。在现代密码学中，密钥通常是一个随机或伪随机的序列，它对于通信安全至关重

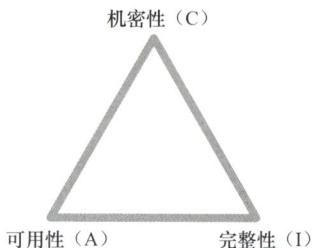

要，能够有效控制加密和解密算法。

（3）加密算法是一种数学函数，它使用密钥将明文转换成密文。加密算法应该是不可逆的，即仅凭密文很难或不可能推导出明文或密钥。

（4）密文是明文经过加密算法处理后得到的结果。密文通常看上去是随机的，在没有密钥的情况下很难理解其原始明文信息。

（5）解密算法是加密算法的逆过程，它使用密钥将密文转换回原始的明文。只有拥有正确的密钥，才能正确地执行解密算法。

为了保证密码体制的完整性和可用性，解密算法应该满足以下条件：

对于任意的密钥 $k \in K$，存在加密算法 $E_k : P \to C$ 和解密算法 $D_k : C \to P$，使得对于任意的明文 $p \in P$，有 $D_k(E_k(p)) = p$。

上述条件描述的是密码学的基本条件，即可逆性，以确保信息在加密后能够被正确地解密，这保证了信息的完整性和可用性，还保证了物联网信息安全的端到端的保密性，从而确保了信息在整个传输过程中的机密性和安全性。

图9-4形象地描绘了存在非法破译者的机密通信过程，发送者使用加密算法和密钥 k 将信息 X 加密，然后通过安全信道发送给接收者，最后接收者利用解密机对接收到的信息 Y 进行解密。即便存在第三方破译者监听（试图得到信息 $\hat{X}$ 和 $\hat{k}$），由于其并未掌握解密所需的密钥 k，因此无法对加密信息 Y 进行有效解密，从而保证了信息传输的安全性与机密性，使得物联网信息安全得以强化，确保了数据传输的机密性和完整性。

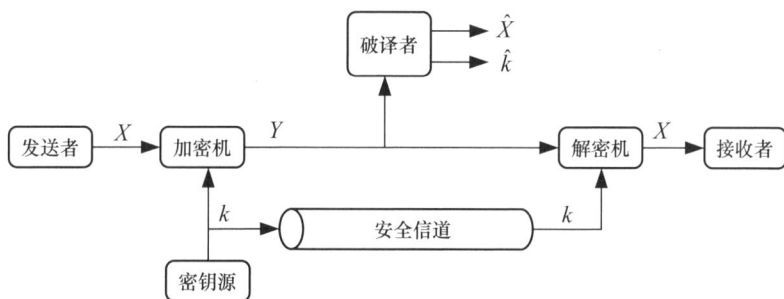

图 9-4　密码学的基本模型

根据密钥的类型，可以将密钥体制分为对称密钥体制（Symmetric Key Encryption）和非对称密钥体制（Asymmetric Key Encryption），如图9-5所示。

对称密钥体制也称为秘密密钥密码体制或单密钥密码体制，其基本特征是加密密钥与解密密钥相同，常见的对称加密算法包括DES、AES等。对称密钥体制的优点在于其加密和解密速度快，数据吞叶率大，非常适合处理大批量数据。然而，对称密钥体制也存在缺点，如密钥管理问题复杂，每个通信实体都需要拥有自己的密钥，并且需要安全地交换这些密钥，一旦密钥被泄露，可能会导致通信不安全。

非对称密钥体制中使用一对密钥，其中一个用于加密，另一个用于解密，这对密钥通常被称为公钥和私钥，公钥可以公开，而私钥必须保密。非对称密钥体制的优点在于密钥的分发和管理相对简单，公钥可以在不影响安全性的情况下公开分发。同时，非对称密钥体制可以实现数字签名和身份认证，具有抗否认性功能。然而，这种体制的缺点是加密和解密速度较慢，不适合处理大批量数据的加密，也不适合计算能力受限的物联网设备。

（a）对称密钥体制

（b）非对称密钥体制

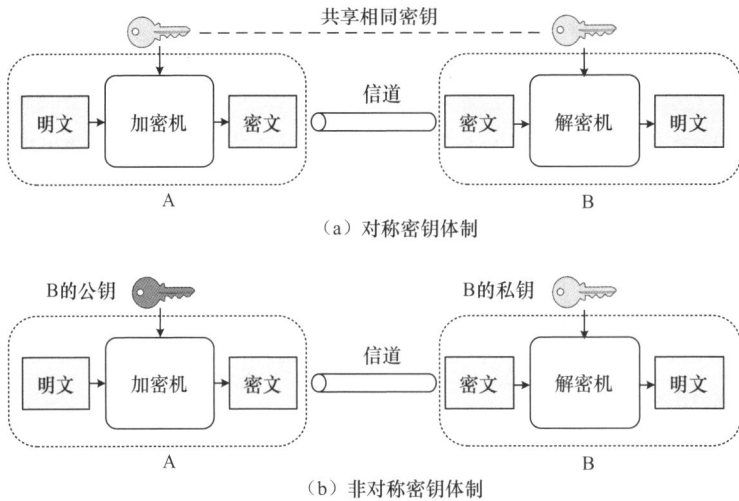

图 9-5　对称密钥体制和非对称密钥体制

常见的非对称加密算法有 RSA 算法，其是由罗纳德·李维斯特（Ronald Rivest）、阿迪·沙米尔（Adi Shamir）和伦纳德·阿德尔曼（Leonard Adleman）三位科学家于 1977 年在美国麻省理工学院共同研发的。RSA 就是由他们 3 个人姓氏开头的字母拼在一起组成而命名的算法，该算法是目前最有代表性的非对称密钥加密算法。

总的来说，对称密钥体制和非对称密钥体制各有其独特的优势和局限性，对称密钥体制适用于需要高速数据传输的场景，如实时通信和批量数据传输，也适合计算能力较弱的物联网设备；非对称密钥体制则适用于需要安全密钥分发和身份认证的场景，如数字签名、高强度的身份验证系统等。

注意，密码在加密/解密算法中至关重要。大量用户在使用物联网设备时为了操作的便捷而不修改默认密码，或者采取简单的弱密码，以及在多台设备上使用相同的密码，这些行为都是极为危险的。

2．信息隐藏技术

信息隐藏（Information Hiding）技术，也称为数据隐藏（Data Hiding）技术或隐写术（Steganography），是指将敏感信息巧妙地嵌入日常的非敏感文件中，以躲过攻击者的察觉。信息隐藏技术主要由两种算法组成，即信息嵌入算法和隐蔽信息检测与提取算法，如图 9-6 所示。

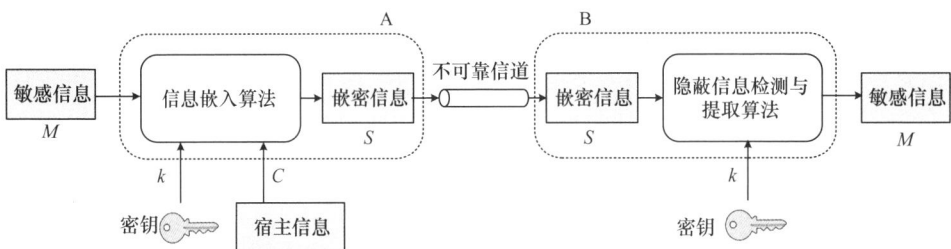

图 9-6　信息隐藏技术的基本模型

信息嵌入算法利用密钥 k 来实现敏感信息 M 的隐藏，即按照一定的规则修改宿主信息 C，将敏感信息 M 隐蔽在宿主信息 C 内，得到嵌密信息 S。宿主信息 C（通常是文本、音频、视频等）被修改后得到的嵌密信息 S 仍然可以正常地被人类读、听或看而不会感觉有异样。隐蔽信息检测与提取算法则利用密钥 k 从嵌密信息 S 中提取出敏感信息 M。

图像是信息隐藏较常见的宿主信息类型。图像在本质上是一个二维矩阵，每个元素表示一个

像素的灰度或颜色。假设灰度采取8位存储，则每个像素的灰度是一个0～255的数字，其中0
表示黑色，255表示白色，其他数字表示从最白到最黑的过渡色。然而，人类的肉眼对灰度识别
的能力是有限的，大概只能分辨几十个级别的灰度，因此如果对灰度进行微小的调整，则人类凭
借肉眼是难以发觉的。最低有效位（Least Significant Bit，LSB）信息隐藏算法就是修改灰度的
最低二进制位，使得图像中的每个像素携带1位敏感信息，在肉眼无法辨别的情况下达到隐写的
目的，如图9-7所示。图9-7中，将敏感信息"HELLO"按照ASCII编码写入宿主图像左上方若
干像素的最低位中。本例未讨论密钥的作用，通常我们利用密钥确定敏感信息以何种顺序存储在
哪些像素中。发送方和接收方具有相同的密钥，前者按照特定的顺序写入，后者则按照同样的顺
序读出，这样就能实现敏感信息的提取。

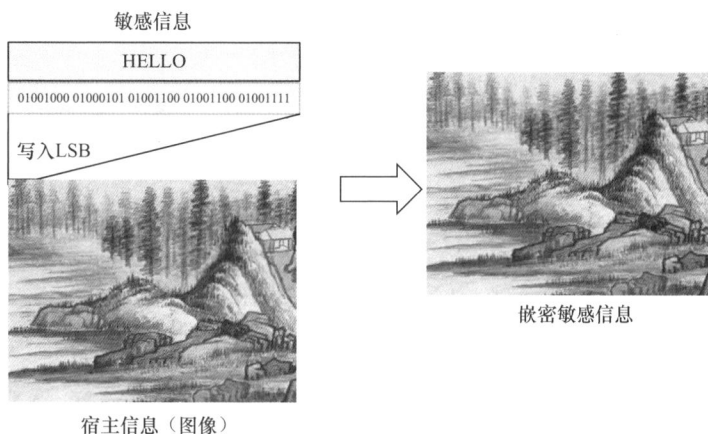

图 9-7　LSB 信息隐藏算法的原理

信息加密技术能够将明文转为密文进行传输，从而掩盖信息的具体内容。信息隐藏技术则
不仅掩盖了信息的具体内容，更隐藏了敏感信息存在这一事实的本身。密文容易引起攻击者的注
意，可能被解密或遭到破坏。信息隐藏的伪装方式使得敏感信息是否存在变得难以察觉，从而极
大地提升了信息安全的等级，如图9-8所示。然而，信息隐藏中敏感信息的传输量不能太大，以
避免干扰宿主信息而被攻击者察觉。

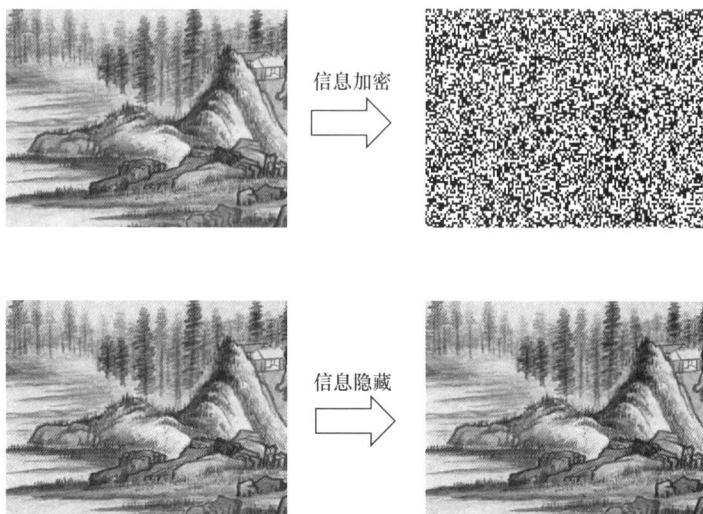

图 9-8　信息加密与信息隐藏的比较

信息隐藏技术还可以用于制作数字水印（Digital Watermarking）。数据的拥有者在发布视频、图像、音频或传感器数据时间序列时可以通过信息隐藏的方式在其中存储难以察觉的标记来保护版权和认证数据的真实性。

信息隐藏技术在物联网信息安全中适用于保护数据不被未授权检测或访问的场景，也可以用于保护数据版权。

3．访问控制技术

访问控制（Access Control）技术是信息安全技术中的一项关键技术，主要目的是防止未授权的访问，确保信息资源在合法范围内被合理使用。访问控制技术的实施涉及五个部分，具体如图9-9所示。

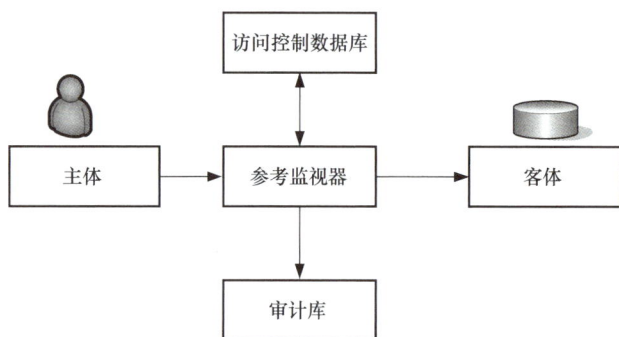

图 9-9　访问控制技术的通用模型

主体（Subject）是指提出访问请求的实体，如用户、进程或服务。客体（Object）是指被访问的资源，如信息、文件、记录或网络设施。参考监视器（Reference Monitor）是访问控制的决策单元和执行单元的集合体，控制主体到客体的每一步操作，监督行为并记录重要安全事件。访问控制数据库（Access Control Database）用于记录主体访问客体的规则，这些规则称为访问控制策略（Access Control Policy），它们基于身份验证和授权过程，用于确定哪些主体可以访问哪些客体，以及这些主体对客体可以进行什么类型（如读、写、删除等）的操作。审计库（Auditing Database）用于存储主体访问客体的所有操作信息，即成功、失败和访问操作的完整日志。

访问控制技术的核心功能涵盖以下三个方面：一是确保授权用户能够顺利访问受保护的网络资源；二是有效阻止非法主体对受保护资源的入侵；三是预防合法用户对资源进行的非授权访问。

访问控制通常应遵循以下步骤：①用户身份认证，如口令、生物特征或智能卡认证等，以确保用户身份的合法性；②访问权限验证，基于用户身份和所属群组判断其是否具备对特定资源的访问权限；③操作监控，持续监视用户行为，防止潜在的安全风险的发生。

访问控制技术在物联网信息安全中具有重要的作用，它不仅能够防止非法用户的入侵，还能防止因合法用户的不慎操作而造成的破坏。例如，物联网智能家居中的摄像头设备必须设置访问控制，以避免被非法用户挟持来窥探家庭隐私；又如，智能工厂中的控制器需要设置访问控制，以避免被非法用户执行恶意操作而产生破坏。

9.2.3　应用安全技术

应用安全技术主要解决物联网系统应用层的安全问题，尤其是物联网系统服务的可用性。物联网的应用多种多样，安全风险也不相同，因此应对方法也不尽相同，需要根据应用目标因地制

宜地采取相应的安全措施。

电网是国民经济中重要的基础能源产业，同时也是社会公用事业的重要组成部分。2018年，来自普林斯顿大学的研究人员声称黑客可以利用空调、加热器、烹调器这类大功率物联网设备对电网发起攻击[16]，如图9-10所示。

图9-10中，攻击者可以围绕电动汽车充电器、空调、电热水器等大功率物联网设备构建一种物联网僵尸网络（IoT Botnet），用于瞬时改变电网中的电能消耗，这称为"通过物联网操纵需求"（Manipulatio of Demand Via IoT，MaD IoT）攻击。在MaDIoT攻击中，攻击者操控由大功率物联网设备组成的僵尸网络，在某个瞬时同步地开启海量大功率电器来突然改变电力系统的负载。这些攻击会导致电网供需失衡和运营成本的增加，严重情况下会引起电网线路频率不稳定、线路断电、发电设备跳脱等事故。初步测算表明，在一个小规模电网上控制约90 000台空调或18 000台电热水器就可以增加30%的电能需求，进而导致发电机跳脱。MaDIoT攻击的精妙之处在于它改变了传统对电网的攻击方式，它不是对电网的供应方进行攻击，而是对电网的需求方进行攻击，利用两者的供需关联间接攻击供应方。

智能交通是物联网的重要应用。以车辆导航为例，物联网系统获取道路上车辆的行驶状况，再结合数字地图给出行驶建议。2020年，德国艺术家西蒙·魏克特（Simon Wechkert）找来了99部智能手机，将定位功能全部打开，然后把这些手机全部装进一个红色手拖车里（见图9-11）。他拉着小车缓慢行走在柏林的街道，进行了为期1h的实验。在实验过程中，他用摄像机拍摄了自己的行走过程，并记录了他走过街道前后谷歌地图上的拥堵数据。

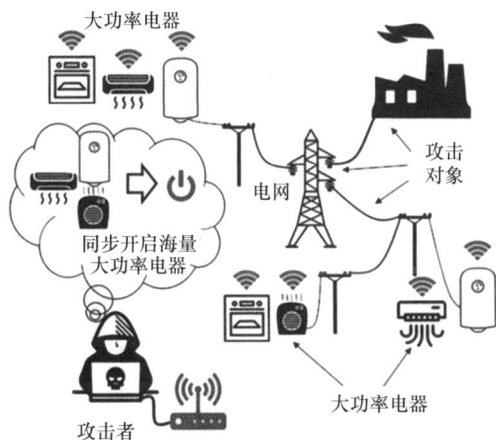

图 9-10　基于海量大功率电器对电网的攻击示意　　图 9-11　装有 99 部智能手机的红色手拖车

从这些数据来看，由于在街道上有大量的设备在缓慢地移动，因此谷歌地图后台应用服务器就判断街道上出现了交通堵塞。然而，实际街道上几乎没有车辆。这是基于完全合法的方式对智能交通应用的攻击，它表明了设备安全与信息安全仍不能保障应用的安全。

上述两个安全事件都是极具物联网特色的应用层攻击，呈现出物质世界与信息世界攻击的复杂耦合。在智能电网案例中，攻击者从信息世界中控制物质世界中的"物"，再用这些"物"对另外的"物"发起攻击；在智能交通案例中，攻击者从物质世界入手，通过控制物质世界的"物"，精心地设计流向信息世界的数据，然后通过这些数据使信息世界的应用服务产生迷惑从而使其做出误判而达到攻击的目的。

因此，为了应对物联网应用层的安全威胁，应用层需要采取一系列技术措施，包括但不限于以下几方面。

（1）保障应用层业务逻辑的可信性和健壮性，以及业务逻辑软件实现的正确性，准确判断物质世界中"物"的状态，进而提供正确、可靠的服务。

（2）充分考虑物质世界中的"物"与"物"的关联，梳理物物作用的链条，避免恶意攻击者利用其他的"物"对自身的攻击。

（3）充分运用大数据与人工智能技术，有效检测系统中存在的异常行为，并制定应急响应计划，以便快速应对各种攻击事件。

（4）定期进行安全审计，及时修补系统中的安全漏洞，防止恶意操作和数据被篡改。

9.3 物联网隐私保护技术

物联网隐私保护技术的目标是在用户享受便捷、智慧和个性化服务的同时保证个人隐私不被泄露和滥用。通常，为了提供服务的便捷性与智能化，优化用户的个人体验，需要采集、传输、存储、处理和发布并分析用户数据，这其中的每一个环节都与用户的个人隐私保护有关。

按照数据产生与流转的不同阶段进行划分，可以分为数据采集、数据传输与数据存储、数据分析与数据处理，以及数据发布与数据共享四个阶段，各阶段的隐私泄露风险与对应的隐私保护技术如图9-12所示。注意，数据在各阶段的流转并不完全是线性的，可能存在多次的迭代反复，尤其在多个物联网应用间存在数据交叉时更是如此。例如，某一个物联网应用发布的数据被另一个物联网应用进行分析，又或者数据分析的中间结果存储在第三方云存储平台中。

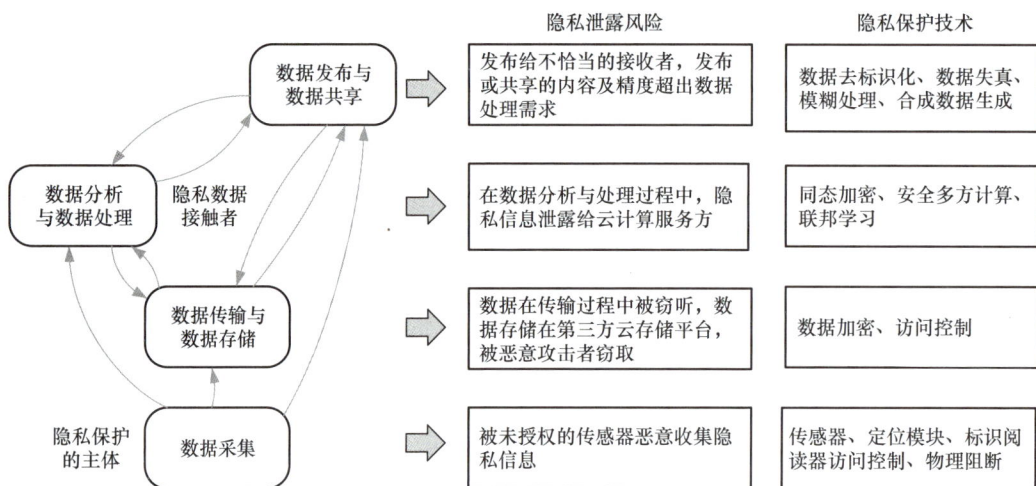

图 9-12 物联网中数据的各阶段、隐私泄露风险及隐私保护技术

1．数据采集阶段

在数据采集阶段，物联网设备使用传感器、标识阅读器、定位模块等获取信息，本阶段的隐私泄露风险是设备未经授权地使用麦克风、摄像头、定位模块、生理测量模块等获取用户的声音、图像、位置或健康数据等，或使用标识阅读器读取智能卡号等敏感数据。因此，可以采

取的隐私保护技术包括：①访问控制技术，仅允许特定的应用在给定的时间与空间访问相应的传感器、标识阅读器或定位模块等敏感信息源；②物理阻断，在硬件上直接关断或屏蔽相应的传感器、标识阅读器或定位模块等敏感信息源。

2．数据传输与数据存储阶段

在数据传输与数据存储阶段，物联网设备将包含敏感信息的数据经通信链路传输，或者存储在第三方云存储平台上，主要的风险在于信息被恶意攻击者窃取，主要的应对方案是数据加密与访问控制等。数据加密可以保障在传输或存储过程中即使被窃听，攻击者也无法解密数据内容；访问控制主要是确保云存储平台上的数据不被未经授权的用户所获取。

3．数据分析与数据处理阶段

在数据分析与数据处理阶段，我们既需要对包含隐私信息的数据进行处理，但又不希望将隐私信息泄露。通常，算力资源由第三方的云计算服务方提供，在计算过程中容易泄露数据隐私。在大数据时代，更常见的情况是数据分别来自多个主体，它们各自既需要保护自己的隐私信息不被获取，又需要联合其他主体对所有数据拥有者的全部数据进行计算。因此，学术界提出了一系列能够保障信息隐私的计算方案，主要包括同态加密（Homomorphic Encryption）、安全多方计算与联邦学习等。

（1）同态加密是一种加密方法，允许在需要加密的数据上直接进行计算而无须解密这些数据，计算结果仍然保持加密状态，只有拥有密钥的一方才能解密得到结果。同态加密技术原理示意如图9-13所示。

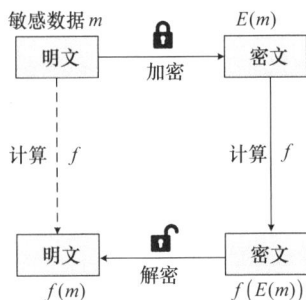

图 9-13　同态加密技术原理示意

在图9-13中，假设我们希望计算敏感数据m在函数f作用下的结果，即$f(m)$，由于本地计算资源不足，因此我们首先将m加密为密文$E(m)$并提交给第三方进行计算，第三方计算后得到$f(E(m))$并返回，对其解密后即可获得f，这样就能够在不暴露数据的情况下通过对密文的计算获得对明文计算的等价效果。如果一种同态加密算法支持对密文进行任意形式的计算，则称其为全同态加密（Fully Homomorphic Encryption，FHE）；如果支持对密文进行部分形式的计算，如仅支持加法，则称其为半同态加密或部分同态加密（Partially Homomorphic Encryption，PHE）。一般而言，由于任意计算均可通过加法和乘法进行构造，因此若加密算法同时满足加法同态性和乘法同态性，则可称其满足全同态性。

（2）安全多方计算（Secure Multi-party Computation，MPC）是一种密码学领域的隐私保护分布式计算技术，它允许多位参与者在不泄露各自输入的情况下共同计算某个函数，其核心目标是确保每位参与者的私有数据在整个计算过程中保持私密，同时能够获得正确的计算结果，其原理示意如图9-14所示。

安全多方计算中，参与者共同完成一项任务，例如，数据比较或秘密投票等，这个任务的计算过程需要每位参与者提供数据，但在计算过程中引入了同态加密、混淆电路（Garbled Circuit）、秘密共享（Secret Sharing）等技术，使得参与者不需要公开他们各自的数据就能计算得出最终的结果。安全多方计算在医疗、零售、金融等领域具有广泛的应用前景，特别是在需要跨组织合作但又必须保护各自敏感信息的场景。

（3）联邦学习（Federated Learning）是一种能够保护数据隐私的分布式机器学习技术。机器学习的训练过程需要大量的数据，很多时候数据分散在很多主体中，一方面这些主体希望将数据联合使用，以便于训练出更为准确的模型；另一方面它们也不愿意将数据泄露给其他主体。联邦学习实现了保障数据隐私的分布式人工神经网络模型训练，其原理示意如图9-15所示。

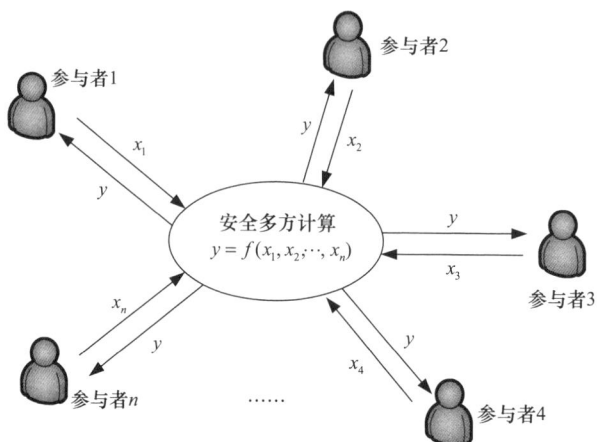

图 9-14 安全多方计算原理示意

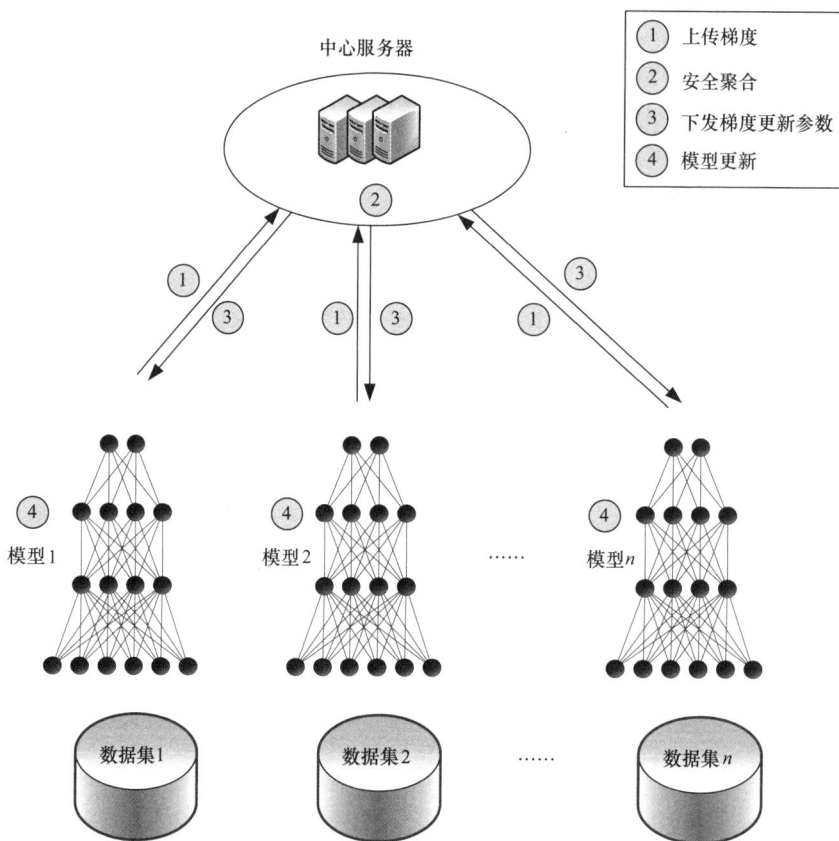

图 9-15 联邦学习原理示意

联邦学习包括很多轮次，在每一轮中每位用户使用自己的本地数据来训练模型，独立计算各自模型的梯度。然后，这些梯度被发送到中心服务器，中心服务器上对梯度进行安全聚合，以获得一个全局的梯度更新。最后，这个全局梯度更新参数被下发给各用户，各用户使用该参数来更新自身的人工神经网络模型。在联邦学习中，各用户仅向中心服务器提供模型梯度，而没有提供训练数据本身，因而保证了数据的隐私性。最终，每位用户都可以得到一个模型的梯度，这些梯度并不完全相同，但它们均要优于仅使用本地数据得到的模型。

4．数据发布与数据共享阶段

在数据发布与数据共享阶段，物联网设备将自身所拥有的数据转移到给定的设备、人员或全体公众，但需同时确保隐私信息不会遭到泄露。本阶段主要的风险在于，攻击者从数据中获取用户的隐私信息，造成信息被泄露，包括目标对象范围外的攻击者非法获取隐私数据、目标对象获取物联网应用需求之外的隐私数据内容、目标对象获取超出物联网应用实际所需精度范围的隐私数据等。因此，主要的应对方案包括以下几方面。①数据去标识化（De-Indentification）或匿名化（Anonymization），即对数据中的标识符进行处理，使其处理后的信息无法识别到特定个人信息主体的数据处理方法，例如，将数据中的身份证号码、手机号码或信用卡号等信息直接移除或改为另一个随机标识符等。②数据失真（Distortion）。旨在通过修改原始数据的值来保护数据中的敏感信息，包括在敏感数据上增减一个随机的数值，或者将敏感数据的全部或一部分替换为无意义的占位符或固定值。③模糊处理（Fuzzification），将数据的值转换为模糊的范围，例如，将准确的年龄值22岁改为20～30岁，或者将准确的用户经纬度坐标改为在某个小区或位于某标志性建筑的300m范围之内。④合成数据生成（Synthetic Data Generation），创建与原始数据集具有相似统计特性但不含真实信息的人造数据，该共享的数据能够进行统计分析但不包含敏感的真实数据。

9.4 案例解析

本节将结合具体的物联网案例，分析医学物联网设备中的安全风险和基于位置的服务引发的隐私泄露风险，进而讨论物联网安全与隐私保护技术在上述场景中的应用，以保障系统和用户隐私的安全。

9.4.1 关系生命健康的医疗物联网安全

智慧医疗是物联网应用的重要领域，随着数字技术的快速发展，具备联网功能的医疗设备种类及数量日益增多，医疗物联网蓬勃发展，医疗设备实现了便捷的信息共享、设备配置和远程操控等。伴随而来的是医疗器械产品也逐步成为黑客攻击的主要目标。

以色列网络安全公司Cynerio分析了全球300多家医院和医疗机构的1 000多万台医疗设备，在其发布的《2022年医疗物联网设备安全状况报告》指出，联网健康医疗设备中有53%存在已知漏洞，大约33%的床旁医疗设备存在重大安全风险。例如，占医院物联网设备38%的输液泵堪称漏洞重灾区，73%的输液泵都存在某种漏洞。由于连接到网络，输液泵一旦被攻击者侵入，就会直接危及患者的生命安全。此外，医疗信息系统、心电图仪、医学数字成像和通信（Digital Imaging and Communication in Medicine，DICOM）工作站、图片存档和通信系统（Picture Archiving and Communication System，PACS），以及配药系统都被证明存在安全漏洞。2019年，德国绿骨（Greenbone）公司研究表明，有11.9亿张机密医学影像可以在互联网上被免费使用，其中包括患者姓名、检查原因、出生日期和某些情况下身份证的详细信息。

医疗物联网主要的安全风险包括设备本身的安全能力防御薄弱，医院（家庭）内部网络缺乏安全隔离，服务软件存在远程维护后门甚至漏洞，使用人员缺乏安全意识等。因此，医疗物联网安全不是单一维度可以解决的，需要进行顶层设计与统筹管理，对医疗物联网设备进行软硬件加固，对网络进行物理隔离或利用防火墙进行设备防护，开展远程运维数据审计，及时修补漏洞等。

9.4.2 基于位置的服务与位置隐私保护

基于位置的服务（Location-Based Service，LBS）是物联网中基于设备位置向用户提供与地理位置相关的信息和服务的技术，常见的包括：①导航和地图服务，即提供路线规划和实时导航指引，帮助用户从一地到达另一地；②本地搜索和推荐，即根据用户的当前位置推荐附近的服务和设施，如餐厅、商店、娱乐场所等；③广告推送，即基于用户的位置提供定制化的广告和促销信息；④紧急服务，即在紧急情况下快速定位用户的位置以提供救援服务。这些服务能够根据用户的当前位置提供个性化的信息，因而为个人和企业提供了极大的便利和价值。

然而，随着基于位置的服务的蓬勃发展，由于这些服务需要收集和处理用户的敏感位置信息，因此也引发了隐私保护和数据安全方面的关注。如果攻击者通过窃听或攻击应用服务器以窃取用户的精确位置信息（见图9-16），那么就可以追踪用户的精确位置。如果这些数据被未经授权的第三方访问，可能会暴露用户常去的地点如家庭地址、工作地点及其他私密场所。同时，长时间的位置数据积累可以让攻击者推断出该用户的行为模式和习惯，例如，上下班的路线、频繁光顾的商店等。这些信息可能被用于不正当的目的，甚至危及人身安全。

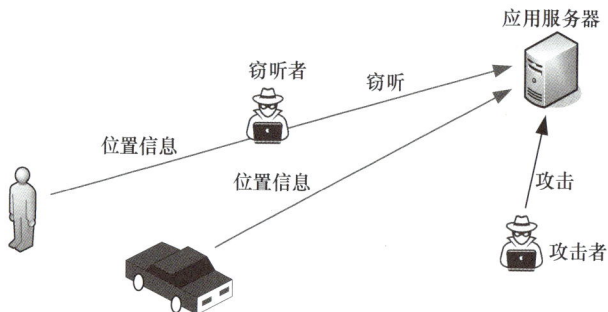

图 9-16 基于位置的服务的隐私泄露风险

为了减少这些风险，从技术层面可以采用数据匿名、数据失真或数据模糊的方法。数据匿名即隐藏位置信息中的"身份"，应用服务提供商能利用位置信息提供服务，但无法根据位置信息推断用户的身份；数据失真技术则是在精确的位置坐标上增加一定的随机扰动，使之稍微偏离自己的精确位置，即"声东击西"；数据模糊技术则是将精确位置转换为某个区域范围，这样就可以在服务质量损失相对较小的情况下仍然享受基于位置的服务提供的便利，同时应用服务提供商应增强数据保护措施，采用加密技术保护数据传输和存储的安全，同时提供透明的用户数据管理选项，让用户能够更好地控制自己的个人信息，保证用户隐私安全。

> 📝 **拓展阅读：物联网更应是安全网**

数字技术正以新理念、新业态、新模式全面融入人类经济、政治、文化、社会、生态文明建设备领域和全过程，给人类生产生活带来广泛而深刻的影响。在数字技术推动产业变革向纵深发展的过程中，物联网作为数字时代较重要的信息基础设施，扮演着极为重要的角色。物联网的安全是信息基础设施安全的重要内容，与人民生命财产安全甚至是国家安全息息相关。

2010年9月，某国家境内诸多工业企业遭受了一种极为特殊的病毒袭击，该病毒能秘密改变离心机转速，导致千余台离心机永久性损坏。这是首个专门定向攻击物质世界基础设施的蠕虫病毒，被称为震网（Stuxnet）病毒。震网病毒潜伏在工业设施网络中，能进入计算机控制系统，并能通过操控工业设备造成破坏。震网病毒隐蔽性极强，能广泛地对电网、工厂、水坝和交通控制系统发起攻击。在2019年12月《福布斯》（Forbes）杂志发布的过去十年（2009～2019）最重要的12款新式武器排行榜上，震网病毒位列第一，被称为全球首个"超级破坏性武器"。

自"震网"病毒问世以来，新型网络武器的花样就不断翻新，且结构更复杂、隐蔽性更强。例如，2012年5月发现的"火焰"（Flame）病毒，其代码数量是"震网"的20倍，感染"火焰"病毒的电脑将自动分析自己的网络流量规律，自动录音，记录用户密码和键盘敲击规律，并将结果和其他重要文件发送给远程操控病毒的服务器。一旦完成搜集数据任务，这些病毒还可自行毁灭，不留踪迹。

物联网融合了物质世界与信息世界，极大地推动了人类社会的发展。然而，物联网隐含的风险也极为严峻，数千万或几亿台物联网设备中只要出现一个小漏洞，就可能会被放大几千万倍，被攻击者利用来对物质世界造成严重的破坏。因此，物联网安全问题已经成为各国关注的核心议题，加强物联网的安全防护已经成为摆在世界各国面前的迫切任务。

没有物联网安全，智慧服务的背后可能存在大量陷阱；没有物联网安全，数字经济运行中就可能存在巨大风险；没有物联网安全，人民生命健康和国家基础设施安全将难以保障。"欲筑室者，先治其基"，物联网不仅是赋能数字经济的智慧服务网，更应该是安全网。

📝 本章小结

物联网是融通物质世界与信息世界的复杂巨系统，它的设备遍布人们的办公与家居场所，因而物联网安全不仅是信息安全，也涉及物质世界的安全；物联网的隐私保护不仅是信息世界的敏感数据保护，也涉及敏感数据从采集到传输、存储、处理和发布的全过程。

安全的本质就是攻防对抗。攻击者通过对物联网系统信息世界或物质世界的任意环节发起攻击破坏物联网系统的正确、稳定运行，而防守者通过阻断、隔离或屏蔽攻击者的恶意行为，确保物联网系统完整性和运行稳定性。物联网的安全需要确保设备安全、信息安全与应用安全。然而，物联网连通着物质世界与信息世界，两个世界的安全问题杂糅在一起，形成极度复杂的局面。它打破了传统信息安全的防御界限，呈现出安全边界弥散、安全风险极高、攻击方式多样、攻击后果严重的新型特征。因此，在设备安全上，需要采取设备加固、部署区域监控与防篡改技术等；在信息安全上，需要结合密码技术、信息隐藏技术、访问控制技术等；在应用安全上，需要保障应用层业务逻辑的可信性、健壮性，尤其需要注意防御来自物物作用的攻击链条。

隐私保护是确保个人敏感信息不被未经授权的收集、使用或公开，它与安全有一定的联系但又不完全相同。大量具有录音和摄像功能的物联网设备遍布我们的生活中，人们的隐私极易受到侵犯。因此，需要从数据采集、传输、存储、处理和发布的每一个阶段入手，采取相应的措施保护用户隐私：在数据采集阶段，可以采取访问控制与硬件关断方法；在数据传输与数据存储阶段，主要采取数据加密和访问控制方法；在数据分析与数据处理阶段，主要采取同态加密、安全多方计算与联邦学习等方法；在数据发布与数据共享阶段，主要采取数据去标识化或匿名化、数据失真、模糊化等方法。

"魔高一尺，道高一丈"，物联网的安全与隐私保护始终处于攻击者与防守者之间的动态博弈过程中。静态的、绝对意义上的物联网安全与隐私保护是不存在的。然而，信息系统的安全考量往往落后于功能考量。1974年，互联网核心协议TCP/IP即被提出，但直到1992年互联网工程任务组（Internet Engineering Task Force，IETF）才成立了IP安全工作组，1995年该工作组批准了互联网安全协议，此时距TCP/IP提出已经过去了21年。随之而来的是防守者大多数情况下处于被动应对的地位，通常采用事后修补的方式解决系统安全问题。对物联网系统来说，如果能够做到未雨绸缪，在其设计、部署和运行前期就做好物联网安全与隐私保护的顶层设计和应急响应机制，将有利于在攻防中争取主动，占据有利态势。

📝 习题

1. 物联网安全有什么重要价值？

2. 物联网的安全与互联网的安全有什么区别？它们所采用的技术手段存在什么差异？

3. 什么是隐私？请举例说明物联网中存在哪些隐私问题。

4. 应对物联网终端位置隐私问题的主要技术手段有哪些？

5. 根据密钥的类型，可以将密钥体制分为_____和_____。

6. 对称加密算法和非对称加密算法有什么区别？两者的应用场景有何不同？

7.（多选）信息安全的三大要素包括_____。

A. 完整性　　　　　B. 机密性　　　　　C. 隐蔽性　　　　　D. 可用性

8. 物联网隐私保护的常见威胁与应对策略有哪些？

9. 什么是同态加密？同态加密技术如何实现隐私保护？

10. 物联网中数据失真技术的基本原理是什么？

11. 数据去标识化的原理是什么？请举例说明。

12. 举例说明一类物联网应用，要求在其中仅采用加密技术不能解决数据隐私保护问题。

13. 在共享单车应用中，存在哪些安全和隐私方面的威胁？

14. 思考由大量传感器构成的森林火警监测系统，分析其中存在的安全威胁，并提出相应的解决方案。

15. 结合神经网络的训练过程，谈谈你对联邦学习的理解。

第 **10** 章

物联网的应用

物联网既是技术的创新，更是应用的创新。物联网的最终价值是为人类提供创新的应用和解决方案，以提升生产效率和生产力、保障人身和财产安全、促进可持续发展，以及提升人类生活品质。物联网能够与大量的行业领域深度融合，促进产业转型升级、加速技术创新，正逐步成为推动社会进步与促进经济发展的重要引擎。

本章将讨论物联网典型的行业应用，分析它们的缘起、发展与技术方案。

10.1 物联网应用概述

物联网应用非常广泛，涵盖了从家庭到工业、从城市管理到个人健康等多领域，典型应用如智能电网、智能交通、智慧医疗、智慧农业、智能家居等，如图 10-1 所示。

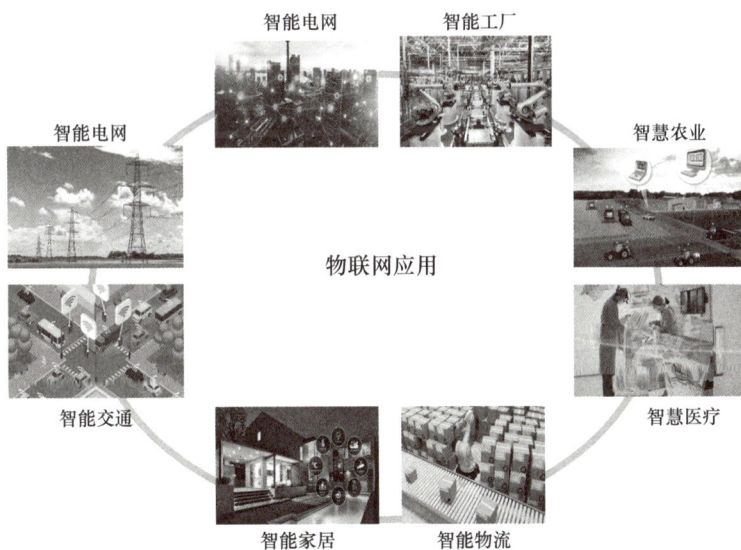

智能电网　智能工厂

智能电网　智慧农业

物联网应用

智能交通　智慧医疗

智能家居　智能物流

图 10-1　物联网技术的应用领域

在电力系统中，物联网通过对电力系统的全面感知、数据共享与智能化决策，实现能源的高效分配与利用，保障电网的高可靠运行。在交通系统中，物联网通过对人、车、路和环境的感知，以及对交通设施的控制，优化交通流，减少拥堵，提升出行体验。在农业生产中，通过对农作物、土地和气象条件的感知，以及对灌溉、施肥的精准控制，提升农作物产量与质量，促进农业可持续发展。在医疗保健中，物联网通过对人的健康状态的细粒度监测，以及对医疗器材和药品的控制管理带来更加便捷、个性化的医疗服务体验。在人们的生活与工作场所，物联网通过对环境的准确感知，以及对各种家用电器如照明、中央空调、安全系统的智能控制，提高人们生活和工作的便利性和安全性。

总体来说，物联网在各行业的应用价值主要体现在下列几方面。

（1）物联网有助于提高生产效率和生产力。物联网技术通过自动化和实时数据监控，帮助各行各业提高生产效率和生产力。例如，在制造业中，物联网设备可以监控生产线的运行状态，预测设备维护需求，优化生产流程，缩短停机时间。

（2）物联网有助于保障安全性。物联网设备如智能摄像头和传感器能够在敏感区域或设施提供实时全面的监控，及时对异常情况进行处理，从而保障人身和财产安全。在家庭、企业或公共场所的应用都能显著提高安全水平。

（3）物联网有助于提升人类生活品质与健康水平。例如，在智能家居领域，物联网技术使得家庭设备能够相互连接和通信，实现远程控制、自动化和智能化管理，提高居住的安全性、便利性和舒适度。再如，在智慧医疗领域，通过可穿戴设备或家用医疗设备收集的健康数据，物联网技术能够实现对患者状况的实时监控，为医生提供更准确的诊断信息，以提升人类健康水平。

（4）物联网有助于可持续发展。物联网技术有助于优化能源利用和资源管理，如智能电网的构建和智慧农业的实施，从而提高能源效率，减少资源浪费，支持环境保护和可持续发展目标。

由于物联网技术在提升生产效率、保障人身和财产安全、改善用户体验和推动可持续发展方面具有显著的优势，可以预期物联网的应用范围和深度还将继续扩展，未来的物联网应用将更加丰富多彩。

10.2 智能电网

能源是现代人类社会的支柱产业，也是物联网发展过程中的重要应用领域，本节将简要讨论电力系统的概述，随后介绍智能电网的提出与发展，分析智能电网中的物联网技术，最后分析智能电网的未来愿景。

10.2.1 电力系统概述

电网是现代社会较重要的基础设施。人类以电作为主要的能源形式可追溯到1820—1830年，迈克尔·法拉第发现了电磁感应现象，为电动机与发电机的工程实现夯实了理论基础。电能便逐渐成为人类文明发展的重要动力，电能的大规模应用推动了第二次工业革命，使得欧洲各国、美国、日本等国家工业得以迅速发展。从1875年世界上第一座火力发电站建设完成至今，电力系统已经发展成为人类社会不可或缺的一部分，为现代社会的发展提供了强有力的支撑。

电力系统是一个复杂而精细的电能生产与消费系统，它涵盖了发电、输电、变电、配电和用电等关键环节，这些环节共同构成了从电能产生到最终消费的完整链条。典型的电力系统组成示意如图10-2所示，这一系统以高效、安全和可靠的方式将电能从源头输送到千家万户与厂矿企业，为人类社会的正常运转提供了能源支持。

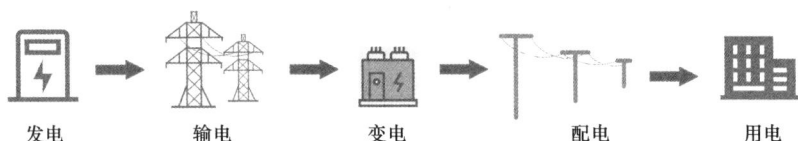

图 10-2　典型的电力系统组成示意

发电环节是整个电力系统的起点，它通过各类能源转换设备（如火力发电厂、水力发电厂、风力发电场等）将各类能源（如煤炭、水能、风能等）转化为电能。这一环节决定了电力系统的能源结构和电力供应的可靠性。电力系统的能源结构与碳排放关系密切。较常见的火力发电通过燃烧煤炭、天然气或石油等化石燃料来产生热能，然后利用这些热能将水加热成蒸汽，推动蒸汽轮机旋转，进而驱动发电机产生电能。在此过程中，碳排放的总量巨大，需要严格控制火力发电的规模。相比而言，水能、风能、太阳能、地热能、潮汐能等属于清洁可再生能源，具有绿色环保的特点，但易受自然条件动态变化的影响。

输电环节负责将发电厂产生的电能输送到远方的变电站或用户。该环节主要通过高压输电线路实现电能的远距离传输，以有效降低传输过程中的能量损耗。同时，输电网络的稳定性和可靠性也直接影响电力系统的整体运行。

在变电环节，电力系统通过变压器等设备将输电电压降低到适合城市或工业用电的电压等级。该环节是电力系统中的重要枢纽，它连接着输电和配电两个环节，确保电能能够安全、高效地输送到用户侧。

配电环节则是将变电站输出的电能分配到各用户的过程。它通过配电网将电能输送到城市的各个角落，以满足各类用户的用电需求。配电网络还承担着监控和保障用户用电安全的重要职责。

用电环节是电力系统的最终目标，它通过各类用电设备（如家用电器、工业设备等）将电能转化为热能、光能、机械能等形式的能量，以满足人们生产生活的需求。用户的用电行为与需求也会对电力系统的运行和发展产生重要的影响。

电力网络是电力系统的子集，包括输电、变电和配电等环节，但不包括发电设备和用电设备。电力网络是电力系统中最复杂的部分，也是电能传输和分配的重要通道。电力网络的建设和运营需要较高的技术和管理水平，以确保电能的高效、安全和可靠传输。

电网的稳定运行对于现代人类社会至关重要。然而，历史上曾多次发生大规模停电事件。2003年8月14日，美国东北部部分地区以及加拿大东部地区出现的大范围停电是北美历史上最大范围的停电事件，美国8个州及加拿大的安大略省的电能供应中断，4 000万美国人和1 000万加拿大人受到影响。

近十年间，大规模停电事件在世界范围内屡有发生。2012年，印度大停电影响了世界上1/10的人口。2021年2月的极端天气导致美国得克萨斯州（简称得州）停电，共造成美国中南部1 045台发电机组遭遇故障停运、降功率运行，甚至无法开机，事故最严重的2月15日，平均总计3 400万kW的发电机组因各种故障无法正常工作，相当于冬季峰值负荷的50%。超450万得州居民曾遭遇停电，有些居民甚至在极寒中遭连续停电长达4天，至少210人因受冻失温、一氧化碳（CO）中毒等而不幸遇难。

电力系统的高效绿色运行也日益成为世界各国关注的焦点。传统的电力生产方式，如火力发电会产生大量的有害气体和其他污染物，导致温室效应并对环境造成严重影响。高效、绿色的电力系统通过采用清洁能源（如风能、太阳能）和提高能源使用效率，可以显著减少这些有害气体和污染物的排放，有助于减缓气候变化和改善空气质量。推动电力系统向高效绿色转型是一个全球性的趋势，对于实现全球可持续发展目标具有重要意义。目前，我国煤炭发电仍在总发电量中占较大比例，深入推进能源革命，加快规划建设新型能源体系迫在眉睫。

10.2.2 智能电网的提出与发展

为了实现电力网络的安全可靠与绿色高效，世界各国都在积极推动信息技术与电力网络的融合，物联网技术在电力网络中的应用日益普遍。

美国早在1998年便提出了智能电网（Smart Grid）的概念，核心内涵是实现电网的信息化、数字化、自动化和互动化。它通过构建具备智能判断与自适应调节功能的多种能源统一入网和分布式管理的智能化网络系统，可对电网与客户用电信息进行实时监控和采集，且采用最经济、最安全的输配电方式将电能输送给终端用户，实现对电能的最优配置与利用，提高电网运行的可靠性和能源利用效率。智能电网作为现代电力系统的核心，可以总结为高可靠、高安全、高质量、高效能、分布式与个性化服务等主要特征，如图10-3所示。

图 10-3　智能电网的主要特征

（1）高可靠：智能电网具备强大的自我感知、自我诊断和自我恢复功能。当电网中出现故障或异常时，智能电网能够迅速定位发生故障的位置，通过自动隔离故障区域、优化电力调度等方式，快速恢复供电，缩短停电时间，减小停电范围。智能电网通过对设备的实时监测和评估，能够及时发现设备的故障和老化情况，及时进行维修或更换，延长设备的使用寿命。智能电网通过应用先进的管理技术和方法，如大数据分析、人工智能等，实现对电网运行的全面优化。通过对电网数据的深入挖掘和分析，发现潜在的问题和风险，提前制定应对措施。

（2）高安全：智能电网具备完善的安全防护体系，能够抵御各种网络攻击和物理攻击。通过数据加密、身份认证、访问控制等技术，确保电网数据和系统的安全。

（3）高质量：智能电网通过实时监测和分析电网的运行数据，能够及时发现并解决电能质量问题，如电压波动、谐波污染等。智能电网还能根据用户需求，提供定制化的电能质量服务。

（4）高效能：智能电网实现了信息的全面集成和共享。各种电网数据、用户数据、设备数据等都能够被统一管理和分析，为电网的决策提供有力的支持。智能电网能够对电网资产进行全面管理和优化。智能电网还能根据电网的运行情况，对设备进行合理调度和配置，提高资产的利用效率。通过实时电价、需求响应等方法，引导用户合理用电，优化电力资源的配置。

（5）个性化服务：智能电网实现了与用户的双向互动。用户可以通过智能电能表、移动应用等渠道，实时查看自己的用电情况，获取用电建议，参与电力需求响应等。智能电网能根据用户的用电习惯和需求，提供更加个性化的服务。

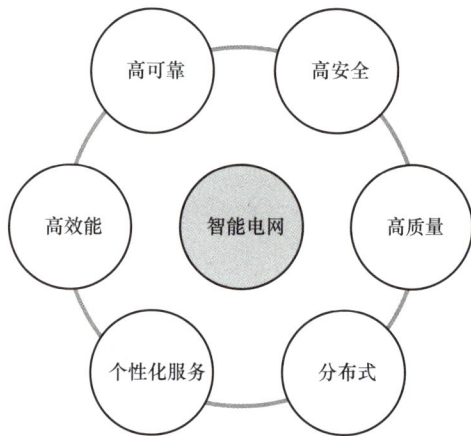

（6）分布式：智能电网支持各种智能设备和系统的接入，如分布式能源、储能设备、电动汽车等。这些设备能够与电网进行无缝对接，实现能源的优化配置和高效利用。智能电网还能支持各种电力交易模式的实现，如分布式能源交易、虚拟电厂等，为电力市场的多元化发展提供有力的支持。

因而，智能电网也称为"电网2.0"，它在现代电力系统中发挥着越来越重要的作用。2009年，智能电网提升为美国国家战略。从内涵上看，智能电网中蕴含着大量的物联网概念与技术要素。

我国的电力网络更多地聚焦在高可靠性，称为"坚强电网"。在2009年，国家电网公司首次公布了智能电网计划，全面建设以特高压电网为骨干网架、各级电网协调发展的，以坚强电网为基础，信息化、自动化、互动化为特征的自主创新、国际领先的"坚强智能电网"。坚强智能电网是利用传感器（温度在线监测装置、断路器在线监测装置、避雷器在线监测装置、容性设备在线监测装置）对关键设备的运行状况进行实时监控，然后把获得的数据通过网络系统进行收集、整合，最后通过对数据的分析、挖掘，达到对整个电力系统的优化管理。在坚强智能电网的概念中，物联网的特征已经凸显。2018年，国家电网公司首次明确提出将"打造全业务泛在电力物联网，建设智慧企业，引领具有卓越竞争力的世界一流能源互联网企业"作为新时代国家电网公司的信息通信战略目标。"泛在电力物联网"概念被正式提出。

因此，从1998年智能电网概念的提出，到2018年发展出泛在电力物联网，智能电网的内涵也在不断演进，物联网的要素不断丰富，物联网的各项特征逐渐凸显。目前，电力行业已经成为物联网重要的应用领域之一。

10.2.3　智能电网中的物联网技术

我国提出的泛在电力物联网体系架构如图10-4所示。它是一个三层一面的结构，自底向上分别是终端层、网络层和平台层，分别对应物联化、互联化、智能化三大要素，另外，还单独设置了公共技术面，主要包括一系列跨层技术。该架构充分考虑了ITU-T提出的物联网参考模型与电力系统的应用需求。

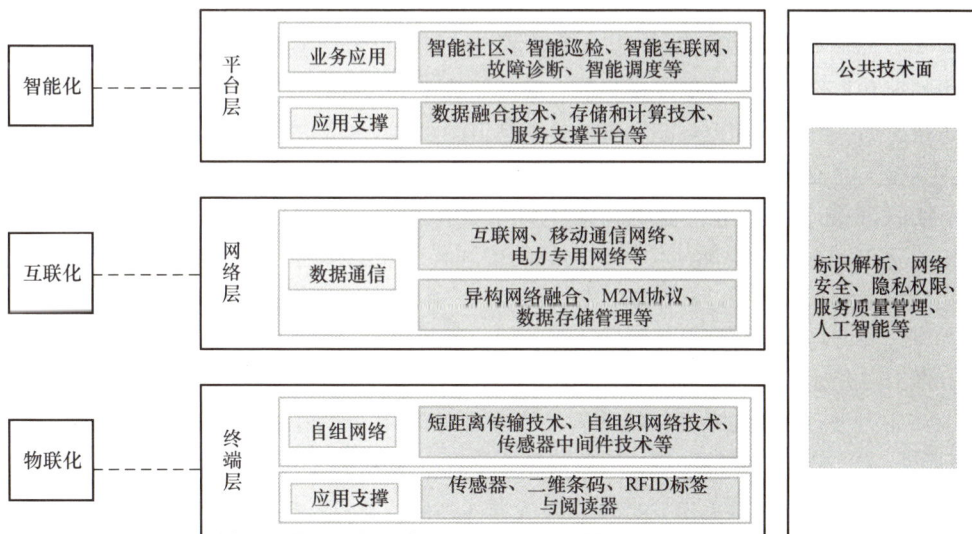

图 10-4　泛在电力物联网的体系架构

终端层主要是电力系统中设备与"物"，主要是传感器、二维条码、RFID标签与阅读器等。同时，短距离的自组织网络作为整体也被归入终端层，其原因可能是短距离通信所连接的若干设备相互协同，在局部范围内可以视为一个功能子系统。

网络层主要是指广域范围的数据互联互通功能，包括互联网、移动通信网络及电力专用网络等。

平台层包括数据融合技术、存储和计算技术、服务支撑平台等相对共性的功能，以及智能社区、智能巡检、智能车联网、故障诊断、智能调度等与电网关系密切的业务应用。

公共技术面主要包括安全和管理功能，但将标识解析与人工智能也列入公共技术。由于电力网络涉及面广，存在多种标识体系，需要统一的标识管理与解析，因此单列在公共技术中；由于人工智能是实现电网智能化的核心方法，与终端、网络、应用都有密切的关系，因此也单列出来。

总体来说，泛在电力物联网系统架构综合考虑了物联网的通用模型与电力网络的特色需求，将局部的任务型网络与通用的通信网络划分在不同的层次，还加强了人工智能与标识的跨层设计，为实现电网的状态全面感知、信息高效处理、应用便捷灵活做好了顶层设计。

泛在电力物联网在发电、输电、变电、配电到用电各环节都有重要作用，一方面通过对各环节设备的在线监测，及时发现设备故障或异常情况，从而确保电网的安全稳定运行；另一方面，收集电力系统运行的各种数据，通过大数据分析和人工智能技术，实现对电网的优化管理与绿色运行。

1. 物联网技术在发电环节的应用

发电环节是电力系统的能量供应端，不仅具有极高的可靠性要求和效率要求，也需要对电力系统的能源结构进行调整，提高绿色能源的比例。

针对高可靠性要求，泛在电力物联网系统中在发电厂部署了大量的传感器和智能仪表等设备。这些设备能够实时监控发电设备的运行状态和环境参数，一旦出现异常情况能够及时告警并自动采取安全措施，或者通知人员进行发电设备维护，从而提高发电设备的安全等级。

泛在电力物联网还能够优化地平衡电力系统的供需关系，提升发电设备的运行效率，改善电力系统的能源结构。目前储能技术仍存在较大限制，这就要求发电设备的发电量与用电设备的耗电量必须达到动态平衡。然而，用电需求存在显著的波动性，例如，一天之内的不同时段的用电量或者不同季节的用电量之间都存在差异。以绿色能源为主的发电方式受到自然条件的制约（如风力与光照强度的变化），其发电量也存在波动。因此，可以部署大量的传感器和智能仪表，将反映用电情况和自然条件的数据发送到中心服务器或云平台进行分析处理，一方面理解和预测用户的用电量，另一方面预测太阳能和风能等不稳定的可再生能源的发电能力，从而实时调整可控能源（主要是火力发电）的发电量，满足变化的电力需求。

2. 物联网技术在输电、变电与配电环节的应用

输电、变电与配电是电能从生产到消耗的中间环节。泛在电力物联网技术使得电网的监控和管理更加精准和高效，通过在输电线路、变电站、配电室安装传感器和智能仪表，并引入无人机、无人车巡检，将这些数据上传到后端服务器，进行数据分析与智能决策。输电线路监测的典型示例如图10-5所示。

图10-5中，通过在输电线路沿线部署导线电流传感器、导线温度传感器、导线风偏传感器、导线舞动传感器、杆塔倾斜传感器、气象传感器等，以监测导线和杆塔的工作情况。无人机沿输电线路飞行，采集沿线图像数据。这些数据都提交到后台进行处理，从而提前发现冰冻、大风、腐蚀等对传输线路的影响。通过处理潜在问题，确保电网的稳定运行。在变电站和配电网的关键节点同样会有大量的传感器实时收集温度、湿度、电流、电压等数据，以预防故障的发生。

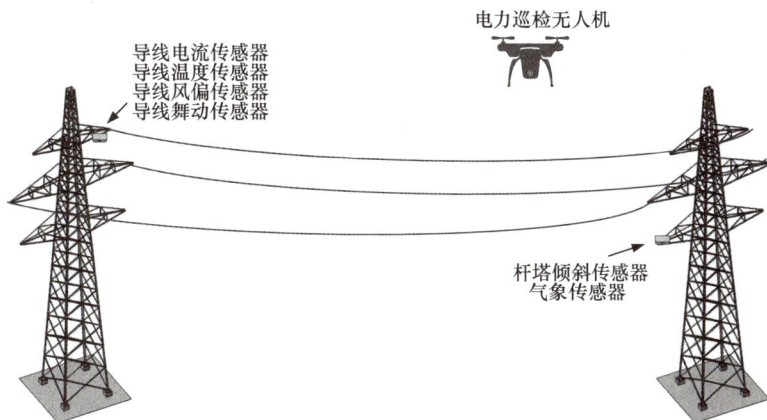

图 10-5　物联网技术在输电环节的应用

物联网技术还可以提高输电、变电与配电环节的智能化和自动化水平，例如，通过分析以上环节的数据，实现对输电网络的实时调度，根据电网负荷情况自动调整输电线路的运行状态，提高输电效率。再如，在变压器、断路器等关键设备上安装 RFID 标签或传感器，可以实时追踪它们的位置和状态，优化维护和更换计划。

3．物联网技术在用电环节的应用

物联网在用电环节可以优化电力使用、提高能源效率和向用户提供个性化服务。

智能电能表是用电环节中较重要的物联网设备，它能够实时监测和记录用户的电能消耗情况，这些数据可以帮助用户更好地了解自己的用电模式，还能使得电网能够更精确地预测用电情况。

在家庭或企业中，物联网设备可以根据电网的负荷情况自动调整家庭或企业的电能消耗，识别节能机会，如在电力需求高峰期自动关闭或调低非关键设备的运行，有助于平衡电网负荷，减少停电事件的发生，再如，智能照明系统可以根据房间的使用情况自动调节光线强度，智能温控器可以根据室内外温差和用户设定的偏好自动调节温度，从而减少能源浪费。

10.2.4　智能电网的未来愿景

物联网技术能够提升电力系统的数字化、自动化与智能化水平，传统的电力网络正在快速向智能电网迈进。我们需要用发展的眼光来审视物联网技术与电力系统的融合过程，物联网的概念并不是静止的，智能电网的概念也不是静止的，当前的电力系统显然已经比以往更智能，但这并不是终点。在未来相当长的时间内，物联网会持续地为电力系统的智能化注入动力。

智能电网的未来愿景如图 10-6 所示，从发电到用电环节都会经历重大变化。

在发电环节，风能、光能等新能源将占有重要、甚至主要的比例，从建设少数的大规模发电厂转型为大量的小型绿色能源发电设备，从大型电厂的集中式供电模式向集中式与分布式并举的供电模式转变。储能将成为新型电力系统不可或缺的元素，通过储能更好地实现发电与用电间的动态平衡。

电网的能量以往是单向流动的，未来用户也可以参与发电和储能，电网的能量将双向流动。用户从被动使用电能的角色转向主动使用电能的角色，用户的发电与储能将成为电网能量的重要来源。

因而，未来的电力系统将是一个更庞大、更复杂和更动态的分布式系统。为确保其可靠性与绿色运行，就必须准确、全面、及时地收集电力系统的各项数据，基于数据进行分析和智能决策，物联网技术在智能电网中的应用将更深入。

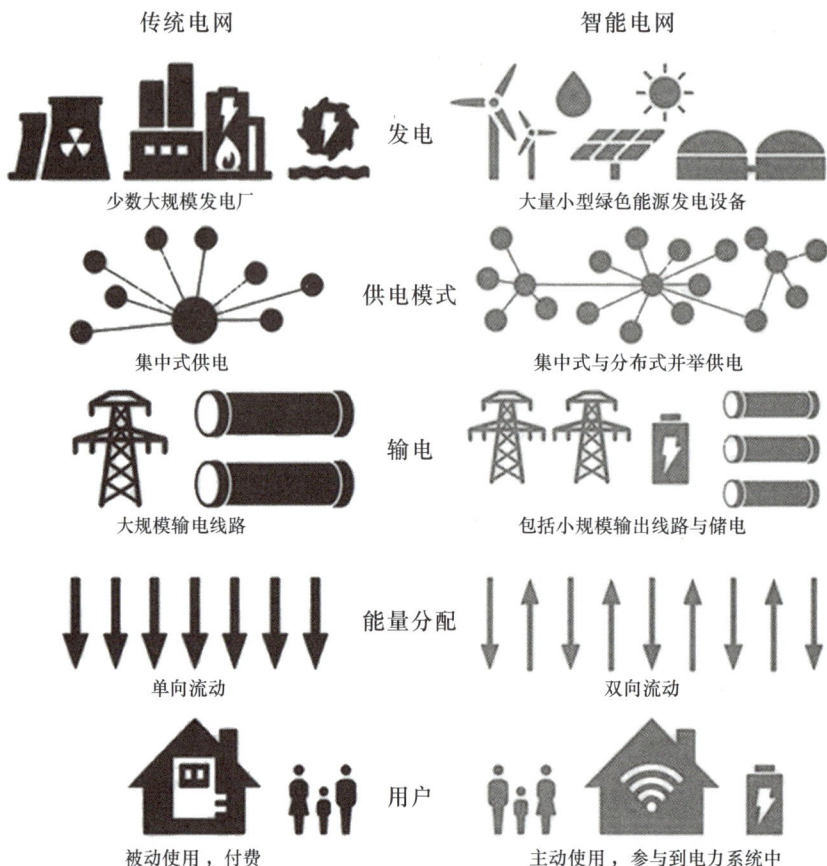

图 10-6　智能电网的未来愿景

10.3 ◀ 智能交通

　　交通是连接人与人、地区与地区的桥梁，在经济社会发展中具有基础性、先导性、战略性地位和牵引性作用。然而，与现代交通技术发展相伴随的既有"危险"，也有"堵点"，安全与效率两大要素迫切呼唤着交通领域的变革，以物联网技术为支撑的智能交通应运而生。

10.3.1　交通技术概述

　　交通技术的历史非常久远，现代意义上的车与船的形成也至少有数千年的历史。第一次工业革命中蒸汽机的出现推动了交通工具的变革，1814 年英国人乔治·斯蒂芬森（George Stephenson，1781—1848）发明运行了第一台蒸汽机车。1885 年德国工程师卡尔·本茨（Carl Benz，1844—1929）设计并制造了一辆内燃机驱动的三轮车，被认为是第一辆现代意义上的汽车。美国的威尔伯·莱特（Wilbur Wright）和奥维尔·莱特（Orville Wright）在 1903 年首次试飞完全受控、依靠自身动力、机身比空气重、持续滞空不落地的飞机，被认为是现代航空的开始。

当今社会，交通已经发展为包括铁路、公路、水路、航空和管道五种主要方式的人与物的转运输送。仅以公路为例，我国 2023 年的公路里程达到 544 万千米，机动车保有量达 4.35 亿辆。交通行业的快速发展也带来了不少问题，其中最主要的是安全和效率两方面。

交通安全最直接的意义在于保护人们的生命安全。根据《中国统计年鉴》，2013 ～ 2022 年，我国交通事故发生数量在起伏波动中上升，从每年 19.8 万件攀升至 25.6 万件。每年约 6 万人因交通事故而丧生，20 余万人受伤，因交通事故造成的直接财产损失在 10 亿元以上。因此，安全始终是交通发展最重要的目标。

交通效率的意义在于提高运输系统的性能，确保人员和货物能够快速且经济地从一个地方移动到另一个地方。时间是用户对交通效率最直接的感受，不少大城市中的交通堵塞极大地增加了通勤时间，已成为影响居民幸福指数的重要因素。此外，交通效率低下也会造成燃油消耗和车辆维护费用的增加，加剧空气污染和温室气体排放等。

综上所述，交通技术一直在伴随人类社会的发展而不断进步，已经成为现代社会的支柱性行业，然而交通的安全与效率仍是公众关注的热点和焦点。

智能交通的提出
与发展

10.3.2　智能交通的提出与发展

为了保障交通安全，提升交通效率，世界各国都在积极推动信息技术与交通技术的融合，物联网技术在交通领域日益得到更为广泛的应用，传统交通正在向智能交通不断发展。

智能交通系统（Intelligent Transportation System，ITS）的概念产生于 20 世纪 90 年代初期，由美国提出，该计划尝试将传感器技术、通信技术、计算机技术与控制技术集成应用于地面交通管理系统中，其目标是保障交通安全、提高交通效率、提升能源利用水平和改善环境。智能交通系统最早主要侧重一些特定的任务，典型的进展包括在美国主要城市建设了数十个交管中心，在 70% 的收费道路上部署了电子收费系统（Electronic Toll Collection，ETC）、在公共交通系统增加卫星调度功能等，随后逐步扩展到交通信号控制系统、车辆信息系统、智能公共交通系统等。2010 年，随着物联网、大数据和人工智能技术的快速发展，车辆自动驾驶、车联网等新型技术也逐步被引入智能交通系统。目前的智能交通系统更倾向于深入理解出行者的路线选择特征和驾驶行为特征，准确预测出行需求、预防交通事故的发生，更好地控制交通运输系统的运转；实时监测、探测区域性交通流运行状况，快速收集各种交通流运行数据，及时分析交通流量运行特征、预测变化，制定最佳应变措施和方案，将远程信息处理网络连入车载装置等。

以地面交通为例，智能交通系统将全面、准确、及时地感知人、车、路三大要素状态，通过信息共享和数据处理实现对交通流的实时监控、分析和管理，服务于出行和交通管理系统、出行需求管理系统、公共交通运营系统、商用车辆运营系统、电子收费系统、应急管理系统、先进的车辆控制和安全系统七大应用领域，以提高交通系统的智能化水平，减少交通拥堵，保障交通安全，降低环境污染，提升用户体验，如图 10-7 所示。

我国也始终关注着交通领域的技术前沿，1996 年交通部公路科学研究所开展了重点项目"中国智能交通系统发展战略研究"工作。2002 年 4 月，科技部正式批复"十五"国家科技攻关"智能交通系统关键技术开发和示范工程"重大项目正式实施，北京、上海、天津、重庆、广州、深圳、中山、济南、青岛、杭州 10 个城市作为首批智能交通应用示范工程的试点城市。2019 年 9 月，中共中央、国务院印发的《交通强国建设纲要》为我国智能交通的发展指明了方向。2019 年 12 月，交通运输部印发《推进综合交通运输大数据发展行动纲要（2020—2025 年）》，明确提出以数据资源赋能交通发展为切入点。2021年2月，中共中央、国务院印发《国家综合立体交通网规划纲要》，明确要求推进交通基础设施数字化、网联化，全方位布局交通感知系统，推进智能网联汽车（智能汽车、自动驾驶、车路协同）、智能化通用航空器应用。推动智能网联汽车与智慧城市协同发展，建设城市道路、建筑、公共设施融合感知体系，打造基于城市信息模型平台、集城市动态静态数据于一体的智慧出行平台。中国智能交通产业正进入快速增长期，尤其是我国在基础设施建设、大数据平台建设、自动驾驶、5G移动通信系统方面的深厚的积累为智能交通的发展注入了强大动力，部分方向已经走到世界前列。

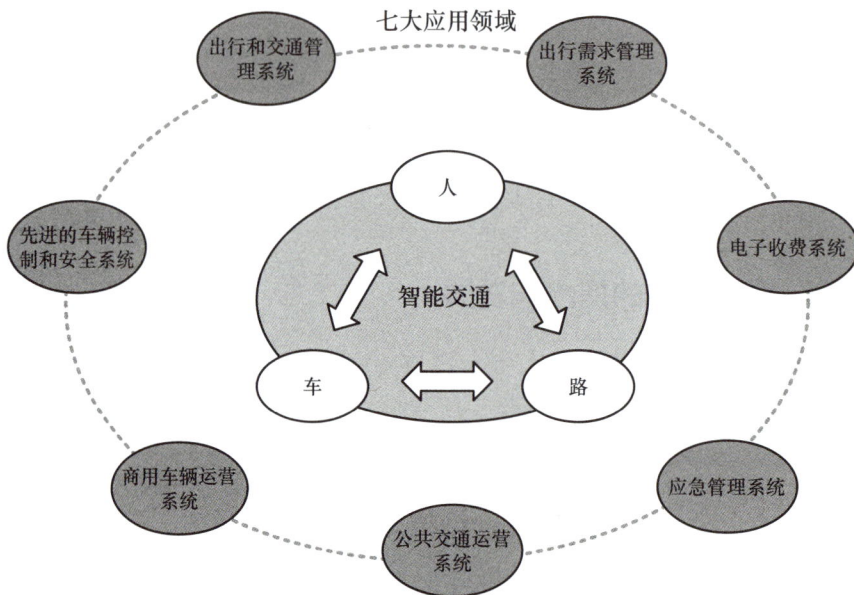

图 10-7　美国提出的智能交通示意

智能交通系统有助于提高交通运输系统的安全性、可管理性、运输效能，并降低能源消耗和对地球环境的负面影响，据测算，智能交通技术可使交通堵塞现象减少约60%，短途运输效率提高近70%，现有道路网的通行能力提高2～3倍，车辆的使用效率能够提高50%以上，每年由交通事故造成的死亡人数下降30%～70%。

10.3.3　智能交通中的物联网技术

智能交通领域物联网的典型体系架构如图10-8所示，由设备层、网络层、平台层和应用层组成。

设备层包括各类车、船、飞机等交通工具，还包括部署在道路、停车场与港口等处的各类交通基础设施、移动终端、传感器、控制器与网关设备等，它们负责实时、精准地采集人、车、路与环境的状态并实施控制。设备层中部署在交通工具内部或交通基础设施上的高清摄像头、雷达、定位、标识等设备或模块能够捕捉交通工具的行驶轨迹、交通流量、路况信息及环境参数等关键数据，还能够提供对信号灯、闸口的控制调度。

网络层包括车、船、飞机等交通工具的内部网络、车联网（Internet of Vehicle，IoV）、移动通信网络、无线网络、互联网等，负责不同层级的数据互联互通，确保设备层采集的各类数据能够高效、安全地传输至边缘或云端服务器，还确保来自服务器指令的下发。

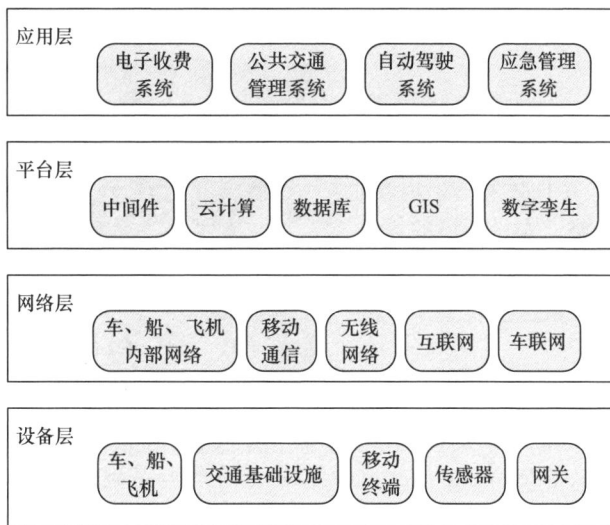

图 10-8　智能交通领域物联网的体系架构示意

平台层包括数据库、云计算、地理信息系统（Geographic Information System，GIS）、数字孪生等。地理信息系统实现包括数字地图在内的各类地形、地貌数据的采集、存储、分析和展示功能。在交通领域，数字孪生是物质世界的车辆、船舶、飞机、道路、港口等对象、过程和关系在信息世界的虚拟表示。平台层为交通数据、地理数据、自然环境数据的存储、分析、处理和决策提供共性支撑。

应用层实现智能交通中电子收费系统、公共交通管理系统、应急管理系统、自动驾驶系统等。该层通过构建面向具体交通应用的数据处理与分析平台，对海量交通数据进行深度处理与挖掘，提取出有价值的信息与知识，从而实现交通拥堵预警、事故快速响应、路线规划优化、公共交通调度等多类智能化系统。

物联网在智能交通中的应用非常丰富，此处介绍电子收费、车联网和完整出行三类典型应用。

1. 电子收费应用

电子收费系统是智能交通中的最早出现、部署最广泛的智能交通应用，它通过 RFID 技术允许车辆在通过收费站时无须停车，如图 10-9 所示。

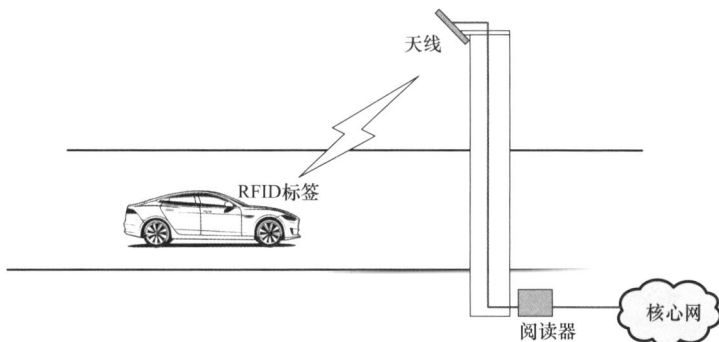

图 10-9　电子收费系统示意

图 10-9 中安装 RFID 标签的车辆在经过高速公路收费口时，安装在收费口的阅读器和天线就可以自动与车辆上的标签通信，获得车辆的身份标识。车辆标识信息将通过网络发送到后端的服务器进行自动扣费。由于车辆通过收费站时，不再需要人工缴费，也无须停车，这就使得电子收费系统收费口通行能力是人工收费通道的 5 ～ 10 倍。除了用于高速公路自动扣费外，电子收费系统也用于市

区过桥、过隧道和停车场自动收费中。电子收费系统能够有效降低交通拥堵和延误，提升用户体验。

2．车联网应用

地面交通中的车辆、行人、道路与环境构成了一个复杂系统，系统内部组成元素间的信息共享与协同是十分有必要的。以车辆为主体，全面感知车、路、人、环境的信息，实现车与人、车与路、车与车之间的广泛互联互通，进而进行智能决策，这就是车联网，如图 10-10 所示。

车联网的核心是实现完善的"车对一切"（Vehicle-to-Everything，V2X）通信功能，包括

图 10-10　车联网示意

车辆与车辆（Vehicle-to-Vehicle Communication，V2V）、车辆与基础设施（Vehicle-to-Infrastructure，V2I）、车辆与行人（Vehicle-to-Pedestrian，V2P）、车辆与网络（Vehicle-to-Network，V2N）等。通过这些通信方式，车辆能够实时获取周围环境的信息，包括其他车辆的位置、速度、行驶方向等，以及交通信号灯、道路标志等基础设施的状态。

基于车辆与道路、车辆与车辆之间能够实现广泛的协同，那么车辆将具有全要素、全视角、超视距的环境感知，相邻车辆之间的距离可以被极大地缩短，甚至达到无缝衔接的状态，如同火车车厢般紧密排列，形成高效、有序的车流（Vehicle Platooning），这将极大提升道路通行效率。同时，根据美国国家公路交通安全管理局对 730 万起交通事故的分析统计，车联网技术有可能降低 80% 的车辆碰撞事故，有效确保交通安全。

3．完整出行应用

完整出行（Complete Trip）是智能交通的跨应用综合服务，它指的是用户从起点到终点的全部旅行过程，包括所有相关的阶段和活动，从商业视角也可以称为出行即服务（Mobility as a Service，MaaS）。一个完整出行可能包括用户提交出行需求，由智能交通系统提供路线规划，该路线可能包括步行、乘车、乘船，以及换乘的多个阶段，在每个阶段通过智能调度提升用户体验。完整出行的典型示例如图 10-11 所示。

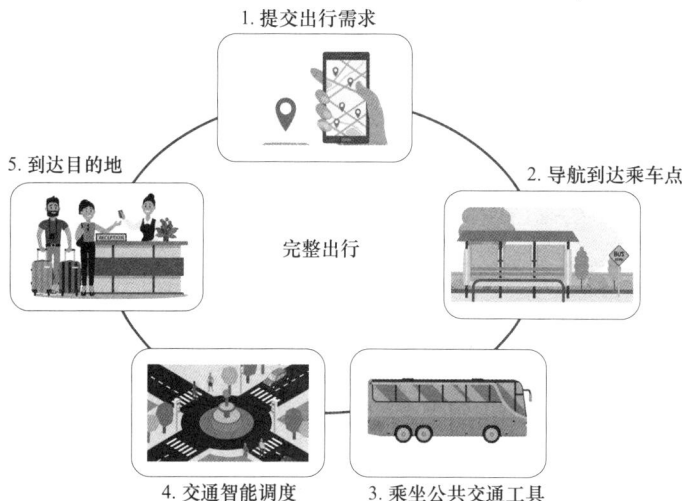

图 10-11　典型的完整出行智能交通物联网体系架构

图 10-11 中，用户首先向智能交通系统提交出行需求，后台将结合交通与环境数据等确定优化的行程安排，既可以引导用户步行到达公共交通乘车点，也可以调度附近车辆载用户到达乘车点。随后，用户可能经过多次换乘，期间通过自动的优化调度措施降低用户的等待时间，或者通过合并相似用户的行程降低出行成本。在出行的各个环节，导航定位、自动驾驶等技术可以得到充分、有效地利用。

完整出行强调了出行不仅仅是从一个地点到另一个地点的简单移动，而且是一个复杂的过程，涉及多种智能交通中的大量决策和活动，需要对交通各环节要素具有充分的感知和智能决策，才能提高服务质量，优化用户体验，并提升整体效率。更为重要的是，完整出行正在推动一种观念的转变，即从"人适应交通系统"的观点转变为"交通系统适应人"。

10.3.4　智能交通的未来愿景

未来的智能交通将在自主化、立体化与绿色化方面取得更长足的发展。

自主化是指智能交通的载运工具（车辆、船舶、铁路客货车、飞机、运载火箭等）与交通基础设施（道路、河流海洋、铁路、管道、天空）具有强大的感知与智能决策能力，实现自组织运行与自主化服务。自动驾驶（Autonomous Driving）是智能交通自主化的一项主要内容。我国国家标准GB/T 40429—2021《汽车驾驶自动化分级》根据 6 个要素将驾驶自动化划分为0级至5级共6个等级。这6个要素分别为①是否持续执行动态驾驶任务中的目标和事件探测与响应；②是否持续执行动态驾驶任务中的车辆横向或纵向运动控制；③是否同时持续执行动态驾驶任务中的车辆横向和纵向运动控制；④是否持续执行全部动态驾驶任务；⑤是否自动执行最小风险策略；⑥是否存在设计运行范围限制。汽车驾驶自动化的6个等级如图10-12所示，其中0 ～ 2级为驾驶辅助，系统辅助人类执行动态驾驶任务，驾驶主体仍为驾驶员；3 ～ 5级为自动驾驶，系统在设计运行条件下代替人类执行动态驾驶任务，当功能激活时，驾驶主体是系统。

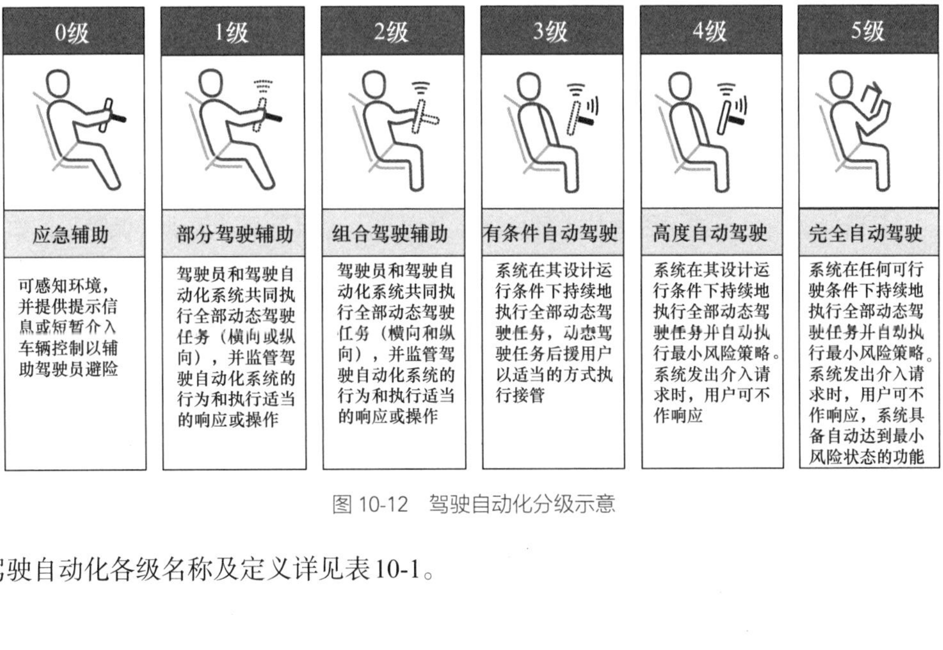

图 10-12　驾驶自动化分级示意

驾驶自动化各级名称及定义详见表10-1。

表 10-1　驾驶自动化各级名称及定义

级别	名称	定义
0	应急辅助（Emergency Assistance）	系统不能持续执行动态驾驶任务中的车辆横向或纵向运动控制，但具备持续执行动态驾驶任务中的部分目标和事件探测与响应的能力
1	部分驾驶辅助（Partial Driver Assistance）	系统在其设计运行条件下持续地执行动态驾驶任务中的车辆横向或纵向运动控制，且具备与所执行的车辆横向或纵向运动控制相适应的部分目标和事件探测与响应的能力
2	组合驾驶辅助①（Combined Driver Assistance）	系统在其设计运行条件下持续地执行动态驾驶任务中的车辆横向和纵向运动控制，且具备与所执行的车辆横向和纵向运动控制相适应的部分目标和事件探测与响应的能力
3	有条件自动驾驶（Conditionally Automated Driving）	系统在其设计运行条件下持续地执行全部动态驾驶任务
4	高度自动驾驶（Highly Automated Driving）	系统在其设计运行条件下持续地执行全部动态驾驶任务并自动执行最小风险策略
5	完全自动驾驶（Fully Automated Driving）	系统在任何可行驶条件下持续地执行全部动态驾驶任务并自动执行最小风险策略

在单辆汽车驾驶自动化的基础上，未来的智能交通还需要实现多辆汽车的自组织运行，即车流。车流的范围可以是邻近相同车道的车辆编队，也可以是多车道的联合编队，甚至实现更大地理范围中多路段的多车辆编队的自主分解合并等。

立体化是指智能交通将构建空、地、海（河）、管道（真空管道）的立体交通网络，运输工具也可能会具备"多栖"运行能力。在立体交通网络中，各种有人驾驶和无人驾驶的低空飞行工具，如无人机、电动垂直起降（Electric Vertical Takeoff and Landing，eVTOL）飞行器、直升飞机、传统固定翼飞机等，将呈现出蓬勃发展的态势，成为新兴低空经济的主要支撑点。汽车和飞机将出现融合趋势，飞行汽车（或陆空两用汽车）将成为空路协同的重要交通工具，空域的充分使用将能有效解决城市道路拥堵情况，显著提升交通通行效率。此外，真空管道运输（Evacuated Tube Transport）也将成为未来智能交通的重要形式，其技术原理是在地面或地下建一个密闭的管道，用真空泵抽成真空或部分真空。在真空环境中通行车辆，由于行车阻力大幅度减小，因此可有效降低能耗，达到 1 000km/h 以上的运行速度，实现长距离、大运输量客货运输。

绿色化是指交通领域的低碳可持续发展，主要包括三方面的要素：一是高度的自主化与立体交通能够显著提升交通系统的运行效率，同时也可以提升能量效率，降低相同交通运力条件下的能量消耗；二是公共交通的发展与共享交通工具能够提升交通工具的使用效率，进一步提升能量效率；三是新能源技术与能源管理技术的发展，从源头上为绿色交通提供了保障。例如，甲醇（CH_3OH）是一种低碳含氧燃料，具有燃烧高效、排放清洁、可再生等特点。甲醇在常温常压下为液态，储、运、用较其他新能源和清洁能源更安全、更便捷。与汽油车相比，甲醇汽车的能效提高约21%，CO_2 排放减少约26%。再如，制动能量回收也将是未来智能交通绿色发展的重要技术。在矿山环境中，电动货车在空载上坡，满载下坡的过程中，在上坡时消耗电池电量，在下坡时进行能量的回收，重力势能转化为动能拖动主电动机发电，并将产生的电能储存在电池中，在合理的工况下，下坡阶段的储能可以与上坡阶段的储能达到平衡。

---

① 1 级与 2 级不同之处在于，2 级驾驶自动化规定系统必须同时具备对车辆横向及纵向运动控制过程中，对部分目标和事件探测与响应的能力，而 1 级驾驶自动化仅需具备横向或纵向运动控制过程中对部分目标和事件探测与响应的能力。

10.4　智能家居

家居，简言之就是人们的居住环境。家居是人类的基础需求，舒适与安全的家居环境是人类幸福感的主要来源，对民生福祉具有重要意义。随着物联网技术的发展，智能家居逐渐走入了人们的生活。本节将简要讨论智能家居的概念，随后介绍智能家居的提出与发展过程，分析智能家居中的物联网技术，最后分析智能家居的未来愿景。

10.4.1　家居概述

家居是指住宅及其内部的装修、家具配置、电器摆放等，其目的是为人类的居家生活提供舒适、安全和个性化的环境。

最早的房子可以追溯到远古时期，彼时的人类利用木材、泥土和石头等自然材料建造一些简易结构，为自己提供避难所和保护。固定的住所和社会成员共同居住的需求推动了"家"这一概念的形成。在现代社会，"家"仍然为人们提供着物理和情感上的安全环境，使人感到放心和被保护。人们在家中居住时的安全感、舒适度和便利性是影响其幸福指数的重要因素。

家具的历史也可追溯到人类文明的早期。以我国为例，上古时期已经出现由木头、石头或金属制成的家具，在《诗经》《礼记》《左传》中已经出现了床、几、扆（屏风）和箱的记载，主要用在贵族和富裕家庭。早期的家具都比较简陋低矮，在南北朝之后，高型家具渐多。至宋代，垂足坐的高型家具普及民间，中国传统木家具的造型结构基本定型。时至今日，家具更为舒适并富有个性，已经成为家居环境中必不可缺的组成部分。

1879年，白炽灯的发明为家居用电之肇始。1882年，电熨斗的发明逐步改变了仅在夜间为照明供电的传统，推动了其他家用电器的问世，因而人们通常认为家电行业发轫于电熨斗。随后，各类家用电器陆续出现，如电烤箱（诞生于1905年，下同）、吸尘器（1907年）、洗衣机（1910年）、电冰箱（1910年）、电视机（1926年）、空调（1930年）、电磁炉（1957年）等。

随着信息技术的发展，无论是建筑本身，还是建筑内部的家具或家电，都逐步向智能互联的方向发展，为智能家居概念的提出与发展创造了基础条件。

10.4.2　智能家居的提出与发展

20世纪70年代，美国家庭中的家用电器已经非常丰富（如吸尘器、洗衣机等），家庭自动化（Home Automation）的需求逐渐迫切。1975年，工业界提出了X10协议（电子设备进行远程控制的通信协议），它可以实现家用电器间通过电力线相互"说话"，这被认为是智能家居（Smart Home/Smart House）概念形成的标志性事件。1981年，美国的联合技术建筑系统公司（United Technology Building System Corporation）将建筑设备信息化、整合化概念应用于美国康涅狄格州哈特福德市的城市建设中，提出了与智能家居密切关联的"智能建筑"（Intelligent Building）概念。

智能家居是一个以住宅为平台，深入融合物联网技术，将各种家居设备连接成一个互联互通的集成系统，实现家居生活的智能化管理和控制，提升家居的安全性、便利性、舒适性和艺术性，从而促进居住体验的整体提升。

在近十年间，智能家居的研究及应用正如火如荼地展开。智能家居的发展大体可以分为三个阶段。第一阶段，以家用电器的互联为切入点，由用户通过手动、语音、遥控等方式完成设备的基础控制，虽然在一定程度上提升了用户操作的便捷性，但仍大量依赖人的参与，自动化和智能化的能力不足，可以连接的设备种类与数量都比较少。第二阶段，伴随着物联网技术的发展，更多类型的设备被接入智能家居系统中来，多模态用户交互技术逐步成熟，用户能够利用语音、手势等实现更为便捷的家居控制。第三阶段，智能家居更注重用户的个性化体验，借助机器视觉、深度学习、语义识别等技术，通过已积累的海量数据为支撑，准确理解用户行为，精准、主动提供智能化服务。

10.4.3　智能家居中的物联网技术

物联网技术是智能家居的核心内容，它实现了对家居环境的全面感知、设备之间的互联互通及智能设备的控制与决策，从而为用户提供便捷、舒适和安全的居住环境。

智能家居中的物联网架构分为设备层、网络层、平台层和应用层。设备层主要负责收集家居环境中的各种信息和控制各种家用电器设备。在设备层中，包括安装在家居环境中的各类传感器和执行器，如温度传感器、湿度传感器、烟雾探测器等，能够实时获取家庭环境的各种数据，如温度、湿度、光照、空气质量及设备的状态等。设备层还包括冰箱、空调、照明设备、扫地机器人、智能音箱、家庭网关等，如图 10-13 所示。

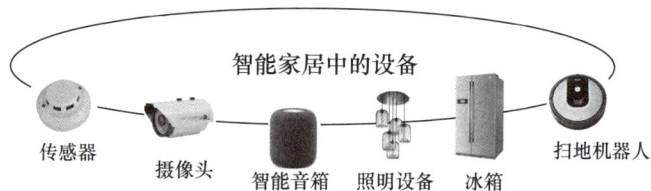

图 10-13　智能家居中的典型设备

网络层用于连接住宅中的各种设备，可以是有线或无线网络。一部分信息在家庭网关进行本地处理，使住宅中的各种设备协调工作；另一部分信息经过网络上传到后台数据库、云计算中心等。安防、远程监控、照明调节等具体任务在应用层完成，同时也与用户终端、小区安防管理系统、城市应急管理系统等连接，使用户能够通过手机、平板电脑、计算机等终端设备轻松地访问和控制家居设备，也能在出现紧急情况时自动与小区物业、安防、急救等部门建立联系。

智能家居能实现非常丰富和个性化的物联网应用，包括照明与窗帘控制、安防系统、智能媒体等，基本涵盖了生活的各个方面，如图 10-14 所示。这些技术显著地提高了居住的便利性、安全性和舒适性。下面重点介绍一些常见的智能家居应用。

（1）照明与窗帘控制：用户可以通过智能手机或语音助手远程控制家中的窗帘开闭，开启或关闭照明系统，调节亮度、颜色和温度，甚至设置不同的场景模式，如阅读、休息或聚会等。

（2）安防系统：在家居中，通常由智能门锁、监控摄像头、烟雾报警器和水漏检测器等采集家庭数据，实时监控家庭安全状况，在出现非法人员进入、烟雾或火警、漏水漏气时及时发送警报信息到用户的智能设备上或与社区安保系统联动。

（3）智能温度控制系统：主要通过环境中的温度传感器感知环境信息，根据室内外温度变化自动调节空调设备的运行，可以根据用户的工作、学习、睡眠的不同场景预设室内温度调节目标，以实现节能的目标，提升居住的舒适度。

图 10-14　智能家居领域的典型物联网应用

（4）健康监测：特别针对家中老年人或有特殊健康需求的用户，通过室内部署的摄像头与人员身上携带的各种健康监测设备（如心率监测器）实时跟踪健康状况并在异常时发出警告，还可以与医院等相关部门进行联动。

（5）智能媒体：智能电视、音响和其他媒体设备可通过智能家居系统进行连接，实现内容的无缝播放和多房间同步播放。

（6）智能能源管理：通过智能电能表和智能插座等设备监控和管理家庭能源消耗，智能制定用电计划，优化能源使用，减少能源浪费。

10.4.4　智能家居的未来愿景

未来智能家居的发展主要有三大方面，即个性化服务、意图理解（Intention Understanding）与用户隐私保护。

相比于物联网技术的其他应用，智能家居更加注重用户的个性化体验。即使是相同的照明强度，有的人觉得亮，有的人会觉得暗，这说明用户对环境有很强的主观性。用户希望智能家居系统提供适合自己的更加定制化和个性化的服务。为了达到个性化服务这一目标，智能家居系统可以通过学习用户的生活习惯和偏好，自动创建和调整生活场景，如根据用户起床时间自动启动咖啡机和调整窗帘。系统能通过智能可穿戴设备监测用户健康状态，为有特殊需求的成员如老年人或慢性病患者提供及时的健康管理和紧急响应服务，从而实现更加贴心和舒适的居家生活。

意图理解的本质是更深入的智能化。目前的智能家居仍然需要用户通过交互界面或语音发出精确的指令，人的参与度仍然比较高。然而，实际上人类在交流中存在大量的模糊指令，例如，"关灯"是关闭所有的灯还是仅关闭用户所在房间的灯。如果智能家居系统能够根据用户的语音、表情、手势或身体姿态等，准确理解用户的意图，采取恰当的行动或响应，这就能够避免用户进行多次尝试或提供详细指令，减少因误解而产生的错误操作。因此，感知人类意图，为人类提供自然、贴心的服务是智能家居的重要趋势。

最后是智能家居中的安全性和隐私性保护。住宅是私密空间，存在大量的用户隐私信息，保障用户的安全和隐私是至关重要的。系统应该采用强大的数据加密技术和混淆技术来保护用户数据的安全，避免敏感信息泄露。同时，通过实施多重认证机制，如密码和生物识别验证，确保只有授权用户才能访问敏感数据。

📝 拓展阅读："坚强电网"——中国电力人的奋斗与担当

电力是现代社会和经济运行的动力之源，电力网络的可靠性至关重要。我国提出的"坚强电网"的概念，随后演进为"坚强智能电网"和目前的"数智化坚强电网"。数智化坚强电网是以特高压和超高压为骨干网架，以各级电网为有力支撑，以"大云物移智链"等现代信息技术为驱动，以数字化、智能化、绿色化为路径，建设数智赋能赋效、电力算力融合、主配协调发展、结构坚强可靠、气候弹性强、安全韧性强、调节柔性强、保障能力强的新型电网。我国电网实现了从弱到强、从孤立分散到互联互通的跨越式发展，凝聚了几代人的心血。

自1949年以来，电力工业得到了有序、快速的发展，从1954年第一条220kV输电线路工程完工，到1981年12月500kV河南平顶山—湖北武昌超高压输变电工程的投产，再到2002年，我国形成东北、华北、华中、华东、西北和南方六大区域电网，500kV主网架基本形成。2009年1月，我国第一条特高压交流输变电工程——1 000kV晋东南—南阳—荆门特高压交流试验示范工程投运，随后特高压交直流电网日渐织密，2021年建成"13交13直"特高压工程。如今，以特高压和500kV、750kV电网为主网架的交直流混联电网在中华大地上纵横交错，这是全球能源资源配置能力最强、并网新能源装机规模最大，同时也是安全运行水平最高的电网。

坚强电网不仅是技术与工程的进步与创新，更是电力人顽强拼搏、敢于担当的精神写照。2008年1月，在我国南方发生了罕见的大范围低温、雨雪、冰冻等自然灾害。20个省（区、市）均不同程度受到低温、雨雪、冰冻灾害天气的影响，受灾人口超过1亿人，直接经济损失超过1 500亿元。

由于连续的降雨夹雪，高压线和输电铁塔上都结冰了，冰层不断堆叠，越积越厚，很多输电铁塔被压塌了，其中尤其是湖南地区的电网设备破坏巨大。湖南省郴州市陷入黑暗与冰冷，400多万人困守漫长寒夜，前所未有的电力危情使人民群众的正常生活和国家的经济运行遭受巨大威胁。

从电网出现结冰开始，国家电网公司郴州电业局就全力自救。随后，国家电网公司以湖南省电力公司为主，又从河南、山东、吉林、江苏等地调集重兵，在人民解放军多军种指战员的配合下，拯救电网"孤城"——郴州，最终形成了一场由1.27万人爬冰卧雪、数以千计设备和车辆参战的中国电力建设史上最大规模的抗冰救电会战。

只有亲临现场，才能理解"爬冰卧雪"的含义。由于冰冻非常严重，上山维护电网的小路已经断绝，抢修人员只能手脚并用，艰难爬行，平时几十分钟就能到达的作业现场，当时要用几小时。在到达工作现场后，他们还要用最原始的人工除冰方法，爬杆敲冰。很多抢修队员吃的是压缩饼干，喝的是雪水，每天3:00出发登上高山，工作时间超过15h，却只能睡上三四小时。他们付出常人难以想象的艰辛，履行着自己的职业责任，用原始的方式护卫着电网，捍卫着光明，最终断电超过10天的郴州市在除夕之夜重现光明。

技术是有效提升工程安全性的重要方法，但在超过容限的灾害面前，人的精神、意志与凝聚力则是工程安全的保障。

📝 本章小结

物联网技术正日益深入地渗透到人们生活的每一个角落，在智能电网、智能交通和智能家居等各领域，它都发挥着巨大的作用。

电力系统是一个高度动态复杂的巨型系统，它对可靠性有极严苛的要求，并且要在发电与用电间达到精准的供需平衡，它还是推动绿色发展的中坚力量。世界各国都在积极推动电力系统的智能化，物联网技术在发电、输电、配电、变电、用电各环节都发挥着重要作用。

交通系统则是一个高度分布式的层次化复杂巨型系统。从层次上，汽车内部的传感器与执行器构成了一个系统，汽车与驾驶员的智能设备间构成了较大的系统，汽车与道路、行人和其他车辆通信协同构成了更大的系统，而车、船、飞机与各类交通设施等则构成了现代社会的立体交通系统。在智能交通大系统中存在着大量的物联网小系统，它们之间相互协同保障交通安全，提升通行效率。

与电力和交通行业相比，家居的地理范围受限、复杂程度也低，但它与人类的生活品质息息相关，更强调个性化服务、意图理解和隐私保护。智能家居应用是我们感受物联网技术的直接触点。

物联网的应用领域很广，在提升生产线效率、保障安全、改善用户体验和推动可持续发展方面发挥着重要作用。物联网的应用范围和深度还将继续扩展，未来的物联网应用将更加丰富多彩。

作为结语，有两个最基本的原则值得强调，"1%"原则与"以人为本"原则。

美国通用电气（General Electric，GE）公司在《工业互联网：打破智慧与机器的边界》白皮书中指出，即使是1%的改进，也能带来显著的性能提升或成本节约。例如，全球燃气发电厂生产效率提高1%，每年就能节约价值660亿美元的燃油。在中国，如果未来15年燃气发电机组能耗降低1%，就能减少约80亿美元的燃料消耗，铁路网络的运输行业运营效率提高1%，则能省下20亿美元的成本。因此，永远不要忽视1%这个数字，它是物联网撬动世界的支点。

物联网始终是物的网络，物始终要服务于人。在物联网的发展过程中，始终要坚持"以人为本"。10年前，智能交通领域的"叫车"应用蓬勃发展，只需要在智能手机上动一动手指，就能召唤附近的出租车，这使大部分年轻人的出行更加便捷。然而，部分老年人则由于不会使用智能手机，只能站在路边打车，一辆辆出租车从面前驶过，却极少能停下来。与之类似的，老年人网上就医难以挂号、消费支付困难重重，数字时代也出现了许多"数字鸿沟"。2020年，国务院办公厅印发的《关于切实解决老年人运用智能技术困难的实施方案》指明数字化、信息化、智能化是发展方向，但也要关注和照顾到各类社会群体的需求。物联网应该充满人文关怀，让科技增进全民福祉。

📝 习题

1. 物联网技术有哪些应用领域？
2. 电力系统由哪些环节组成？物联网技术在电力系统中有哪些应用？
3. 分析泛在电力物联网的架构，并讨论它与物联网参考模型的差异。
4. 物联网为什么能够改善电力系统中绿色能源的使用？
5. 为什么说电力系统是复杂的动态供需平衡系统？物联网技术能够发挥哪些作用？
6. 谈谈安全和效率对交通行业的重要意义。

7. 分析物联网在交通行业中的价值与技术应用。

8. 什么是车联网？车联网有哪些通信方式？

9. 调研自动驾驶技术，分析自动驾驶技术在智能交通中的应用。

10. 什么是完整出行？对老年人或行动不便的人群，完整出行能有哪些作用？

11. 智能家居中采用了哪些物联网技术？

12. 智能家居中有哪些可能泄露隐私的环节？应该采取什么措施？

13. 什么是意图理解？为什么意图理解对智能家居具有重要意义？

14. 物联网的应用为什么要强调以人为本？

15. 物联网技术已经广泛应用于智慧农业中，可以对温/湿度及土地微量元素进行监测，还可对农业机械（如收割机）准确定位，请分析物联网实现上述功能的技术方法。

16. 你认为物联网技术在应用过程中存在哪些挑战和问题，请结合具体案例进行分析。

17. 智慧餐厅是物联网与餐饮行业融合的智能系统，可以实现客人自主点餐、后厨机器人辅助加工菜肴、自动结算、餐厅人流控制等，显著节约用工数量、降低经营成本、提升管理绩效。以大学校园餐厅为例，设计一套物联网智慧餐厅系统，给出系统的总体框架，各层的具体方案设计，并分析该方案的经济成本和对自然环境的影响。

参 考 文 献

[1] PUTTNAM B J. 22.9 Pb/s data-rate by extreme space-wavelength multiplexing[C]. 49th European Conference on Optical Communications (ECOC 2023), Hybrid Conference, Glasgow, UK, 2023, pp. 1678-1681.

[2] BEN C. Nokia: Machine shall talk unto machine[EB/OL]. [2002-11-20].

[3] MARK W. The computer for the 21st century[J]. ACM SIGMOBILE Mobile Computing and Communications Review, 1999, 3(3):3-11.

[4] ROB D, TIM M, SIMON H. A survey of ambient intelligence[J]. ACM Computer Survey, 2022, 54(4):73.1-73.27.

[5] International Telecommunication Union. ITU-T recommendation Y.2060 [S]. 2012,6.

[6] Cisco System. The internet of things reference model white paper 2014 [EB/OL].

[7] COY P, GROSS N. 21 ideas for the 21st century[J]. Business Week, 1999, 3644:78-167.

[8] 汪凤珠, 赵博, 王辉, 等. 基于 ZigBee 和 TCP/IP 的盐碱地田间监控系统研究[J]. 农业机械学报, 2019, 50:207-213.

[9] XIAOFAN J, MINH V L, JAY T, et al. Experiences with a high-fidelity wireless building energy auditing network [C]. In Proceedings of the 7th ACM Conference on Embedded Networked Sensor Systems (SenSys '09). Association for Computing Machinery, 2009, New York, NY, USA, pp. 113–126.

[10] MAINWARNING A, POLASTRE J, SZEWCZYK R, et al. Wireless sensor networks for habitat monitoring[C]. //Proceedings of the 1st ACM international workshop on Wireless sensor networks and applications. 2002: 88-97.

[11] CHAOMING S, ZEHUI Q, NICHOLAS B, et al. Limits of predictability in human mobility.[J] Science, 2010, 327:1018-1021

[12] KATHERINE B. Accurate navigation without GPS [EB/OL]. [2018-02-14].

[13] CODD E F. A relational model of data for large shared data banks[J]. Communications of the ACM, 1970, 13(6):377-387.

[14] WARREN S M, WALTER P. A logical calculus of the ideas immanent in nervous activity[J]. The bulletin of mathematical biophysics, 1943, 5(4):115-133.

[15] LECUN Y, BOTTOU L, BENGIO Y, et al. Gradient-based learning applied to document recognition[J]. Proceedings of the IEEE, 1998, 86(11):2278-2324.

[16] SOLTAN S , MITTAL P, POOR H V. 2018. BlackIoT: IoT Botnet of high wattage devices can disrupt the power grid. In Proceedings of the 27th USENIX Conference on Security Symposium (SEC'18). USENIX Association, USA, 15-32.